边用边学

Flash动画设计与制作

杨仁毅 编著　全国信息技术应用培训教育工程工作组 审定

人民邮电出版社
北京

图书在版编目（CIP）数据

边用边学Flash动画设计与制作 / 杨仁毅编著. --北京 ：人民邮电出版社，2010.4
（教育部实用型信息技术人才培养系列教材）
ISBN 978-7-115-22249-7

Ⅰ. ①边… Ⅱ. ①杨… Ⅲ. ①动画－设计－图形软件，Flash－教材 Ⅳ. ①TP391.41

中国版本图书馆CIP数据核字(2010)第013046号

内容提要

Flash CS4 是 Adobe 公司推出的一款功能强大的动画制作软件，是动画设计界应用较广泛的一款软件，它将动画的设计与处理推向了一个更高、更灵活的艺术水准。

本书从动画设计与制作的实际应用出发，通过大量典型实例的制作，全面介绍了 Flash CS4 在动画设计与制作方面的方法和技巧。本书主要内容包括认识动画与 Flash CS4、图形的绘制与编辑、填充与编辑图形、时间轴与帧的使用、动画的优化和发布、图层的操作、Flash 中的基础动画、动画中的声音、元件和库、Action Script 特效等。最后通过一个品牌服饰网络广告的制作，使读者全面掌握 Flash CS4 强大的动画编辑制作功能。

本书内容丰富、实用，不仅可供动画制作、广告设计等相关专业人员及 Flash 初学者、设计爱好者学习和参考，尤其适合各种培训学校及开设动画设计专业的大中专院校做教材使用。

教育部实用型信息技术人才培养系列教材

边用边学 Flash 动画设计与制作

◆ 编　　著　杨仁毅
　审　　定　全国信息技术应用培训教育工程工作组
　责任编辑　李　莎

◆ 人民邮电出版社出版发行　　北京市崇文区夕照寺街 14 号
　邮编　100061　　电子函件　315@ptpress.com.cn
　网址　http://www.ptpress.com.cn
　三河市潮河印业有限公司印刷

◆ 开本：787×1092　1/16
　印张：15
　字数：383 千字　　2010 年 4 月第 1 版
　印数：1 – 4 000 册　　2010 年 4 月河北第 1 次印刷

ISBN 978-7-115-22249-7

定价：28.00 元

读者服务热线：(010)67132692　印装质量热线：(010)67129223
反盗版热线：(010)67171154

出版说明

信息化是当今世界经济和社会发展的大趋势，也是我国产业优化升级和实现工业化、现代化的关键环节。信息产业作为一个新兴的高科技产业，需要大量高素质、复合型技术人才。目前，我国信息技术人才的数量和质量远远不能满足经济建设和信息产业发展的需要，人才的缺乏已经成为制约我国信息产业发展和国民经济建设的重要瓶颈。信息技术培训是解决这一问题的有效途径，如何利用现代化教育手段让更多的人接受到信息技术培训是摆在我们面前的一项重大课题。

教育部非常重视我国信息技术人才的培养工作，通过对现有教育体制和课程进行信息化改造、支持高校创办示范性软件学院、推广信息技术培训和认证考试等方式，促进信息技术人才的培养工作。经过多年的努力，培养了一批又一批合格的实用型信息技术人才。

全国信息技术应用培训（ITAT 教育工程）是教育部于 2000 年 5 月启动的一项面向全社会进行实用型信息技术人才培养的教育工程。ITAT 教育工程得到了教育部有关领导的肯定，也得到了社会各界人士的关心和支持。通过遍布全国各地的培训基地，ITAT 教育工程建立了覆盖全国的教育培训网络，对我国的信息技术人才培养事业起到了极大的推动作用。

ITAT 教育工程被专家誉为“有教无类”的平民学校，以就业为导向，以大、中专院校学生为主要培训目标，也可以满足职业培训、社区教育的需要。培训课程能够满足广大公众对信息技术应用技能的需求，对普及信息技术应用起到了积极的作用。据不完全统计，在过去 8 年中，共有 150 余万人次参加了 ITAT 教育工程提供的各类信息技术培训，其中有近 60 万人次获得了教育部教育管理信息中心颁发的认证证书。该工程为普及信息技术、缓解信息化建设中面临的人才短缺问题做出了一定的贡献。

ITAT 教育工程聘请来自清华大学、北京大学、人民大学、中央美术学院、北京电影学院、中国传媒大学等单位的信息技术领域的专家组成专家组，规划教学大纲，制订实施方案，指导工程健康、快速的发展。ITAT 教育工程以实用型信息技术培训为主要内容，课程实用性强，覆盖面广，更新速度快。目前工程已开设培训课程 20 余类，共计 50 余门，并将根据信息技术的发展，继续开设新的课程。

本套教材由清华大学出版社、人民邮电出版社、机械工业出版社、北京希望电子出版社等出版发行。根据教材出版计划，全套教材共计 60 余种，内容将汇集信息技术应用各方面的知识。今后将根据信息技术的发展不断修改、完善、扩充，始终保持追踪信息技术发展的前沿。

ITAT 教育工程的宗旨是：树立民族 IT 培训品牌，努力使之成为全国规模最大、系统性最强、质量最好，而且最经济实用的国家级信息技术培训工程，培养出千千万万个实用型信息技术人才，为实现我国信息产业的跨越式发展做出贡献。

全国信息技术应用培训教育工程负责人
系列教材执行主编　**薛玉梅**

前　言

Flash CS4 是美国 Adobe 公司推出的矢量动画制作软件，是当今最为流行的网络多媒体制作工具之一。它在多媒体设计领域中占据着重要地位，广泛应用于动画设计、多媒体设计、Web 设计等领域。

为了帮助初学者快速掌握运用 Flash 进行动画设计与制作的方法，本书采用“边用边学，实例导学”的写作模式，全面涵盖了其应用于动画设计领域的知识点，并通过大量案例帮助初学者学会如何在实际工作当中进行灵活应用。

1．写作特点

（1）注重实践，强调应用

有不少读者常常抱怨学过 Flash 却不能够独立设计与制作出作品。这是因为目前的大部分相关图书只注重理论知识的讲解而忽视了应用能力的培养。众所周知，动画设计是一门实践性很强的领域，只有通过不断的实践才能真正掌握其设计方法，才能获得更多的直接经验，才能设计并制作出真正好的、有用的作品。

对于初学者而言，不能期待一两天就能成为设计大师，而是应该踏踏实实地打好基础。而模仿他人的作品就是一个很好的学习方法，因为“作为人行为模式之一，模仿是学习的结果”，所以在学习的过程中通过模仿各种成功作品的设计技巧，可快速地提高设计水平与制作能力。

基于此，本书通过细致剖析各类经典的动画设计案例，如窗外的世界、眨眼睛的小男孩、倒计时动画、可爱的小鱼儿、跳舞的小孩、夏夜的萤火虫、旋转的风车、化妆品广告、3D 导航特效动画、品牌服饰网络广告等，逐步引导读者掌握如何运用 Flash 进行动画设计。

（2）知识体系完善，专业性强

本书通过精选案例详细讲解了使用 Flash 制作动画的方法和技巧。既能让具有一定 Flash 动画设计经验的读者加强动画制作的理论知识，学会更多的制作技巧，也能使完全没有用过 Flash 的读者从精选案例的实战中体会 Flash 动画制作的精髓。

同时，本书是由资深动画设计师与教学经验丰富的教师共同精心编写的，融入了多年的实战经验和设计技巧。可以说，阅读本书相当于在工作一线实习和进行职前训练。

（3）通俗易懂，易于上手

本书在介绍使用 Flash 进行动画设计时，先通过小实例引导读者了解 Flash 软件中各个实用工具的操作步骤，再深入地讲解这些小工具的知识，以使读者更易于理解各种工具在实际工作中的作用及其应用方法。对于初学者以及具有一定基础的读者而言，只要按照书中的步骤一步步学习，就能够在较短的时间内掌握 Flash 动画设计的精髓。

2．本书体例结构

本书每一章的基本结构为“本章导读+基础知识+应用实践+知识拓展+自我检测”，旨在帮助读者

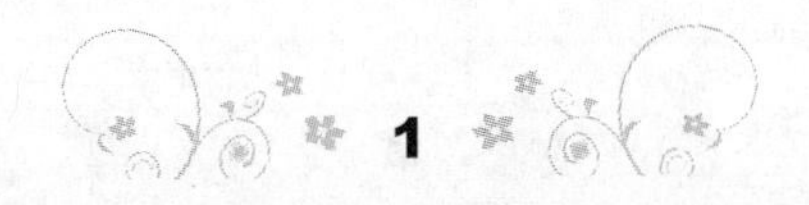

夯实理论基础，锻炼应用能力，并强化巩固所学知识与技能，从而取得温故知新、举一反三的学习效果。

- 本章导读：简要介绍知识点，明确所要学习的内容，便于读者明确学习目标，分清主次，以及重点与难点。
- 基础知识：通过小实例讲解 Flash 软件中相关工具的应用方法，以帮助读者深入理解各个知识点。
- 应用实践：通过综合实例引导读者提高灵活运用所学知识的能力，并熟悉动画设计的流程，掌握 Flash 动画设计的方法。
- 知识拓展：简要介绍与本章内容紧密相关的、实用的 Flash 软件中的其他小工具，以进一步提高读者运用 Flash 进行动画设计的能力。
- 自我检测：精心设计习题与上机练习，读者可据此检验自己的掌握程度并强化巩固所学知识。

3．配套教学资料

本书提供以下配套教学资料：

- 书中所有的素材、源文件与效果文件；
- PowerPoint 课件；
- 书中重点章节的视频演示。

本书讲解由浅入深，内容丰富，实例新颖，实用性强，既可作为各类院校和培训班的动画设计相关专业的教材，也适合想自学 Flash 动画设计的人员学习。

本书主要由杨仁毅执笔编写，参与本书编写的人员还有李彪、李勇、牟正春、鲁海燕、王政、邓春华、唐蓉、蒋平、王金全、朱世波、刘亚利、胡小春、陈冬、许志兵、余家春 、成斌、李晓辉、陈茂生、尹新梅、刘传梁、马秋云、彭中林、毕涛、戴礼荣、康昱、李波、刘晓忠、何峰、冉红梅、黄小燕等人，在此感谢所有关心和支持我们的同行们。

尽管我们精益求精，疏漏之处在所难免，恳请广大读者批评指正。我们的联系邮箱是 lisha@ptpress.com.cn，欢迎读者来信交流。

编　者

2010 年 2 月

目　录

第 1 章 认识动画与 Flash CS4

学习目标

网络是一个精彩的世界，而网络动画让这个世界更加缤纷多彩。炫丽的广告、有趣的小游戏、个性化的主页、丰富的 Flash 动画电影，面对这些炫丽的画面，你一定会按捺不住自己想进入这个精彩的世界，通过自己激情的创作，拥有一片梦想的天空！本章就带你来认识动画与 Flash CS4，为制作精彩的动画做好准备。

主要内容

- 初识 Flash 动画
- Flash 动画设计的原理
- 动画设计的工作流程
- 设置 Flash CS4 工作空间
- 设置动画文件属性

1.1 初识 Flash 动画

Flash CS4 是 Macromedia 公司与 Adobe 公司合并后推出的一款软件，被称为是“最为灵活的前台”，其独特的时间片段分割和重组技术，结合 Action Scritp 的对象和流程控制，使灵活的界面设计和动画设计成为可能。Flash 的前身名为 Future Splash Animator，其创始人乔纳森・盖伊（Jonathan Gay）于 1996 年 11 月将该软件卖给 Macromedia 公司，同时更名为 Flash 1.0。

Flash 以其文件体积小、流式播放等特点在网页信息中成为较为主流的动画方式。早期在 IE 或 Netscape 等浏览器中播放 Flash 动画需要专门安装插件，但这丝毫不影响 Flash 动画的诱惑力。如今，IE 浏览器已自带 Flash 播放功能，Flash 的影响可见一斑。也基于这个原因，可以毫不夸张地说：“世界上有多少浏览器，就有多少 Flash 的网络用户”。各大门户网站都在其主页上插入了商业 Flash 动画广告，如图 1-1 所示。

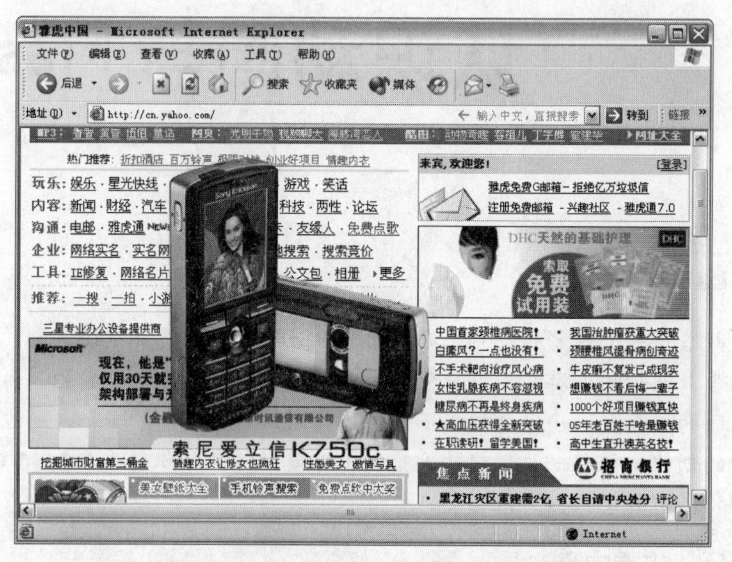

图 1-1 雅虎网站主页中的 Flash 广告

Flash 已经应用在几乎所有的网络内容中，尤其是 Action Script 的使用，使得 Flash 在交互性方面拥有了更强大的开发空间。Flash 动画不再只作为网站的点缀，现在可以通过 Flash 软件开发游戏、课件、在线视频播放器甚至网站的建设。网络是一个精彩的世界，而 Flash 动画则让这个世界更加缤纷多彩，就连开发 Flash 的工程师都惊叹地说道 “我们虽然可以创造出 Flash 这个软件，但我们无法全面想象通过 Flash 这个软件到底可以创造出多少更强大的应用程序”。

1.1.1 Flash 动画的特点

Flash 动画的主要特点可以归纳为如下几点。

- 文件数据量小：由于 Flash 作品中的对象一般为“矢量”图形，所以即使动画内容很丰富，其数据量也非常小。

- 适用范围广：Flash 动画不仅用于制作 MTV、小游戏、网页制作、搞笑动画、情景剧和多媒体课件等，还可将其制作成项目文件，用于多媒体光盘或展示。
- 图像质量高：Flash 动画大多由矢量图形制作而成，可以真正无限制的放大而不影响其质量，因此图像的质量很高。
- 交互性强：Flash 制作人员可以轻易地为动画添加交互效果，让用户直接参与，从而极大地提高用户的兴趣。
- 边下载边播放：Flash 动画以“流”的形式进行播放，所以用户可边下载边欣赏动画，而不必等待全部动画下载完毕后才开始播放。
- 跨平台播放：制作好的 Flash 作品放置在网页上后，不论使用哪种操作系统或平台，任何访问者看到的内容和效果都是一样的，不会因为平台的不同而有所变化。

1.1.2 Flash 的应用领域

随着 Flash 功能的不断增强，Flash 被越来越多的领域所应用。目前 Flash 的应用领域主要有以下几个方面。

- 网络动画：由于 Flash 具有对矢量图的应用，对视频、声音的良好支持以及以“流”媒体的形式进行播放等特点，Flash 能够在文件容量不大的情况下实现多媒体的播放。用 Flash 制作的作品非常适合在网络环境下的传输，这也使 Flash 成为网络动画的重要制作工具之一。在中国它影响了一代年轻人，借助 Flash 成名的人，如小小、边城浪子、“东北人都是活雷锋”的作者雪村都成为国内家喻户晓的人物，由此 Flash 造就了一批闪客明星。2001 年 9 月 9 日，中央电视台第 10 频道的《选择》节目，在国内首次播出一期专为闪客制作的特别节目，以往带有神秘色彩的闪客们第一次亮相于公众场合，这些首批成为闪客明星的年轻人则成为其他年轻人的“榜样”。图 1-2 就是一个 Flash 制作的网络 MTV 动画。
- 网页广告：一般的网页广告都具有短小、精悍、表现力强等特点，而 Flash 恰好满足了这些要求，因此 Flash 在网页广告的制作中得到广泛的应用。图 1-3 就是一个 Flash 网页广告。

图 1-2 网络 MTV 动画

图 1-3 网页广告

- 动态网页：Flash 具备的交互功能可以使用户配合其他工具软件制作出各种形式的动态网页。图 1-4 所示就是一个 Flash 的动态网页。
- 网络游戏：Flash 中的 Actions 语句可以编制一些游戏程序，再配合以 Flash 的交互功能，能使用户通过网络进行游戏。图 1-5 所示就是一个 Flash 网络游戏。

图 1-4 动态网页

图 1-5 Flash 网络游戏

- 多媒体课件：Flash 动画以其体积小、交互性强、画质高等特点风靡全球。在教学领域中，越来越多的教师开始选择 Flash 来制作多媒体课件。图 1-6 所示就是一个使用 Flash 制作的小学语文多媒体课件。

图 1-6 多媒体课件

1.2 Flash 动画设计的原理

动画的英文是 Animation，也就是说动画与运动是分不开的。世界上著名的动画艺术家——英国人约翰·哈拉斯曾指出："运动是动画的本质。"比如，当我们在电影院里看电影或在家里看电视时，会感到画面中人物和动物的运动是连续的。但是电影胶片的画面并不是连续的。这是因为电影胶片通过一定的速率投影在银幕上，观众才有了运动的视觉效果，这种现象可以用法国人皮特·罗杰特提出的视觉暂留（persistence of vision）的原理来解释。

视觉暂留就是客观事物对眼睛的刺激停止后，它的影像还会在眼睛的视网膜上存在一刹那，有一定的滞留性。如晚上看着灯光，当灯灭后，在黑暗中，眼中暂时还有个亮点；用一个钱币在桌上旋转，看到的不是薄片，而是灰白色的球体；用链条拴个燃烧的火球抡圆圈，看到的不是一个火球，而是一个火的圆环。视像在眼前消失之后，仍然能够在视网膜上保留 0.1s 左右的时间，视觉暂留是人类眼睛的一种生理机能。

视觉暂留原理的发现和确立为电影的产生提供了必要的条件。电影运用照相的手段，把外界事物的影像和声音摄制在胶片上，然后用放映机放出来，在银幕上形成活动的画面。

Flash 动画同样基于视觉暂留原理，特别是 Flash 中的逐帧动画，与传统动画的核心制作几乎一样，同样是通过一系列连贯动作的图形快速放映而形成。当前一帧播放后，其影像仍残留在人的视网膜上，这样让观赏者产生了连续动作的视觉感受。在起始动作与结束动作之间的过渡帧越多，动画的效果越流畅。

比如制作一个小球从左到右的滚动效果，先制作两个关键帧，分别包含起始画面和结束画面，在两个关键帧之间再创建一个关键帧。人们观赏这样的动画时，会有动画停顿的感觉，完全不会产生小球滚动的效果。但是当我们在起始和结束帧之间创建足够多的帧后，这时的动画欣赏起来不会使人感觉到再有停顿的感觉。另外，要使 Flash 动画播放流畅还可以提高帧频，即增加每秒播放的帧数。

1.3 动画设计的工作流程

在使用 Flash CS4 制作动画影片时，需要遵循一个完整、系统的工作流程，对各个环节的步骤内容进行合理的规划，养成良好的工作习惯，有条不紊地顺利完成动画影片的编辑创作。Flash 动画设计的工作流程如下。

（1）影片创作策划。

正确的策划分析是每一项工作得以顺利进行的重要保证，需要认真的对整个影片编辑工作中诸多内容和操作环节进行分析，如影片画面保持什么样的风格，需要使用什么样的素材，工作步骤的顺序怎样安排，舞台场景如何布置以及怎样进行影片的输出发布等。

（2）准备影片素材。

在确定了影片的主题与故事内容、画面效果后，需要进行影片外部素材的准备工作，如需要使用到的图片、声音、视频剪辑及文字资料等内容。

（3）制作元件。

根据策划的影片内容，绘制需要的角色元件，如图形、按钮、影片剪辑等元件，以及各种需要的媒体素材。

（4）设定舞台属性。

Flash CS4 默认的舞台大小为 550 像素×440 像素，舞台背景为白色。在编排舞台动画前，根据需要对舞台场景的大小和背景色进行设置。

（5）编排影片。

将制作好的各个元件角色放入到舞台场景中，为它们编排好各自在影片中的表演动作。

（6）保存文件。

影片文件的保存，应该是确定每一个编辑操作后都应及时完成的操作，以避免因操作失误、死机甚至突然断电造成的损失。

（7）影片测试。

在编排影片的过程中，随时按“Ctrl+ Enter”组合键，可以测试舞台场景中目前编辑完成的动画效果，以便及时发现问题并修改。

（8）影片输出。

将已经编辑完成的影片文件，输出成可独立播放的影片文件或其他格式的文件。

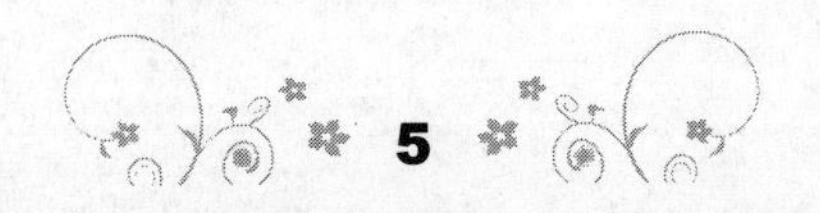

1.4 认识Flash CS4

1.4.1 启动与退出Flash CS4

1. 启动Flash CS4

若要启动Flash CS4，可执行下列操作之一。

- 执行“开始”→“程序”→“Adobe Flash CS4 Professional”命令，即可启动Flash CS4，如图1-7所示。
- 直接在桌面上双击 快捷图标。
- 双击Flash CS4相关联的文档。

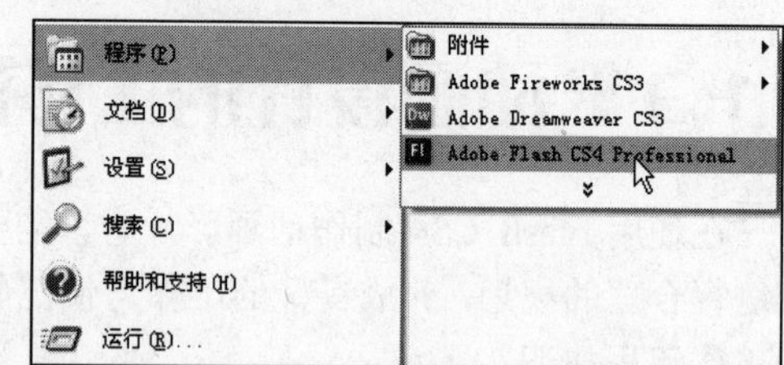

图1-7 启动Flash CS4

2. 退出Flash CS4

若要退出Flash CS4，可执行下列操作之一。

- 单击Flash CS4程序窗口右上角的 按钮。
- 执行“文件”→“退出”命令。
- 双击Flash CS4程序窗口左上角的 图标。
- 按“Alt+F4”组合键。

1.4.2 Flash CS4的界面简介

当启动Flash CS4时会出现一张开始页，在开始页中可以选择新建项目、模板及最近打开的项目。勾选左下角的“不再显示”复选框，可以使以后启动Flash CS4时不再显示该开始页，如图1-8所示。

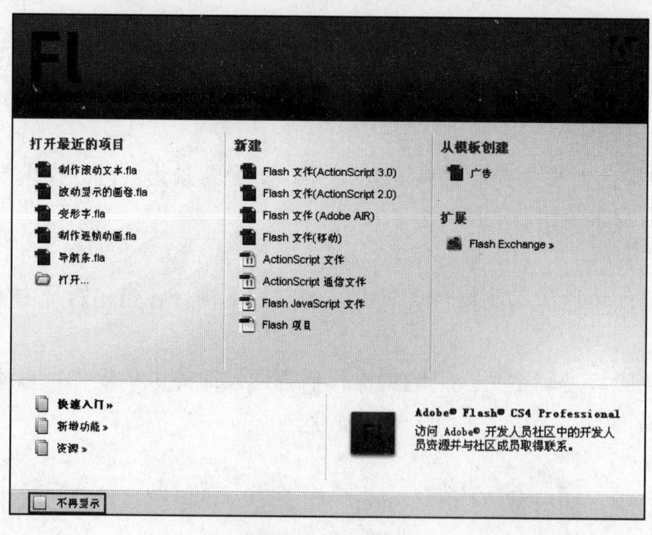

图1-8 开始页

选择“新建”栏目下的“Flash文件”选项，进入Flash CS4的编辑窗口，如图1-9所示。

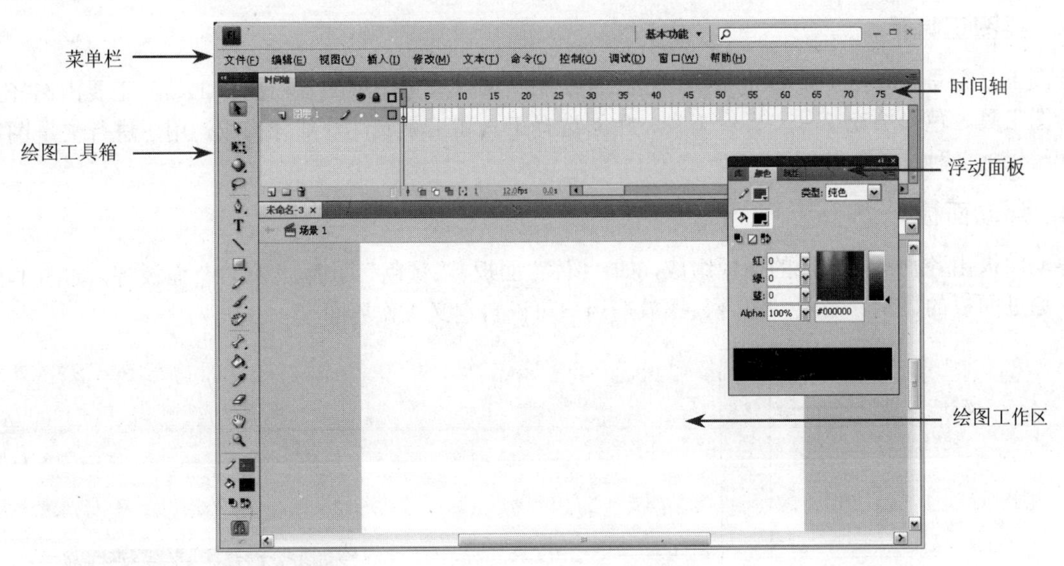

图 1-9　Flash 工作界面

1. 菜单栏

Flash CS4 的菜单栏中包括文件、编辑、视图、插入、修改、文本、命令、控制、调试、窗口、帮助 10 个菜单项，如图 1-10 所示。单击各主菜单项都会弹出相应的下拉菜单，有些下拉菜单还包括了下一级的子菜单。

文件(F)　编辑(E)　视图(V)　插入(I)　修改(M)　文本(T)　命令(C)　控制(O)　调试(D)　窗口(W)　帮助(H)

图 1-10　菜单栏

2. 时间轴

时间轴是 Flash 动画编辑的基础，用以创建不同类型的动画效果和控制动画的播放预览。时间轴上的每一个小格称为帧，是 Flash 动画的最小时间单位，连续的帧中包含保持相似变化的图像内容，便形成了动画，如图 1-11 所示。

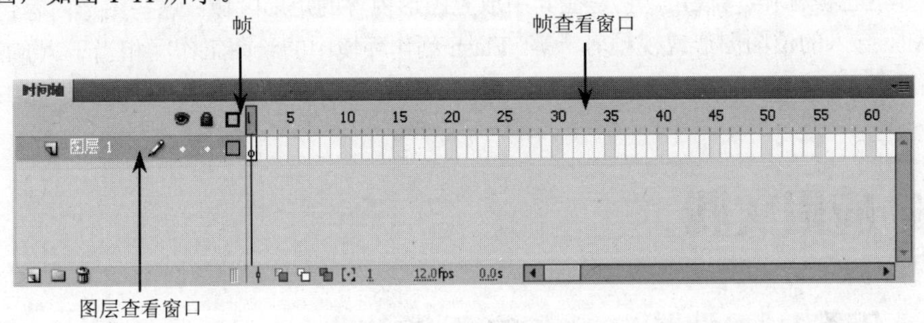

图 1-11　“时间轴”面板

“时间轴”面板分为两个部分：左侧为图层查看窗口，右侧为帧查看窗口。一个层中包含着若干帧，而通常一部 Flash 动画影片又包含着若干层。

3. 绘图工具箱

绘图工具箱是 Flash 中重要的面板。它包含绘制和编辑矢量图形的各种操作工具，主要由选择工具、绘图工具、色彩填充工具、查看工具、色彩选择工具和工具属性 6 部分构成，用于进行矢量图形绘制和编辑的各种操作，如图 1-12 所示。

4. 浮动面板

浮动面板由各种不同功能的面板组成，如：“库”面板、“颜色”面板、“属性”面板等，如图 1-13 所示。通过面板的显示、隐藏、组合、摆放，用户可以自定义工作界面。

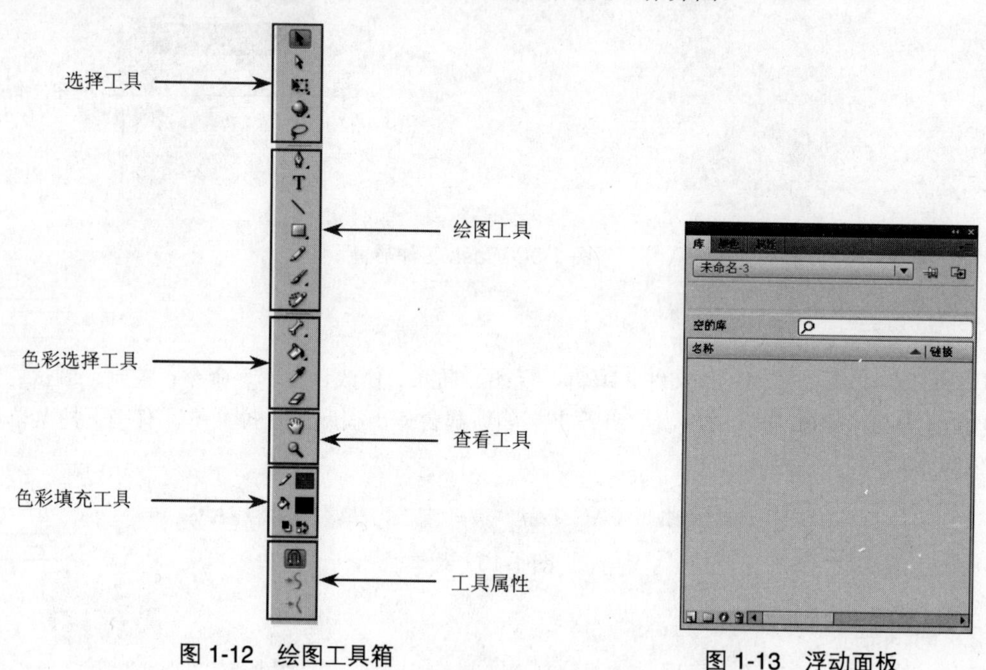

图 1-12 绘图工具箱　　图 1-13 浮动面板

5. 绘图工作区

绘图工作区也被称作“舞台”。它是在其中放置图形内容的矩形区域。这些图形内容包括矢量插图、文本框、按钮、导入的位图图形或视频剪辑等。Flash 创作环境中的绘图工作区相当于 Adobe Flash Player 中在回放期间显示 Flash 文档的矩形空间。该空间可以在工作时放大或缩小，以更改绘图工作区的视图。

1.5 应用实践

1.5.1 任务 1——设置 Flash CS4 工作空间

任务要求

设置 Flash CS4 的工作空间，使用户使用软件时更加得心应手。

任务分析

使用标尺、辅助线与网格设置 Flash CS4 的工作空间，可以使动画元素的移动更为精确与方便。标尺是 Flash 中的一种绘图参照工具。通过在舞台左侧和上方显示标尺，用户可以在绘图或编辑影片的过程中，对图形对象进行定位。辅助线则通常与标尺配合使用。通过舞台中的辅助线与标尺的对应，用户可以更精确地对场景中的图形对象进行调整和定位。

任务设计

本例通过使用标尺、辅助线与网格来讲述设置 Flash CS4 工作空间的方法。完成效果如图 1-14 所示。

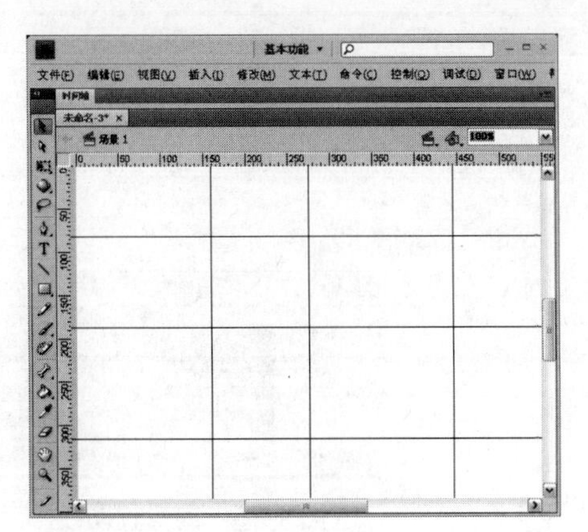

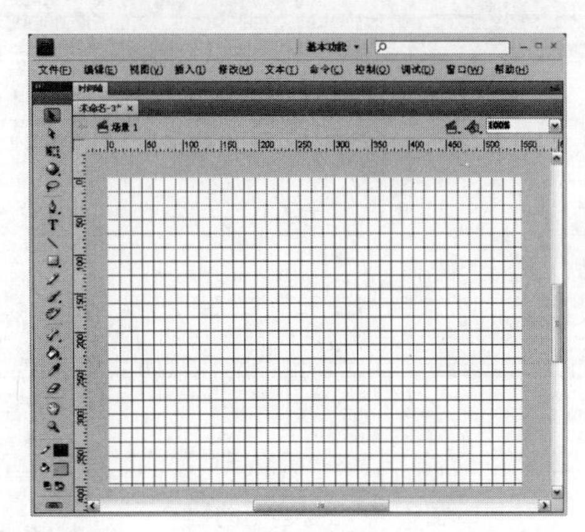

图 1-14　最终效果

完成任务

Step 1　显示标尺。新建一个 Flash 文档，执行“视图”→“标尺”命令，或按“Ctrl+Alt+Shift+R”组合键，即可在舞台左侧和上方显示标尺，如图 1-15 所示。

Step 2　创建辅助线。执行“视图”→“辅助线”→“显示辅助线”命令，使辅助线呈可显示状态，然后在舞台上方的标尺中向舞台中拖动鼠标指针，即可创建出舞台的辅助线，如图 1-16 所示。

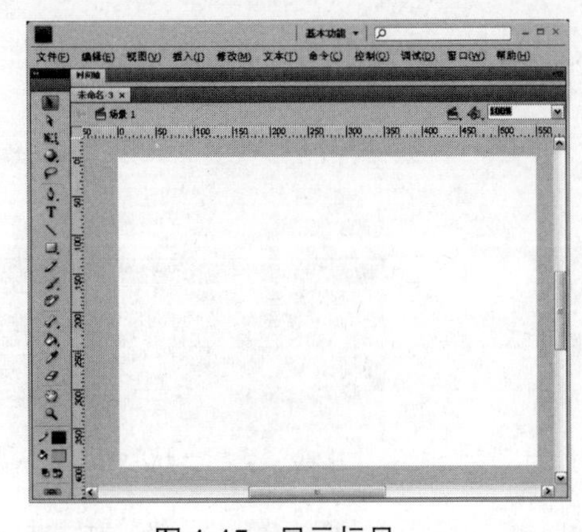

图 1-15　显示标尺

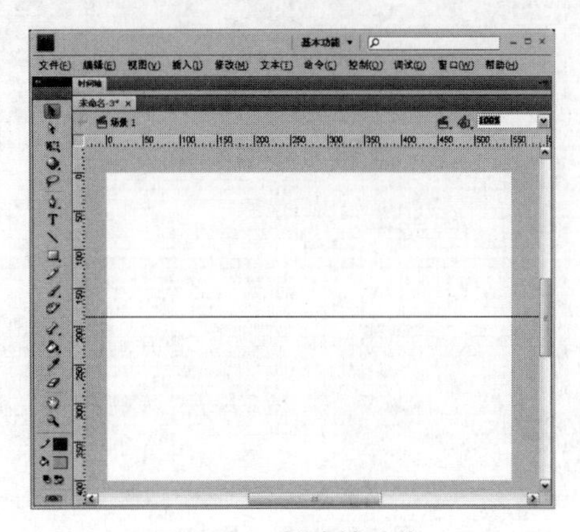

图 1-16　创建辅助线

Step 3 创建辅助线。利用同样的方法，拖动出其他水平和垂直辅助线，然后通过鼠标指针对辅助线的位置进行调整，如图 1-17 所示。

提示：如果不需要某条辅助线，用鼠标指针将其拖动到舞台外即可将其删除。用户还可通过执行“视图”→“辅助线”→“编辑辅助线”命令，或按“Ctrl+Alt+Shift+G”组合键，在打开的“辅助线”对话框中设置辅助线的颜色，如图 1-18 所示，并可对辅助线进行锁定、对齐等操作。

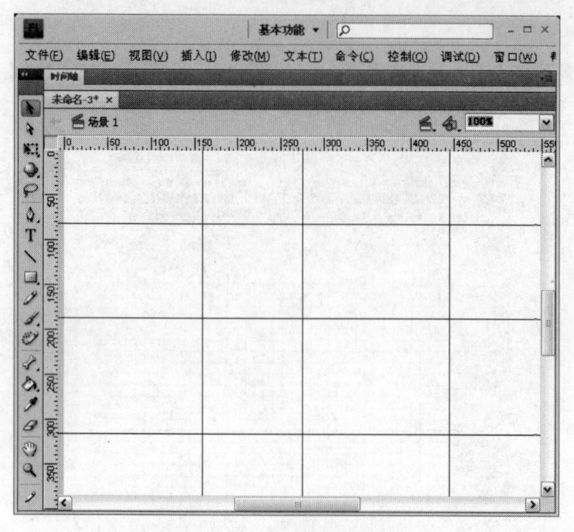

图 1-17 创建辅助线

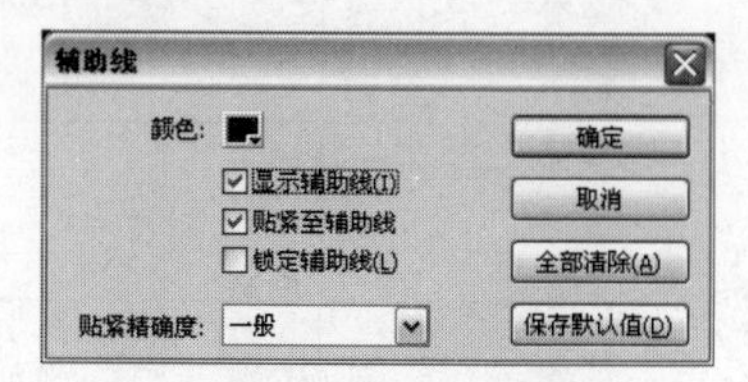

图 1-18 编辑辅助线

Step 4 显示网格。执行“视图”→“网格”→“显示网格”命令，或按“Ctrl+'”组合键，即可在舞台中显示出网格，如图 1-19 所示。

Step 5 打开“网格”对话框。若需要对当前的网格状态进行更改，执行“视图”→“网格”→“编辑网格”命令，或按“Ctrl+Alt+G”组合键，打开如图 1-20 所示的“网格”对话框。

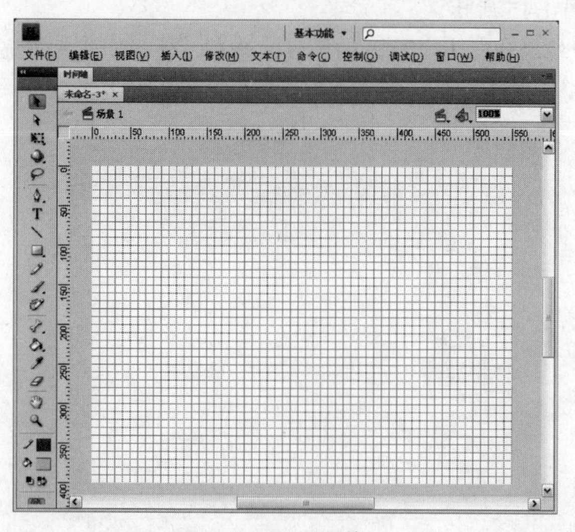

图 1-19 显示网格

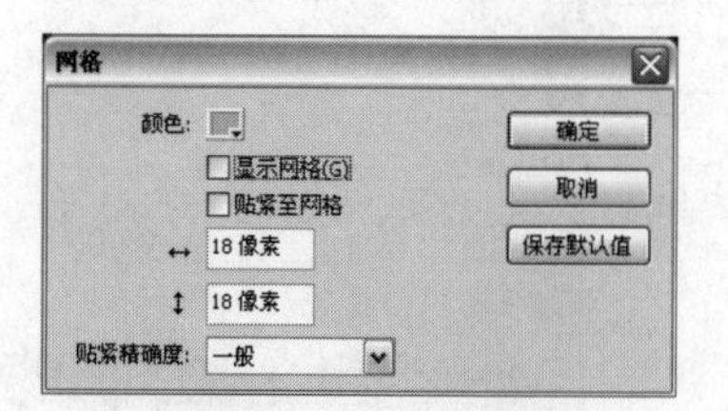

图 1-20 “网格”对话框

Step 6　编辑网格。在“↔”和“↕”文本框中修改网格的水平和垂直间距，如将网格的颜色设置为红色，将网格的水平和垂直间距分别设置为“15 像素”与“18 像素”，如图 1-21 所示。

Step 7　更改网格后的舞台。设置完成后单击 确定 按钮将所做更改应用到舞台。如图 1-22 所示。

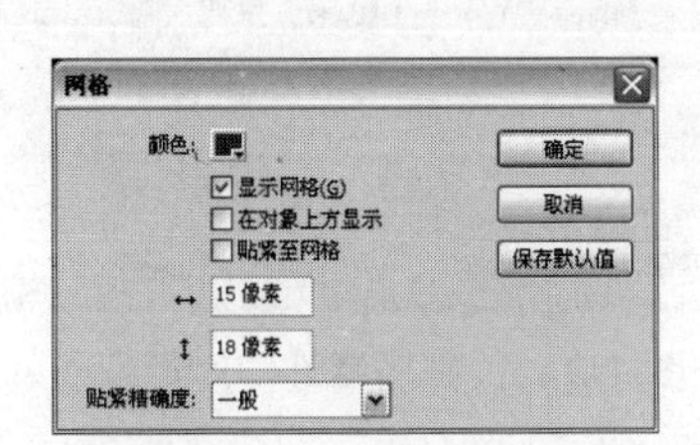

图 1-21　编辑网格

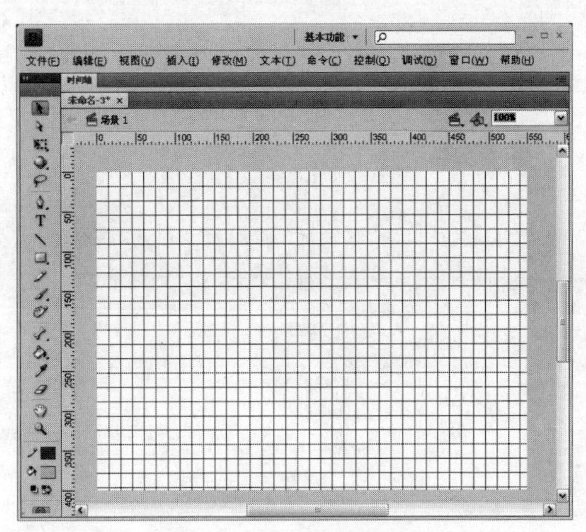

图 1-22　更改网格后的舞台

归纳总结

本例讲述了 Flash CS4 工作空间的设置方法。需要注意的是，Flash CS4 中的辅助线是需要拖动鼠标指针才能显示的，需要多少条就拖动多少次。不需要辅助线了，将其拖动到舞台之外即可。

1.5.2　任务 2——设置动画文件属性

任务要求

在制作 Flash 动画之前首先要确定动画的尺寸大小以及背景颜色等，以方便后期的制作（如绘制图形的大小、颜色等必须与动画的尺寸大小以及背景颜色相匹配）。

任务分析

确定动画影片的尺寸大小以及背景颜色等，也就是要设置动画文件属性，这项操作是制作动画的首要任务。

任务设计

要设置动画文件属性，首先要执行“修改”菜单中的命令，然后在弹出的对话框中进行设置。设置完成后如图 1-23 所示。

完成任务

Step 1　打开“文档属性”对话框。新建一个 Flash 文档，执行“修改”→“文档”命令，打开

"文档属性"对话框，如图1-24所示。

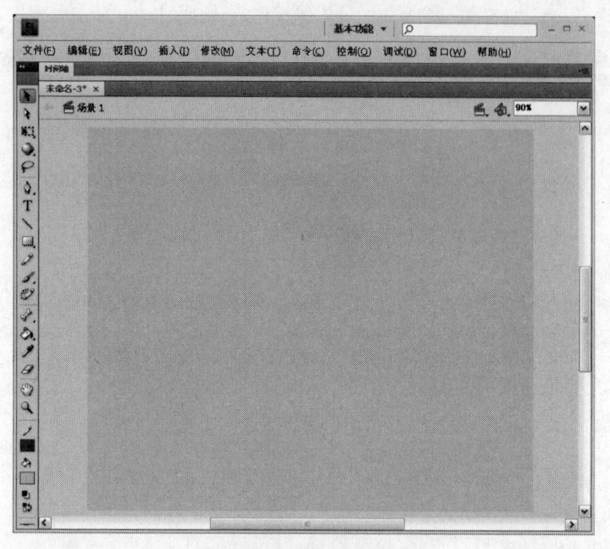

图1-23 设置后的效果

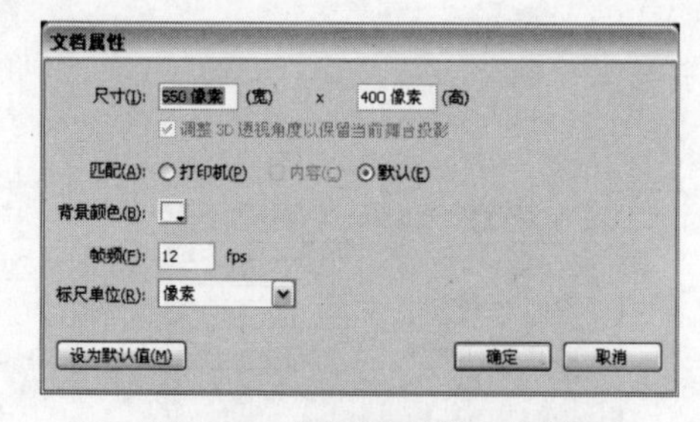

图1-24 "文档属性"对话框

Step 2 修改尺寸。在"尺寸"后的"宽"和"高"文本框中输入动画的宽度与高度。

Step 3 设置背景颜色。单击"背景颜色"后的颜色框，在弹出的"颜色"选择框里设置动画的背景颜色，如图1-25所示。

Step 4 设置帧频。在"帧频"文本框中输入动画的帧频，输入的数字表示每秒播放多少帧动画，默认的12表示1秒钟播放12帧动画。

Step 5 设置标尺单位。在"标尺"下拉列表中选择在Flash中使用标尺辅助制作动画时出现的标尺是以像素、英寸、厘米还是毫米作为单位。

Step 6 设置后的舞台效果。在"文档属性"对话框中将"尺寸"设置为660像素（宽）×550像素（高），将背景颜色设置为黄色（#FFCC00），如图1-26所示。设置完成后单击 确定 按钮，Flash中的舞台如图1-26所示。

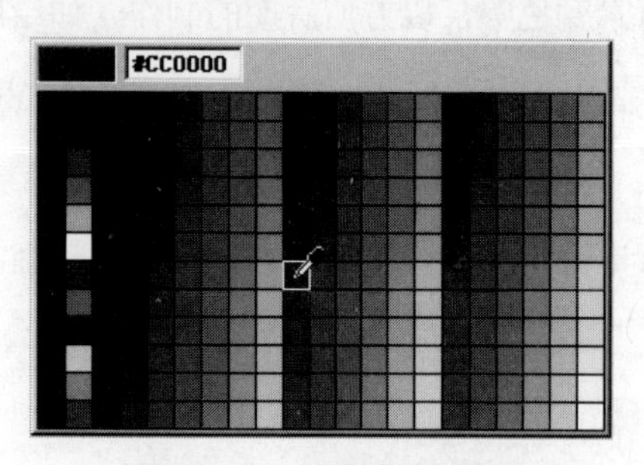

图1-25 设置背景颜色

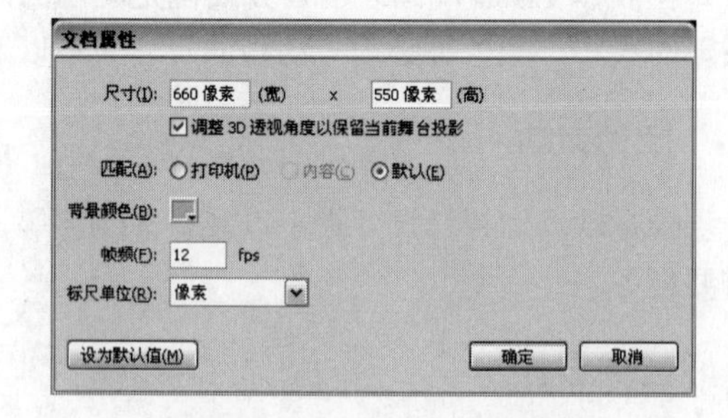

图1-26 "文档属性"对话框

归纳总结

本例讲述了动画文件属性的设置方法。需要注意的是，在"文档属性"的"帧频"文本框中输入的数字是表示动画每秒播放多少帧，数字越大，动画播放得越快。动画的帧频要谨慎设置。

1.6 知识拓展

1.6.1 Flash 动画与传统动画的比较

1. 传统动画

传统动画是产生了一个多世纪的一种艺术形式，用最简单的话说就是会“动”的画。和电影一样，它是利用人类眼睛的“视觉暂留”现象，使一幅幅静止的画面连续播放，看起来像是在动。它应该归类于电影艺术。不同于通常意义的电影之处在于：动画的拍摄对象不是真实的演员，而是由动画师绘制出的动画形象。在动画片里演员就是动画师本人，戏演得好坏和这个动画师的本身素质有着紧密关系。

传统动画经历 100 多年的发展，影响力越来越大，无论大人、孩子，都是它的受众。一个好的卡通形象会被一个人记忆一生，这说明动画片确实有着它独特的魅力。传统动画产业至今已成为一个庞大的产业，并且还在成长，在日本，动画产业规模很大，已经成为其国家的支柱产业。各位读者可能都是动画爱好者，相信都对动画有着不错的感觉，图 1-27 所示为大家所熟悉的国产动画《三个和尚》的剧照。

图 1-27　《三个和尚》剧照

传统动画片是用画笔画出一张张不动的、但又是逐渐变化着的画面，经过摄影机、摄像机或电脑的逐帧扫描，然后以每秒钟 24 帧或 25 帧的速率连续放映或播映，这时，画面就在银幕上或荧屏里活动起来。

传统动画具有下面几个优点。

- 可以完成许多复杂的高难度的动画效果，可以想象到的画面几乎都可以通过传统动画完成。
- 传统动画可以制作风格多样的美术风格，特别是大场面，大制作的场景，用传统动画可以塑造出恢弘的画面及其细腻的美术效果。

传统动画虽然有一整套制作体系来保障动画片的制作，但还是有难以克服的缺点，比如分工太细，设备要求较高。

传统的动画主要有以下两方面的缺点。

- 制作繁重复杂，绘画的任务艰巨。短短10分钟的动画，需要绘制几千幅的画面。
- 分工比较复杂。一部完整的传统动画片，无论时间的长短，都是经过编剧、导演，美术设计（人物设计和背景设计）、设计稿、原画、动画、绘景、描线、上色（上色是指描线复印或者电脑扫描上色）、校对、摄影、剪辑、作曲、拟音、对白配音、音乐录音、混合录音、洗印（转磁输出）等十几道工序的分工合作，密切配合，才可以顺利完成。

在过去的很长一段时间，动画片都是在复杂的工序下，由大量的人员合作而成。随着科技的进步，目前的动画片已经简化了其中的一些程序，许多环节都可以借助计算机技术使用相对较少的人力完成。但是其复杂程度和专业程度还是相当高的。

2. Flash 动画

Flash 是一款多媒体动画制作软件。它是一种交互式动画设计工具，用它可以将音乐与动画很方便地融合在一起，以制作出高品质的动态效果，或者说是动画。

Flash 动画有别于以前常用于网络的 GIF 动画。Fhash 采用的是矢量绘图技术，将绘制的图像放大，而图像质量不损失的图像。由于 Flash 动画是由矢量图构成的，所以就大大地节省了动画文件的大小。在网络带宽局限的情况下，矢量图提升了网络传输的效率，可以方便地下载观看。一个几分钟长度的 Flash 动画片也许只有一、二兆字节大小。所以 Flash 动画一经推出，就风靡网络世界。图 1-28 所示为《大话三国》的 Flash 动画，十分受网民朋友的喜爱。

图 1-28　《大话三国》Flash 动画

Flash 动画强调交互性，就是让观众在一定程度上参与动画进行交互。举个简单例子就是，使用 Flash 软件可以制作有趣的游戏。

Flash 动画有以下的优点。

- 操作简单，硬件要求低。
- 功能强大，集绘制图形、动画编辑、特效处理、音效处理于一身。
- 简化了动画制作难度，元件可反复使用。
- 修改方便，制作效率高。
- 操控性强，可以掌控动画片质量。
- 在多台计算机之间可以方便地互相调用所需元件，随时监控动画的进展，直观地欣赏到动画效果。

Flash 动画有这么多优点，同样也有一定的局限性，主要有以下两点。

- 制作较为复杂的动画时，特别是逐帧动画很费精力和时间。

- 矢量图的过渡色很生硬单一，很难绘制出色彩丰富、柔和的图像。

虽然 Flash 动画没有丰富的颜色，但是 Flash 有新的视觉效果，比传统的动画更加轻易与灵巧，更加的“酷”，它已经成为了一种新时代的艺术表现形式；同时使用 Flash 制作动画会大幅度地降低制作成本，减少人力、物力资源的消耗，在制作时间上也会大大缩短。所以在利用 Flash 发展动画的道路上，人们仍需不断的努力与创新，将 Flash 动画制作与传统动画创作完美结合，从而提高个人的制作水平。

1.6.2　位图与矢量图

Flash 中的图形分为位图（又称点阵图或栅格图像）和矢量图形两大类。

1. 位图

位图是由计算机根据图像中每一点的信息生成的，要存储和显示位图就需要对每一个点的信息进行处理，这样的一个点就是像素点（例如一幅 20 像素×300 像素的位图就有 60 000 个像素点，计算机要存储和处理这幅位图就需要记住 60 000 个点的信息）。位图有色彩丰富的特点，一般用在对色彩丰富度或真实感要求比较高的场合。但位图的文件较之矢量图要大得多，且位图在放大到一定倍数时会出现明显的马赛克现象，每一个马赛克实际上就是一个放大的像素点，如图 1-29 所示。

图 1-29　位图

2. 矢量图

矢量图是由计算机根据矢量数据计算后生成的，它用包含颜色和位置属性的直线或曲线来描述图像。计算机在存储和显示矢量图时只需记录图形的边线位置和边线之间的颜色这两种信息即可。矢量图的特点是占用的存储空间非常小，且矢量图无论放大多少倍都不会出现马赛克，如图 1-30 所示。

图 1-30　矢量图

1.7 自我检测

1. 填空题

（1）Flash 动画的主要特点有______、______、______、______、______、______等几点。

（2）Flash 可以用来制作______以方便教学。

（3）Flash 中的图形分为______和______两大类。

2. 判断题

（1）Flash 动画可以不基于视觉暂留原理。（　　）

（2）绘图工作区也被称作“舞台”，它是在其中放置图形内容的矩形区域。（　　）

（3）矢量图是由计算机根据图像中每一点的信息生成的。（　　）

3. 上机题

（1）启动 Flash CS4，熟悉它的工作界面。

（2）新建一个 Flash 文档，并在舞台中创建辅助线与网格。

（3）新建一个 Flash 文档，将其宽和高修改为 500 像素×300 像素，背景颜色设置为蓝色。

第2章 图形的绘制与编辑

学习目标

图形绘制是动画制作的基础，只有绘制好了静态矢量图，才可能制作出优秀的动画作品。在 Flash 中，图形造型工具通常包括铅笔工具、笔刷工具、多边形工具、线条工具以及钢笔工具等。本章重点给读者讲解在 Flash CS4 中绘制图形的相关操作与技巧，这也是 Flash 用户经常需要使用的知识。熟练掌握这些工具的使用方法是 Flash 动画制作的关键。在学习的过程中，需要清楚各工具的用途及工具所对应属性面板里每个参数的作用，并能将多种工具配合使用，从而绘制出丰富多彩的各类图案。

主要内容

- 绘制线条
- 编辑线条
- 部分选取工具
- 绘制几何图形
- 文本工具
- 组合与分离图形
- 绘制毛笔
- 绘制杯子

2.1 绘制线条

Flash 中绘制线条的工具主要有线条工具 、铅笔工具 和钢笔工具 3 种，下面分别对其进行介绍。

2.1.1 线条工具

线条工具主要用于绘制任意的矢量线段，其操作步骤如下。

Step 1 单击绘图工具箱中的 按钮，将鼠标移动到绘图工作区中。

Step 2 当鼠标变为"十"形状时，按住鼠标左键拖动，如图 2-1 所示。

Step 3 拖动至适当的位置及长度后，释放鼠标即可，绘制出的线条如图 2-2 所示。

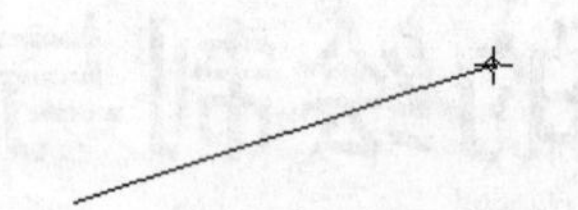

图 2-1 拖动鼠标绘制线条

图 2-2 绘制出的线条

提示：使用线条工具绘制直线的过程中，按下"Shift"键的同时拖动鼠标，可以绘制出垂直、水平的直线，或者 45° 的斜线。按下"Ctrl"键可以切换到选择工具，对工作区中的对象进行选取，当放开"Ctrl"键时，又会自动回到线条工具。

在"属性"面板中可对直线的样式、颜色、粗细等进行修改，其操作步骤如下。

Step 1 单击绘图工具箱中的选择工具 按钮，选中刚绘制的直线。执行"窗口"→"属性"命令。

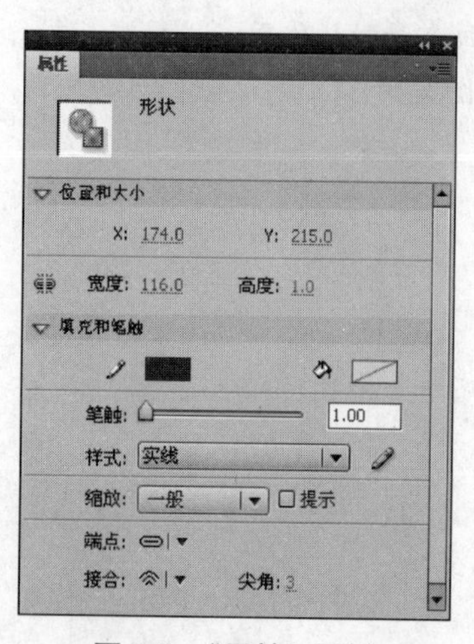

图 2-3 "属性"面板

Step 2 打开如图 2-3 的"属性"面板，在该面板中按照需要为直线进行设置，该面板中可设置的选项及其含义如下。

- X、Y：设置线段在绘图工作区中的具体位置。
- 宽度、高度：设置线段在水平或垂直方向上的长度。
- ：设置线段的颜色。单击颜色框，将弹出"颜色样本"面板，如图 2-4 所示。在"颜色样本"面板中可以直接选取某种预先设置好的颜色作为所绘制线条的颜色，也可以在上面的文本框内输入线条颜色的十六进制 RGB 值，例如#FF0000。如果预先设置的颜色不能满足用户需要，还可以单击图 2-4 右上角的 按钮，打开"颜色"对话框，在对话框中设置颜色值，如图 2-5 所示。
- 笔触: 1.00：用于设置线段的粗细。可以拖动滑块或者在文本框中输入数值来改变线段的粗细。Flash 中的线

条宽度是以 px（像素）为单位。高度值越小线条越细，高度值越大线条越粗。设置好笔触高度后，将鼠标指针移动到工作区中，在直线的起点按住鼠标不放，然后沿着要绘制的直线的方向拖动鼠标指针，在需要作为直线终点的位置释放鼠标左键。完成上述操作后，在工作区中就会自动绘制出一条直线。图 2-6 所示分别是设置线条工具笔触高度为 2 像素和 9 像素时所绘制的线条效果。

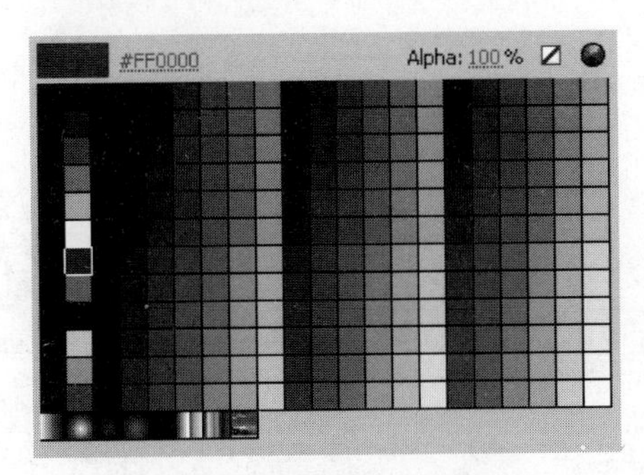

图 2-4 “颜色样本”面板

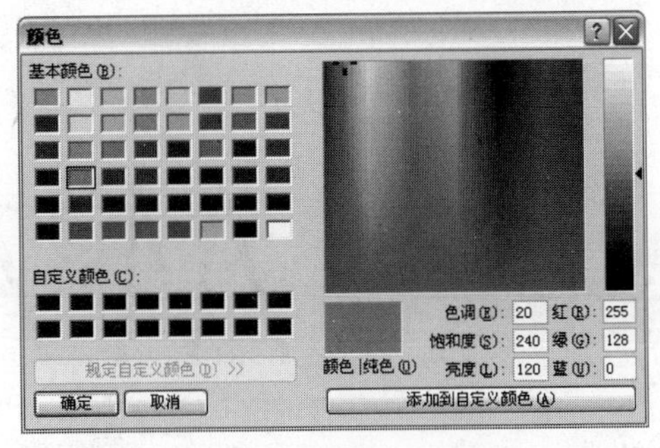

图 2-5 “颜色”对话框

2 像素　　9 像素

图 2-6 设置笔触高度不同的两条直线

- 样式: 实线：用于设置线段的样式，单击右侧的下拉按钮在弹出的如图 2-7 的“线条样式”列表框中选择需要的样式即可。Flash CS4 已经预置了一些常用的线条类型，如实线、虚线、点状线、锯齿线等。
- ：“编辑笔触样式”按钮，单击该按钮可打开如图 2-8 的“笔触样式”对话框。在对话框中可以设置线条的缩放、粗细、类型等参数。

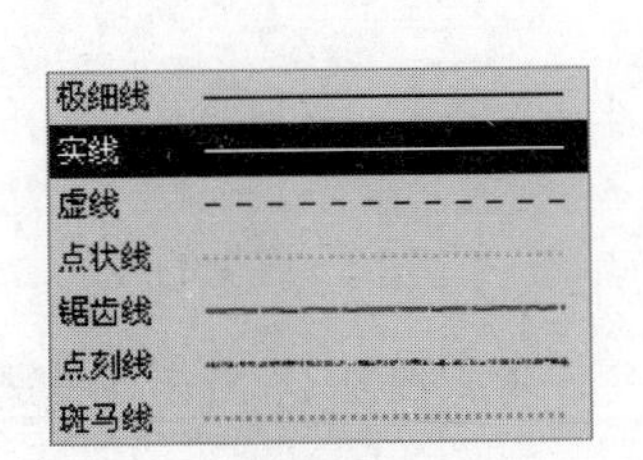

图 2-7 “线条样式”列表框

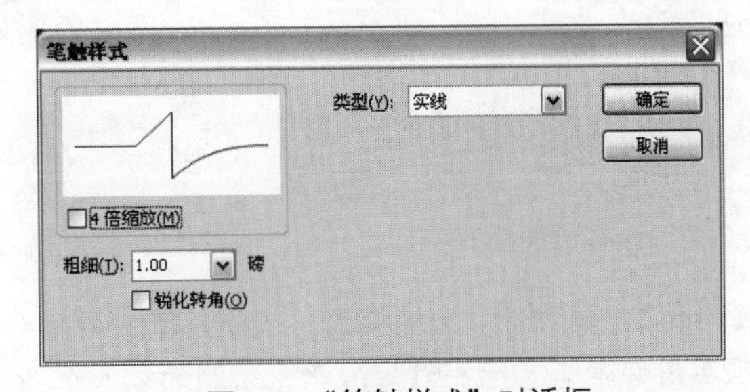

图 2-8 “笔触样式”对话框

- 端点 ：单击此按钮，在弹出菜单中选择线条的端点的样式，共有“无”、“圆角”、“方形”3 种样式可供选择，3 种样式分别如图 2-9 所示。
- 接合 ：接合就是指设置两条线段相接处，也就是拐角的端点形状。Flash CS4 提供了 3 种接合点的形状，即“尖角”、“圆角”和“斜角”，其中“斜角”是指被“削平”的方形端点。当选择了“尖角”时，可在其左侧的文本框中输入尖角的数值（1～3 之间）。接合的 3 种样式如图 2-10 所示。

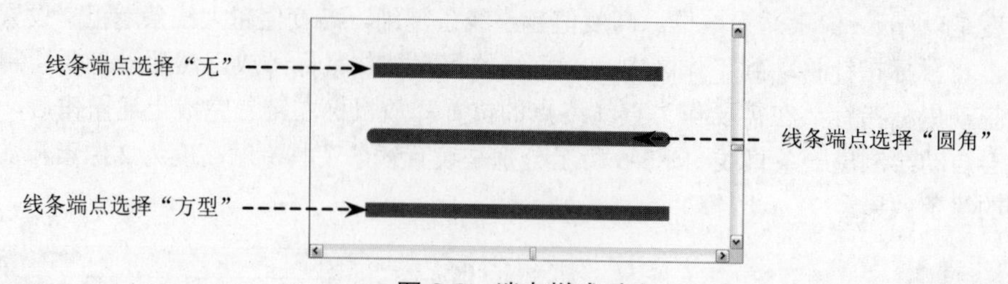

图 2-9　端点样式对比

图 2-10　接合样式对比

2.1.2　铅笔工具

铅笔工具 主要用来绘制矢量线和任意形状的图形，其操作步骤如下。

Step 1　单击绘图工具箱中的 按钮。

Step 2　将鼠标指针移至绘图工作区中，当鼠标指针变为 形状时，按住鼠标左键进行拖动即可绘制出相应的图形。

Step 3　单击绘图工具箱下方“选项”栏中右下角的三角形按钮，在弹出的如图 2-11 的菜单中选择一种铅笔模式。

Step 4　选择 伸直模式。该模式可使绘制的任意矢量线图形自动生成和它最接近的规则图形，图 2-12 所示即是选择伸直选项后用铅笔工具绘制时的形状，绘制的效果如图 2-13 所示。

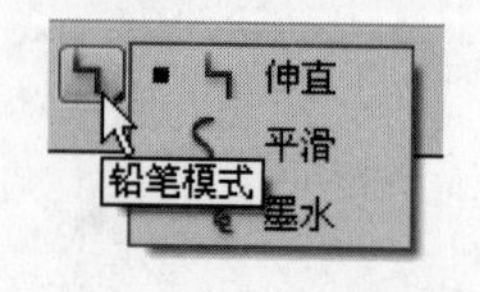

图 2-11　选择绘图模式

图 2-12　绘制轨迹

图 2-13　绘制的线条

Step 5　选择 平滑模式。该模式可使绘制的图形或线条变得平滑，图 2-14 所示即是选择平滑选项后用铅笔工具绘制时的形状，绘制的效果如图 2-15 所示。

Step 6　选择 墨水瓶模式。该模式可绘制出未经任何修改的手绘线条。其绘制前后的差别很小，分别如图 2-16 和图 2-17 所示。

图 2-14　“平滑”模式绘图轨迹

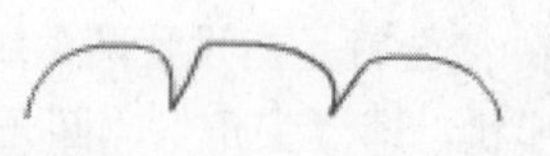

图 2-15　绘制的线条

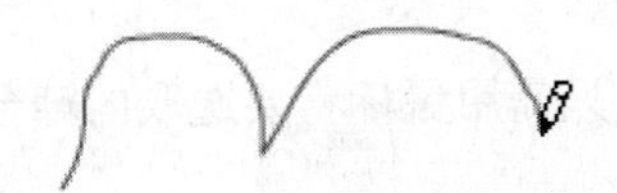

图 2-16 “墨水”模式绘图轨迹

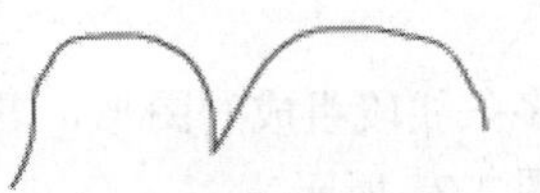

图 2-17　绘制的线条

2.1.3　钢笔工具

钢笔工具 用于绘制任意形状的图形，其操作步骤如下。

Step 1　在绘图工具箱中单击 按钮。

Step 2　将鼠标指针移至舞台中，当其变为 形状时，在要绘制图形的位置处单击鼠标左键，先确定绘制图形的初始点位置（初始点以小圆圈显示）。再次按鼠标左键确定任意图形的第 2 点，接着用鼠标在任意位置单击的方法绘制任意图形的其他点。

Step 3　若要想得到封闭的图形，将鼠标指针移至起始点，当钢笔工具侧边出现一个小圆圈时单击起始点即可，如图 2-18 所示。

Step 4　拖动鼠标则会出现图 2-19 所示的调节杆，使用调节杆可调整曲线的弧度。

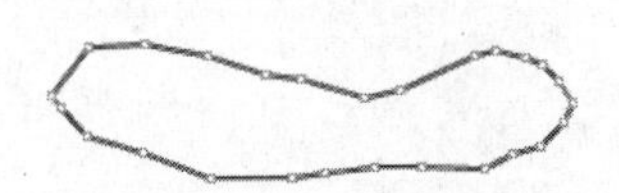

图 2-18　钢笔绘制的线条

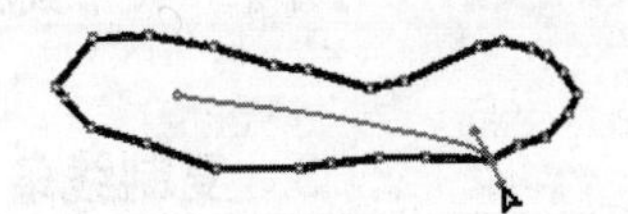

图 2-19　调整曲线的弧度

初学者在使用钢笔工具绘制图形时很不容易控制，需要有一定的耐心，而且要善于观察总结经验。使用钢笔工具时，鼠标指针的形状在不停地变化，不同形状的鼠标指针代表不同的含义，其具体含义如下。

- ：是选择钢笔工具后鼠标指针自动变成的形状，表示单击一下即可确定一个点。
- ：将鼠标指针移到绘制曲线上没有空心小方框（句柄）的位置时，它会变为形状，单击一下即可添加一个句柄。
- ：将鼠标指针移到绘制曲线的某个句柄上时，它会变为 形状，单击一下即可删除该句柄。
- ：将鼠标指针移到某个句柄上时，它会变为 形状，单击一下即可将原来是弧线的句柄变为两条直线的连接点。

2.2　编辑线条

Flash 中编辑线条的工具主要有选择工具，选择工具 主要用于选取对象并移动对象。

1. 选取线条

- 对于由一条线段组成的图形，只需用选择工具 单击该段线条即可。

- 对于由多条线段组成的图形，若只选取线条的某一段，只需单击该段线条即可，如图 2-20 所示。
- 对于由多条线段组成的图形，若要选取整个图形，只需用鼠标将要选取的舞台用矩形框选即可，如图 2-21 所示。

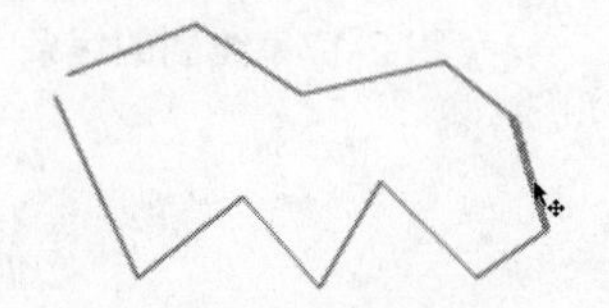

图 2-20　单击选取线条

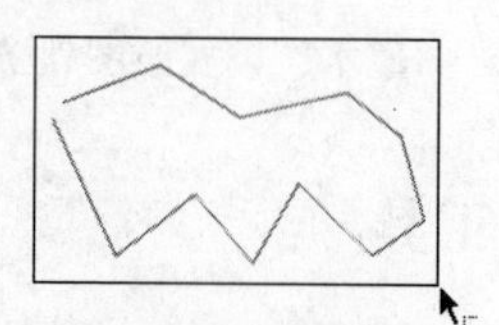

图 2-21　框选线条

提示：选取时按住“Shift”键，再用鼠标依次选取要选择的物体也可选取多个对象。

2. 移动线条

移动线条的操作如下。

Step 1　单击绘图工具箱中的选择工具。

Step 2　选中要移动的对象，按下鼠标左键不放，拖动该对象到要放置的位置处释放鼠标即可，如图 2-22 所示。

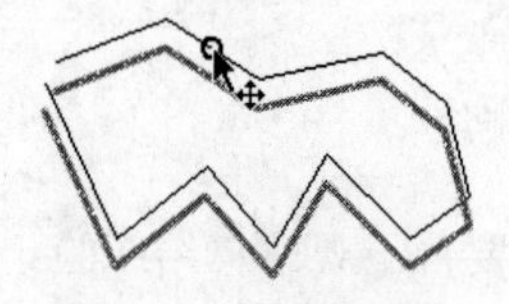

图 2-22　移动线条

3. 复制线条

复制线条的操作如下。

Step 1　单击绘图工具箱中的选择工具。

Step 2　按住“Ctrl”键不放，选中要复制的线条，拖动鼠标指针到要放置复制图形的位置即可。

4. 其他作用

选中选择工具后，绘图工具箱下面将出现如图 2-23 所示的选项框，其中各按钮的含义如下。

- 对齐对象：选中该按钮后，选择工具具有自动吸附功能，能够自动搜索线条的端点和图形边框。
- 平滑按钮：该按钮用于使曲线趋于平滑。
- 直线按钮：该按钮用于修饰曲线，使曲线趋于直线。

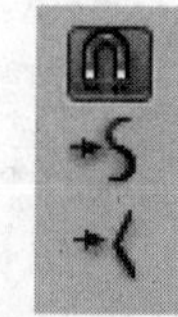

图 2-23　线条类型选项框

2.3　部分选取工具

部分选取工具主要用于对各对象的形状进行编辑，其使用方法如下。

- 若要选取线条，只需用部分选取工具单击该线条即可。此时线条会呈现绿色，并且中间会出现图 2-24 所示的节点。

- 若要移动线条，只需选中该线条中不是节点的部分，将其移动到需要的位置即可，如图 2-25 所示。

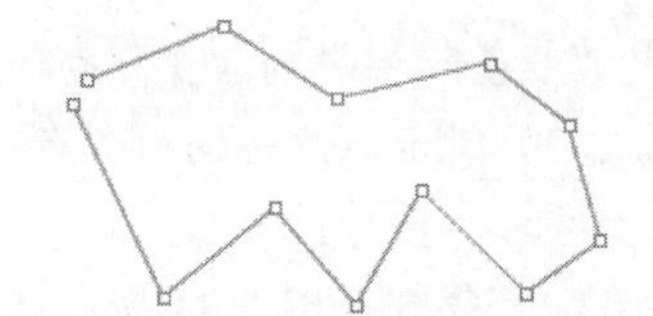

图 2-24　显示的线条和节点

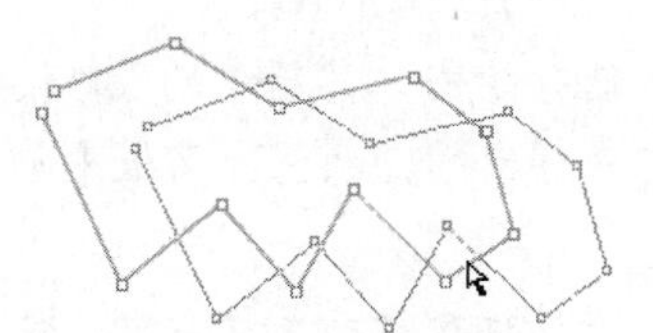

图 2-25　移动线条

- 若要修改线条，只需选中该线条，当鼠标指针变为 形状时，单击要修改的点，使其变为实心的点，选中点两侧出现两个调节杆，接着用鼠标指针拖动选中的点，可以调整图形的弧度（如图 2-26 所示），到适当位置处松开鼠标，即可得到图 2-27 所示的效果。

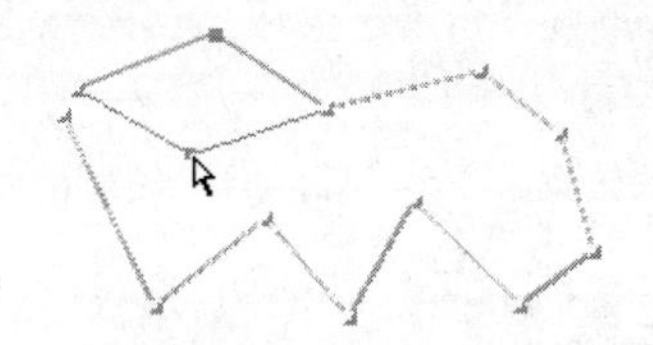

图 2-26　调节节点

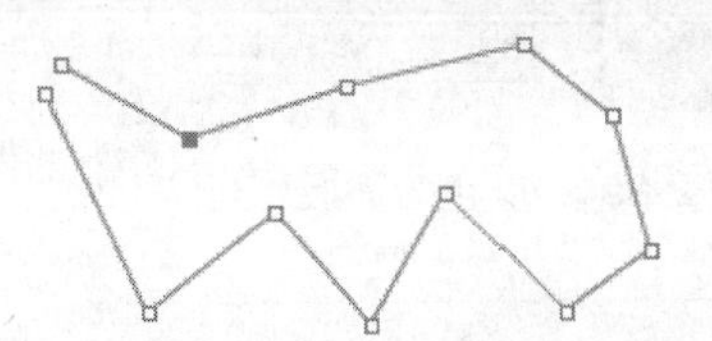

图 2-27　调节后的效果

2.4 绘制几何图形

Flash 还提供了几种绘制简单几何图形的工具。下面分别对其进行详细介绍。

2.4.1　椭圆工具

椭圆工具主要用于绘制实心的或空心的椭圆和圆，其使用方法如下。

1. 绘制实心椭圆

绘制实心椭圆的操作如下。

Step 1　单击绘图工具箱中的 按钮。

Step 2　单击绘图工具箱中“颜色”栏中的 按钮，在弹出的“颜色”面板中选择绘制椭圆边框的笔触颜色。

Step 3　单击绘图工具箱中“颜色”栏中的 按钮，在弹出的“颜色”面板中选择填充色的颜色。

Step 4　将鼠标指针移至舞台中，当指针变为“十”时，按住鼠标左键拖动，即可绘制出椭圆，如图 2-28 所示。

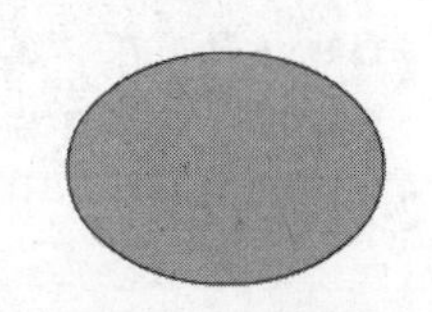

图 2-28　绘制的椭圆

提示：在绘制出椭圆后，也可利用“属性”面板对椭圆的大小、在舞台中的位置、边框线的颜色、线型样式、粗细及填充色等进行具体设置。当移动舞台中的椭圆或圆时，“属性”面板中 X、Y 的值也会自动改变。同样，在“属性”面板中对椭圆进行不同的设置后，舞台中的图形也将出现相应的变化。

2. 绘制空心椭圆

绘制空心椭圆的操作如下。

Step 1 选择绘图工具箱中的 按钮，单击工具箱中“颜色”栏中的 按钮。

Step 2 在弹出的“颜色”面板中单击 按钮，如图 2-29 所示，此时的“颜色”栏将变为如图 2-30 所示。

Step 3 将鼠标指针移至舞台中，按住鼠标左键并拖动，即可得到如图 2-31 所示的无填充椭圆。

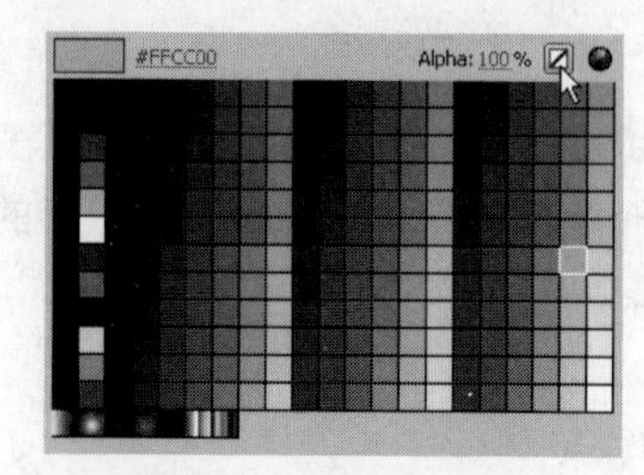

图 2-29 “颜色”面板

图 2-30 设置后的效果

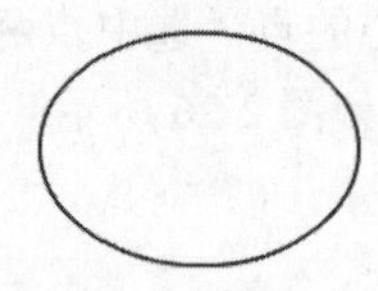

图 2-31 绘制的空心椭圆

提示：绘制椭圆时按住“Shift”键能绘制出圆。

2.4.2 矩形工具

图 2-32 绘制出的矩形

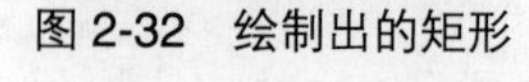

矩形工具是用来绘制长方形和正方形的，其操作步骤如下。

Step 1 单击绘图工具箱中的 按钮。

Step 2 设置长方形或正方形的外框笔触颜色和填充颜色。

Step 3 将鼠标指针移至舞台中，当其变为“十”形状时，按住鼠标左键进行拖动即可绘制出如图 2-32 所示的矩形。

提示：绘制矩形时按住“Shift”键能绘制出正方形。

使用矩形工具绘制圆角矩形的操作步骤如下。

Step 1 单击绘图工具箱中的 按钮。

Step 2 在“属性”面板的“边角半径”文本框中，将边角半径设置为“25”，如图 2-33 所示。

Step 3 将鼠标指针移至舞台中，按住鼠标左键进行拖动即可绘制出半径为 25 的圆角矩形，如图 2-34 所示。

提示：在“边角半径”文本框中可以输入圆角矩形中圆角的半径，范围为 0~999，以“磅”为单位。数字越小，所绘制矩形的圆角幅度就越小。若默认值为 0，则没有弧度，表示 4 个边角为直角。如果选取最大值 999，则画出的图形左右两边弧度最大。

此外，使用矩形工具还可绘制多边形和星形，其操作步骤如下。

Step 1 单击绘图工具箱中的 按钮后，在弹出的如图 2-35 所示的下拉菜单中选择“多角星形工具”。

Step 2 打开“属性”面板，在“属性”面板中单击 选项... 按钮，如图 2-36 所示。

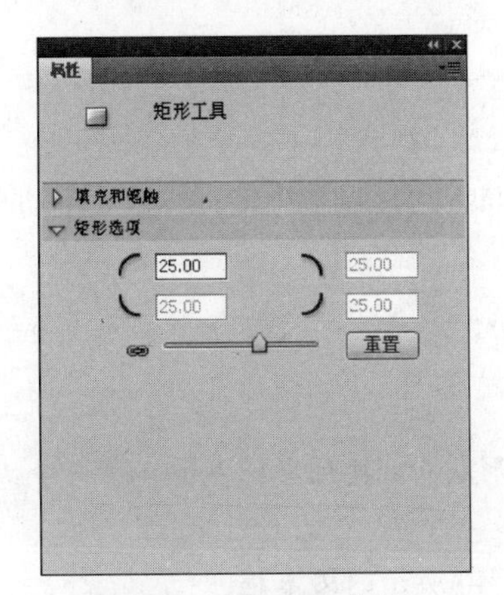

图 2-33 设置边角半径

图 2-34 绘制的圆角矩形

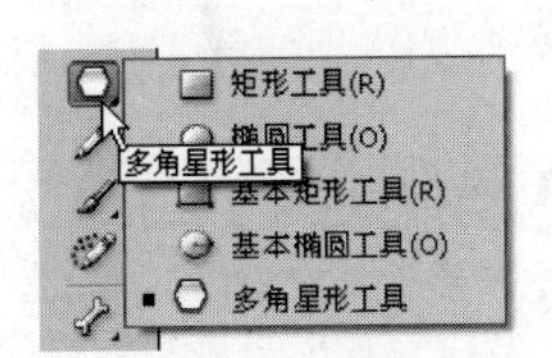

图 2-35 选择“多角星形工具”

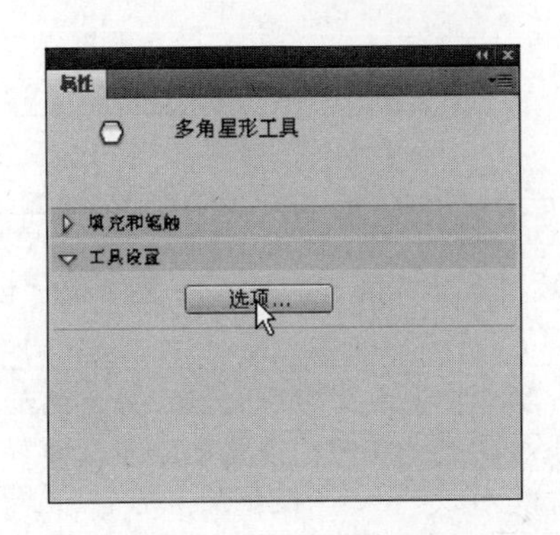

图 2-36 打开“选项”按钮

Step 3 打开“工具设置”对话框，如图 2-37 所示。在“样式”下拉列表框中选择“多边形”或“星形”，在“边数”文本框中输入边数，在“星形顶点大小”文本框中输入星形的顶点大小，设置完成后单击 确定 按钮。

Step 4 将鼠标指针移至舞台中，当鼠标指针变为“+”形状时，按住鼠标左键进行拖动即可绘制出一个多角星形，如图 2-38 所示。

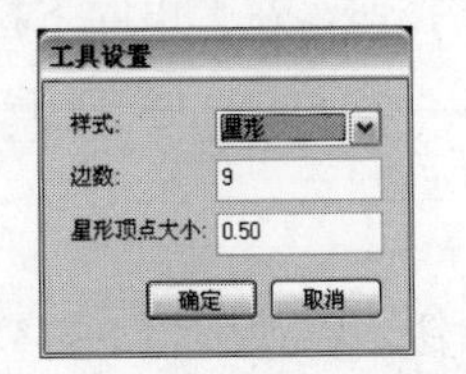

图 2-37 “工具设置”对话框

图 2-38 绘制出的多角星形

提示：在“工具设置”对话框的“边数”文本框中只能输入一个 3~32 的数字。在“星形顶点大小”文本框中只能输入一个 0~1 的数字以指定星形顶点的深度，数字越接近 0，创建的顶点就越深。若是绘制多边形，应保持此设置不变，它不会影响多边形的形状。

2.5 文本工具

文字是Flash动画中的一个重要角色，并且使用Flash可以制作出多种特效文字动画，下面我们介绍有关文字的基础知识。

2.5.1 输入文字

Step 1 单击绘图工具箱中的 T 按钮。

Step 2 将鼠标指针移至舞台中，当其变为 ┼A 形状时，按住鼠标左键在舞台中拖动出一个容纳文本内容的虚线框，如图2-39所示。

Step 3 然后释放鼠标左键，将出现一个如图2-40所示的文本框。

Step 4 在文本框中输入如图2-41所示的文字。然后用鼠标单击文本框外的任意空白处即可完成文字的输入。

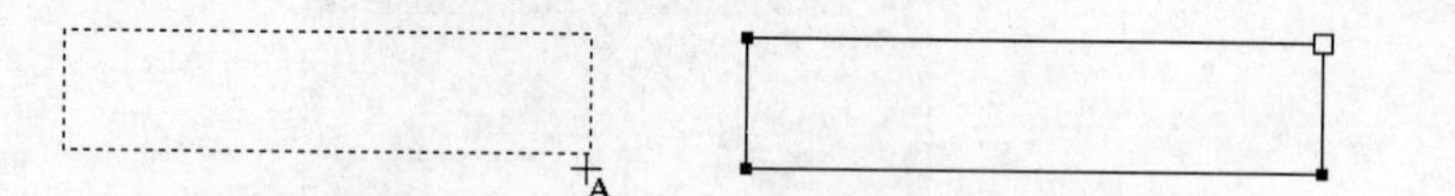

图2-39 拖出虚线框　　图2-40 创建的文本区域　　图2-41 输入文字

提示：完成文字输入后，若要添加文字，只需将指针移动到要添加的地方，然后输入要添加的文字即可；若要删除不需要的文字，只需再次单击输入的文字，选中要删除的文字，然后按“Del”键删除即可。

2.5.2 设置文本属性

完成文本输入后再对其进行设置，使其显得更加美观。选中输入的文本，打开“属性”面板，如图2-42所示。

文字“属性”面板中各选项的具体功能及含义如下。

- 静态文本 ▼：用于设置文本的状态。主要有“静态文本”、“动态文本”、“输入文本”3种状态。要设置不同的状态，只需单击右侧的 ▼ 按钮，在弹出的下拉列表框中选择一种需要的状态即可。
- X与Y：用于设置文本在舞台中的具体位置。
- 宽度与高度：用于设置文本的宽度和高度。
- 系列：用于设置文本的字体。单击右侧下拉列表的 ▼ 按钮，在弹出的下拉列表框选择所需字体即可，如图2-43所示。
- 大小：用于设置文本字体的大小。
- 字母间距：用于设置文字之间间隔的距离。
- 颜色：用于设置文本的颜色。
- T T：用来设置文字的“上标”、“下标”。

- [对齐按钮]：用于设置文本的对齐方式。这 4 个按钮从左到右分别为左对齐、居中对齐、右对齐、两端对齐。

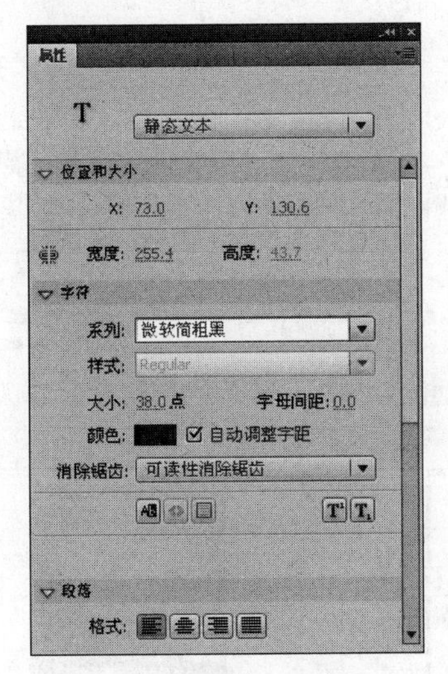

图 2-42 “属性”面板

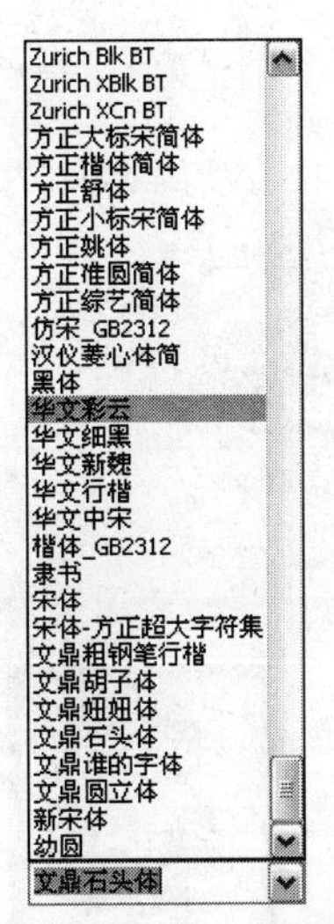

图 2-43 “字体”下拉列表

2.6 组合与分离图形

图形绘制好以后可以进行组合与分离。组合与分离是图形编辑中作用相反的图形处理功能。用绘图工具直接绘制的图形是处于矢量分离状态的；对绘制的图形进行组合处理，可以保持图形的独立性，执行“修改”→“组合”命令或按下“Ctrl+G”组合键，即可对选取的图形进行组合。组合后的图形在被选中时将显示出蓝色边框，如图 2-44 所示。

（a）原图

（b）组合后

图 2-44　组合图形

组合后的图形作为一个独立的整体，可以在舞台上随意拖动而不发生变形；组合后的图形可以被再次组合，形成更复杂的图形整体。当多个组合了的图形放在一起时，可以执行“修改”→“排列”命令，调整图形在舞台中的上下层位置，如图 2-45 所示。

分离命令可以将组合后的图形变成分离状态，也可将导入的位图进行分离。执行“修改”→“分离”命令或按下“Ctrl+B”组合键可以分离（打散）图形，位图在分离状态后可以进行填色、清理等操作，如图 2-46 所示。

(a) 蓝色在下面

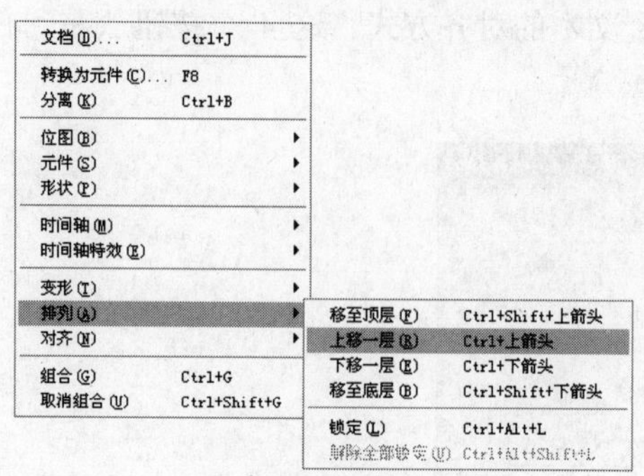

(b) 选择排列命令

(c) 蓝色在上面

图 2-45 排列功能

(a) 位图

(b) 分离后

(c) 背景清除后

图 2-46 分离功能

2.7 应用实践

2.7.1 任务 1——绘制毛笔

任务要求

在 Flash CS4 中使用绘图工具绘制一支毛笔，毛笔是握在一位可爱的小女孩手中的。

任务分析

绘制毛笔可以先绘制笔杆，然后绘制笔头，任务要求毛笔要握在一位可爱的小女孩手中，这可以通过导入位图来实现。要使动画元素更加丰富，通常是通过绘制矢量图与导入位图相结合来制作。

任务设计

本例通过首先使用矩形工具绘制毛笔笔杆，再使用椭圆工具与选择工具来制作笔头，最后导入位图来完成。完成后的效果如图 2-47 所示。

完成任务

Step 1 新建文档。运行 Flash CS4，新建一个 Flash 空白文档。执行“修改”→“文档”命令，

打开“文档属性”对话框，在对话框中将“尺寸”设置为 650 像素（宽）× 500 像素（高），如图 2-48 所示。设置完成后单击“确定”按钮。

图 2-47　最终效果

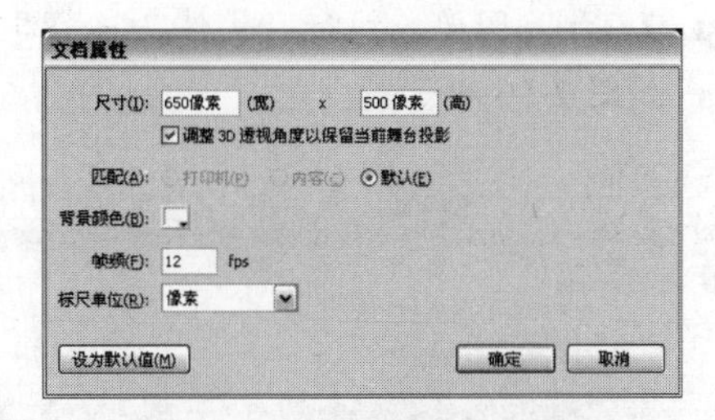

图 2-48　“文档属性”对话框

Step 2　选择笔触颜色。选择绘图工具箱中的矩形工具，单击绘图工具箱中“颜色”栏中的按钮，在弹出的“颜色”面板中选择矩形边框的笔触颜色，这里选择黑色，如图 2-49 所示。

Step 3　选择填充颜色。单击绘图工具箱中“颜色”栏中的按钮，在弹出的“颜色”面板中选择矩形边框的填充颜色，这里选择土黄色（#CC9900），如图 2-50 所示。

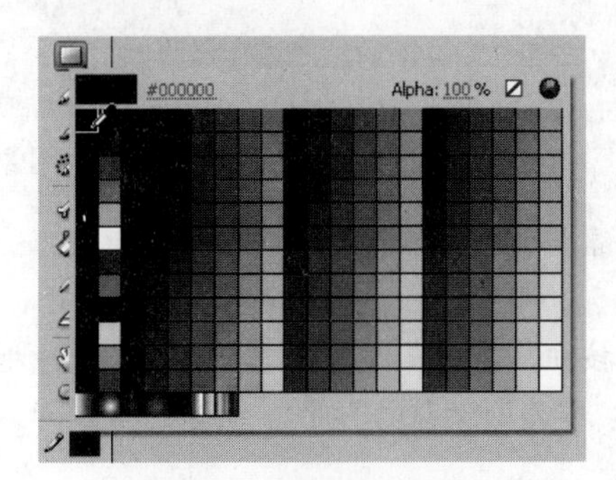

图 2-49　选择笔触颜色

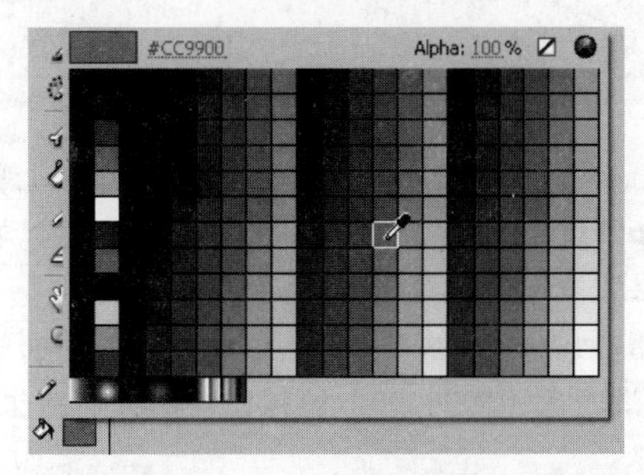

图 2-50　选择填充颜色

Step 4　绘制矩形。将鼠标指针移至舞台中，当其变为“+”形状时，按住鼠标左键进行拖动即可绘制出如图 2-51 所示的矩形。

Step 5　绘制椭圆。单击绘图工具箱中的按钮，在舞台上绘制一个边框颜色与填充颜色都为黑色的椭圆，如图 2-52 所示。

Step 6　调整椭圆。单击绘图工具箱中的选择工具，拖动椭圆的边框，将椭圆调整到一个毛笔笔尖的形状，如图 2-53 所示。

Step 7　组合图形。使用选择工具选中绘制的毛笔，按下“Ctrl+G”组合键将其组合，如图 2-54 所示。

图 2-51　绘制矩形

图 2-52　绘制椭圆

图 2-53　调整椭圆

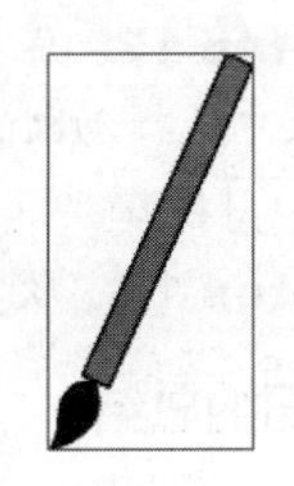

图 2-54　组合图形

Step 8 导入图像。执行“文件”→“导入”→“导入到舞台”命令，将一幅图像导入到舞台中，如图 2-55 所示。

Step 9 导入图像。执行“文件”→“导入”→“导入到舞台”命令，将一幅小女孩图像导入到舞台中，如图 2-56 所示。

图 2-55 导入图像

图 2-56 导入图像

Step 10 选择右键菜单命令。选中毛笔，单击鼠标右键，在弹出的快捷菜单中选择“排列”→“上移一层”命令，如图 2-57 所示。

Step 11 绘制椭圆。单击绘图工具箱中的 按钮，在小女孩的脚下绘制一个无边框颜色，填充颜色为浅灰色（#999999）的椭圆，并将椭圆组合，作为小女孩的影子，如图 2-58 所示。

图 2-57 选择右键菜单命令

图 2-58 绘制椭圆

Step 12 保存动画。执行“文件”→“保存”命令，打开“另存为”对话框，在“保存在”下拉列表中选择动画的保存位置，在“文件名”文本框中输入动画的名称，如图 2-59 所示。完成后单击 保存(S) 按钮。

Step 13 欣赏最终效果。按下“Ctrl+Enter”组合键，欣赏本例的完成效果，如图 2-60 所示。

归纳总结

本例通过使用矩形工具、椭圆工具与选择工具来绘制编辑毛笔。在 Flash CS4 中，通过绘图工具

绘制的图形是矢量图，一个精美的动画通常是通过绘制矢量图与导入位图相结合来制作。

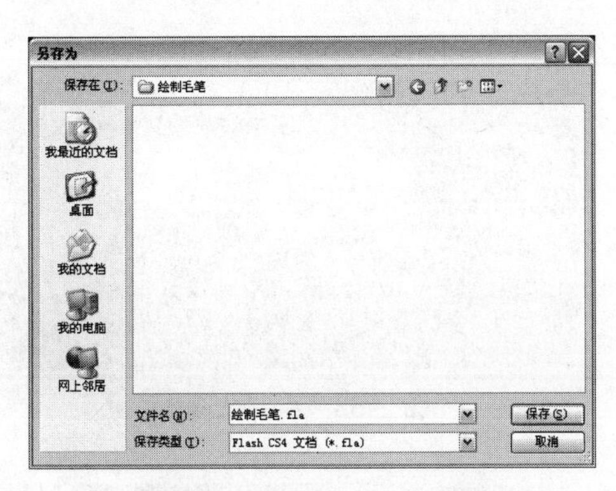

图 2-59　“另存为”对话框

图 2-60　完成效果

2.7.2　任务 2——绘制杯子

任务要求

在 Flash CS4 中使用绘图工具绘制一个杯子，杯子下还有一个小盘与一个小勺子。

任务分析

在 Flash 中绘图的时候，大多都是利用线条工具 或者是铅笔工具 来先勾勒出要绘制图形的外部轮廓。在用线条绘制轮廓的时候，就需要用到“部分选取工具”来对线条的曲度进行一些编辑和调整，这样绘制出来的线条才会更简洁、更流畅。

任务设计

本例通过综合使用铅笔工具、选择工具、部分选取工具以及导入功能等来编辑制作。完成后的效果如图 2-61 所示。

图 2-61　最终效果

完成任务

Step 1　新建文档。运行 Flash CS4，新建一个 Flash 空白文档。执行“修改”→“文档”命令，打开“文档属性”对话框，在对话框中将“尺寸”设置为 730 像素（宽）× 420 像素（高），背景颜色设置为橙黄色（#FF6600），如图 2-62 所示。设置完成后单击 确定 按钮。

Step 2　绘制椭圆。在工具箱中单击椭圆工具 ，在“属性”面板中设置笔触颜色为“#999999”，笔触高度为“1”，填充颜色为白色，在舞台中绘制一个椭圆形。如图 2-63 所示。

Step 3　缩放椭圆。单击选择工具 ，选中所绘制的椭圆，依次执行“编辑”→“复制”命令、“编辑”→“粘贴到当前位置”命令，将椭圆复制一个并粘贴到原位置，再执行“修改”→“变形”→“缩放和旋转”命令，在弹出的对话框中将缩放值设为“96%”，如图 2-64 所示。完成后单击 确定 按钮。

Step 4 调整线条。在工具箱中选择线条工具，在椭圆形的下方绘制一条直线，再使用选择工具调整线条，如图 2-65 所示。

Step 5 调整节点。在工具箱中选择部分选取工具，对线条的节点进行如图 2-66 所示的调整。

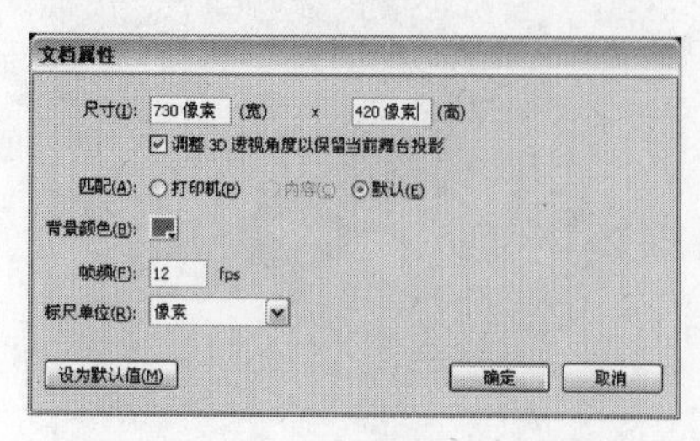

图 2-62 “文档属性”对话框

图 2-63 绘制椭圆

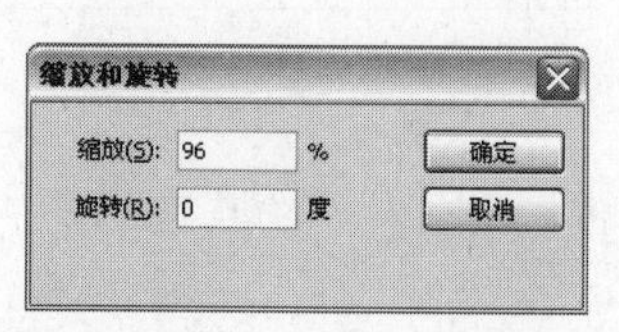

图 2-64 “缩放和旋转”对话框

图 2-65 调整线条

图 2-66 调整节点

Step 6 调整节点。按照同样的方法在椭圆形的右边制作一条弧线，然后通过部分选取工具对其进行节点调整，如图 2-67 所示。

Step 7 填充颜色。在工具箱中选择线条工具绘制杯子底部的线条，并使用部分选取工具，对其节点进行调整，然后使用工具箱中的颜料桶将其填充为白色，如图 2-68 所示。

Step 8 绘制把柄并填充颜色。选择线条工具绘制杯子的把柄，并使用部分选取工具，进行调整，并将其填充为白色，如图 2-69 所示。

图 2-67 调整节点

图 2-68 填充颜色

图 2-69 绘制把柄并填充颜色

Step 9 绘制椭圆。使用椭圆工具绘制两个同心的白色椭圆，如图 2-70 所示。

Step 10 绘制小勺。按照同样的方法通过椭圆工具，线条工具和部分选取工具绘制一个白色的小勺，如图 2-71 所示。

Step 11 组合图形。使用选择工具选中绘制的所有图形，按下“Ctrl+G”组合键将其组合，如图 2-72 所示。

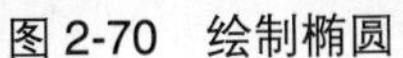

图 2-70　绘制椭圆

图 2-71　绘制小勺

图 2-72　组合图形

Step 12　导入图像。执行“文件”→“导入”→“导入到舞台”命令，将一幅图像导入到舞台中，如图 2-73 所示。

Step 13　选择右键菜单命令。选中导入的图像，单击鼠标右键，在弹出的快捷菜单中选择“排列”→“移至底层”命令，如图 2-74 所示。

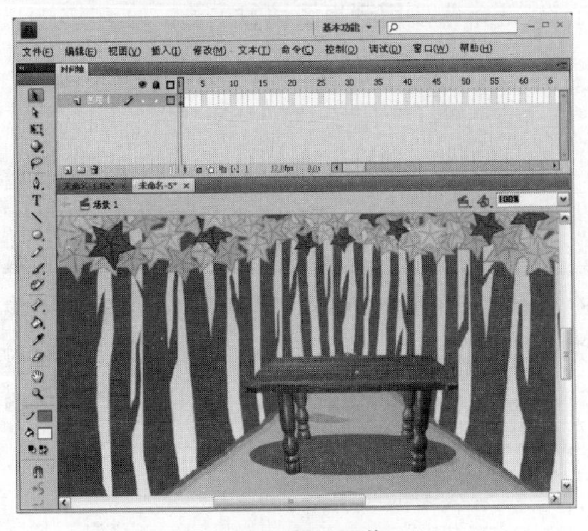

图 2-73　导入图像

图 2-74　选择右键菜单命令

Step 14　移动图形。使用选择工具，将绘制的杯子图形移动到图像上的桌子上去，如图 2-75 所示。

Step 15　执行“文件”→“保存”命令，保存文件，然后按下“Ctrl+Enter”组合键输出测试影片即可，如图 2-76 所示。

图 2-75　移动图形

图 2-76　完成效果

归纳总结

本例通过综合使用各种绘图工具来绘制杯子，完成后导入背景图像。但导入的背景图像将绘制的杯子图形遮挡住了，这时就要将上面的图形移至底层，使下面的图形显现出来，完成整个动画场景的编辑。

2.8 知识拓展

2.8.1 查看工具

在使用Flash绘图时，除了一些主要的绘图工具之外，还常常要用到视图调整工具，如手形工具、缩放工具。

1. 手形工具

手形工具的作用就是在工作区移动对象。在工具箱中选择手形工具，舞台中的鼠标指针将变为手形，按下左键不放并移动鼠标，舞台的纵向滑块和横向滑块也随之移动。手形工具的作用相当于同时拖动纵向和横向的滚动条。手形工具和选择工具是有区别的，虽然都可以移动对象，但是选择工具的移动是指在工作区内移动绘图对象，所以对象的实际坐标值是改变的；使用手形工具移动对象时，表面上看到的是对象的位置发生了改变，实际移动的却是工作区的显示空间，而工作区上所有对象的实际坐标相对于其他对象的坐标并没有改变。手形工具的主要目的是为了在一些比较大的舞台内将对象快速移动到目标区域。显然，使用手形工具比拖动滚动条要方便许多。

2. 缩放工具

缩放工具用来放大或缩小舞台的显示大小，在处理图形的细微之处时，使用缩放工具可以帮助设计者完成重要的细节设计。

在绘图工具箱中选择缩放工具后，可以在如图2-77所示的“选项”面板中选择缩小或放大工具，其中带“+”号的为放大工具，带“-”号的为缩小工具。

提示：按住“Alt”键，可以在放大工具和缩小工具之间进行切换。

在舞台右上角有一个“显示比例”下拉列表框，表示当前页面的显示比例，也可以在其中输入所需的页面显示比例数值，如图2-78所示。在工具箱中双击缩放工具按钮，可以使页面以100%的比例显示。

图2-77　缩放工具

图2-78　显示比例列表

（1）放大工具

用放大工具单击舞台或者用放大工具拉出一个如图 2-79 的选择区，可以使页面以放大的比例显示，如图 2-80 所示。

（2）缩小工具

用缩小工具单击舞台，可使页面以缩小的比例显示，如图 2-81 所示。

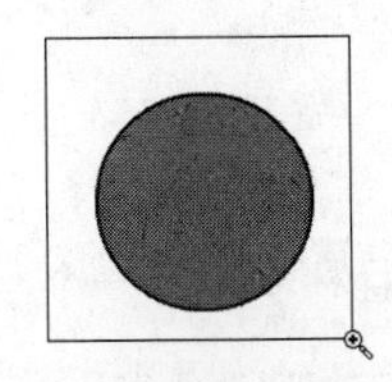

图 2-79　使用放大工具

图 2-80　放大后的图形

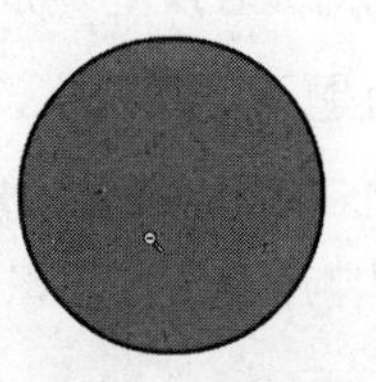

图 2-81　缩小图形

2.8.2　文本对象的编辑

1. 打散文字

Flash CS4 把输入的文本默认为一个整体的对象，如果想对其中每个字进行修改就必须将其打散。选中输入的文本，执行“修改”→“分离”命令两次，将文本分离（也称为打散），转变为独立的矢量图形。使用选取工具可以对它们进行形状上的修改操作，如图 2-82 所示。

提示：在使用了“分离”命令后，Flash CS4 没有提供任何将矢量文字转变为最初文本的命令，但是可以通过多次按下“Ctrl+Z”快捷键，返回到前面的操作。

2. 消除文字锯齿

文字输入后往往会出现锯齿。为了让文字边缘平滑，用户可以执行“视图”→“预览模式”→“消除文字锯齿”命令，如图 2-83 所示。

开怀大笑

图 2-82　修改字形

（a）消除文字锯齿前

（b）消除文字锯齿后

图 2-83　消除文字锯齿前后比较

2.9　自我检测

1. 填空题

（1）铅笔工具有______、______、______ 3 种模式。

（2）______模式可使绘制的任意矢量线图形自动生成和它最接近的规则图形。

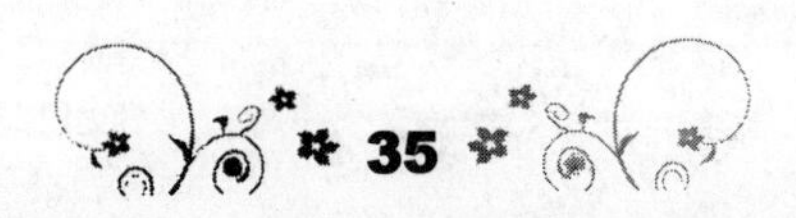

（3）使用选择工具选取对象时按住______键，再用鼠标依次选取要选择的物体可选取多个对象。

2. 判断题

（1）选择铅笔工具的墨水瓶模式可使绘制的图形或线条变得平滑。（　　）

（2）♤+ 是选择钢笔工具后鼠标指针自动变成的形状，表示单击一下即可确定一个点。（　　）

（3）绘制椭圆时按住“Shift”键能绘制出圆。（　　）

3. 上机题

（1）在 Flash CS4 中练习各种绘图工具的使用方法。

（2）应用本章讲述的知识，绘制建一个填充颜色为黄色的杯子，并且杯子里有一个小勺子。

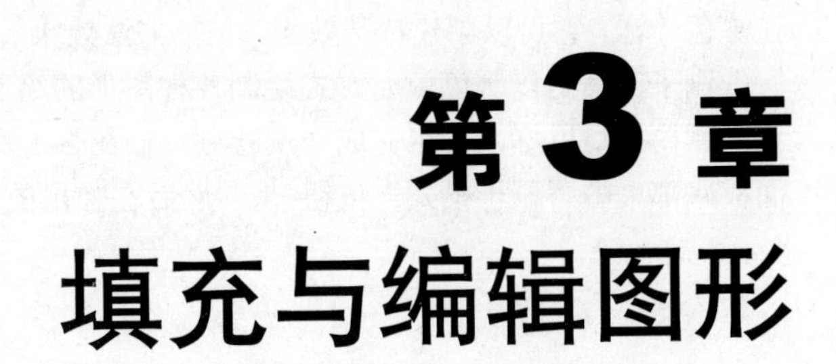

第3章 填充与编辑图形

学习目标

要使用 Flash 制作出造型精美、色彩丰富、情节有趣的 Flash 动画影片，只靠导入位图是不行的，最主要还是要通过 Flash 中的绘图编辑工具绘制出个性十足、富有变化的完美造型。所以，必须先掌握 Flash 中各种绘图编辑工具的使用方法以及各种图形的编辑处理技巧。

主要内容

- 图形填充
- 编辑图形
- 图形对象基本操作
- 绘制光晕效果
- 绘制窗外的世界

3.1 图形填充

在 Flash CS4 中用于图形填充的工具主要有刷子工具、颜料桶工具、滴管工具、墨水瓶工具和渐变变形工具 5 种。

3.1.1 刷子工具

刷子工具 主要用于绘制任意形状、大小及颜色的填充区域。它能绘制出刷子般的笔触，就像在涂色一样。它可以创建特殊效果，包括书法效果。使用刷子工具功能键可以选择刷子的大小和形状。

刷子工具是以颜色填充方式绘制各种图形的绘制工具。在工具面板中选择“刷子工具”后，在工作区域内拖动鼠标，即可完成一次绘制，如图 3-1 所示。在工具面板中选择“刷子工具”后，可以在面板底部单击“刷子模式”按钮 ，然后在弹出的菜单中选择不同的绘图模式，如图 3-2 所示。

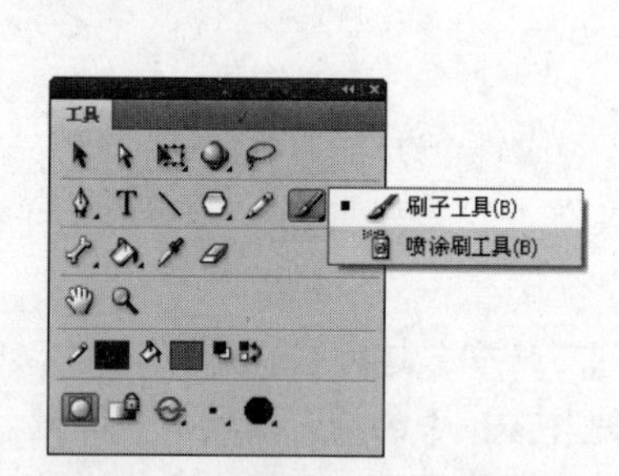

图 3-1 选择“刷子工具”

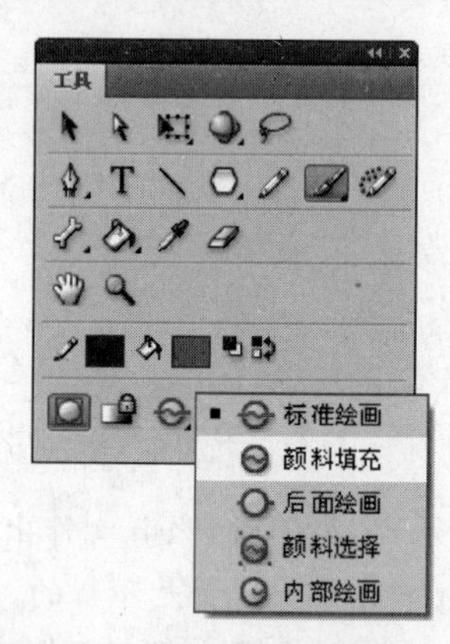

图 3-2 选择不同的绘图模式

下面分别介绍这 5 种绘图模式的情况。

- 标准绘画：正常绘图模式，是默认的直接绘图方式，对任何区域都有效，如图 3-3 所示。
- 颜料填充：只对填色区域有效，对图形中的线条不产生影响，如图 3-4 所示。

图 3-3 标准绘画模式

图 3-4 颜料填充模式

- 后面绘画：只对图形后面的空白区域有效，不影响原有的图形，如图 3-5 所示。
- 颜料选择：只对已经被选中的颜色块中填充图形有效，不影响选取范围以外的图形，如图 3-6 所示。
- 内部绘画：只对鼠标按下时所在的颜色块有效，对其他的色彩不产生影响，如图 3-7 所示。

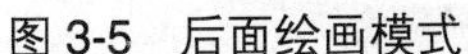

图 3-5 后面绘画模式　　图 3-6 颜料选择模式　　图 3-7 内部绘画模式

除了可以为“刷子工具”设置绘图模式外，还可以选择刷子的大小和形状。要设置刷子的大小，可以在工具面板底部单击“刷子大小”按钮，然后在弹出的菜单中进行选择，如图 3-8 所示。

要选择刷子的形状，只需要在单击“刷子大小”旁边的“刷子形状”按钮，然后在弹出的菜单中选择即可，如图 3-9 所示。

在工具面板中选择“刷子工具”后，可以在属性面板中对该工具的填充颜色和笔触平滑度进行设置，如图 3-10 所示。

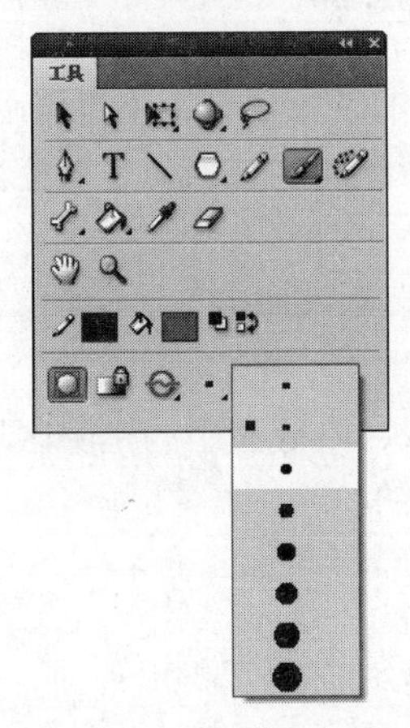

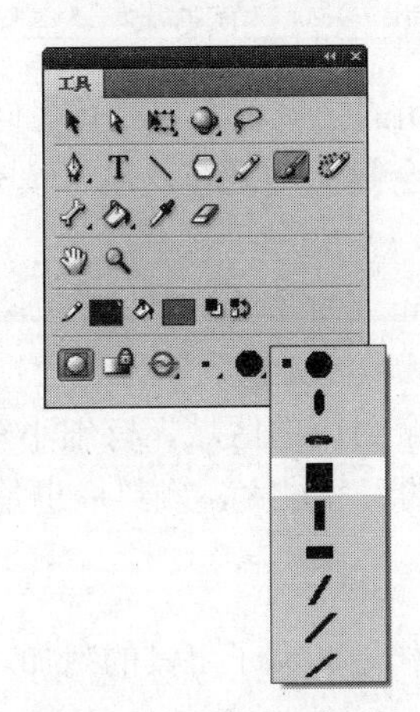

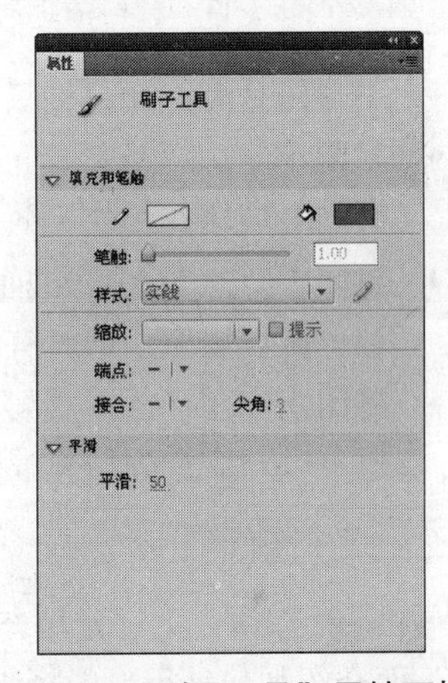

图 3-8 设置刷子大小　　图 3-9 设置刷子形状　　图 3-10 “刷子工具”属性面板

下面介绍刷子工具的属性面板中各项参数的功能。

- 填充颜色：设置刷子的填充颜色。
- 平滑：设置绘制图形的平滑程度。平滑值越高，绘制出的图形边缘就越平滑。

提示：在使用刷子工具填充颜色时，为了得到更好的填充效果，在填充颜色时还可以用“选项”栏中的 按钮，对图形进行锁定填充。

3.1.2 颜料桶工具

颜料桶工具 是绘图编辑中常用的填色工具，对封闭的轮廓范围或图形块区域进行颜色填充。这个区域可以是无色区域，也可以是有颜色的区域。填充颜色可以使用纯色，也可以使用渐变色，还可以使用位图。单击工具箱中的颜料桶工具 ，光标在工作区中变成一个小颜料桶，表示此时颜料桶工具已经被激活。

颜料桶工具有 3 种填充模式：单色填充、渐变填充和位图填充。通过选择不同的填充模式，可以使用颜料桶制作出不同的效果。在工具栏的“选项”面板内，有一些针对颜料桶工具特有的附加功能

选项，如图 3-11 所示。

1. 空隙大小

单击“空隙大小”按钮 ，弹出一个下拉列表框，用户可以在此选择颜料桶工具判断近似封闭的空隙宽度，“空隙大小”下拉列表如图 3-12 所示。

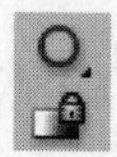

图 3-11 颜料桶工具的附加选项

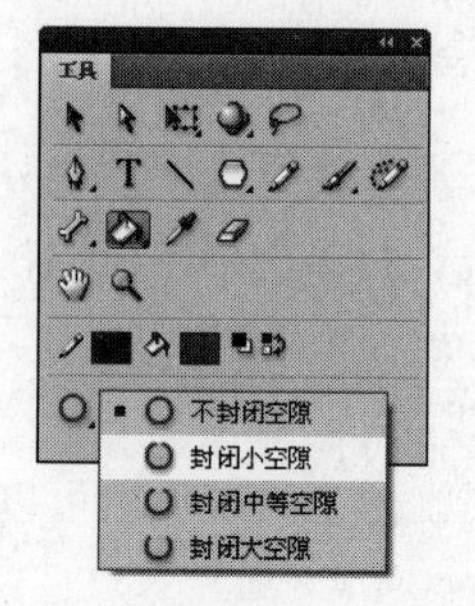

图 3-12 “空隙大小”下拉列表

- 不封闭空隙：颜料桶只对完全封闭的区域填充，对有任何细小空隙的区域填充都不起作用。
- 封闭小空隙：颜料桶可以填充完全封闭的区域，也可填充有细小空隙的区域，但是对空隙太大的区域填充仍然无效。
- 封闭中等空隙：颜料桶可以填充完全封闭的区域、有细小空隙的区域，对中等大小的空隙区域也可以填充，但对有大空隙区域填充无效。
- 封闭大空隙：颜料桶可以填充完全封闭的区域、有细小空隙的区域、中等大小的空隙区域，也可以对大空隙填充，不过空隙的尺寸过大，颜料桶也是无能为力的。

2. 填充锁定

单击 按钮，可锁定填充区域。其作用和刷子工具的附加功能中的填充锁定功能相同。

下面介绍如何使用颜料桶工具填色。

Step 1 在绘图工具箱中选择铅笔工具 ，在舞台上绘制一个不封闭的图形，如图 3-13 所示。

Step 2 在绘图工具箱中选择 按钮，舞台中的鼠标变为颜料桶图标形状，在绘图工具箱的“选项”面板中将出现颜料桶工具的附加设置属性，如图 3-14 所示。

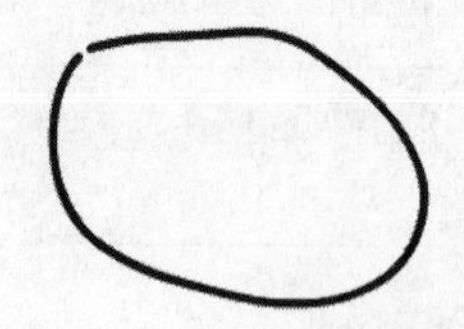

图 3-13 绘制不封闭的图形

图 3-14 颜料桶工具“选项”面板

Step 3 单击选项选区中的 按钮，将弹出如图 3-15 所示的“封闭模式”下拉列表，可以在该下拉列表中选择一种空隙封闭模式。

Step 4 在如图 3-16 所示的“颜色”面板中设置好所需的填充色，此处填充色为绿色。

Step 5 在绘图工具箱中选择颜料桶工具 ，在绘制的不封闭图形上单击鼠标进行填充，效果如图 3-17 所示。

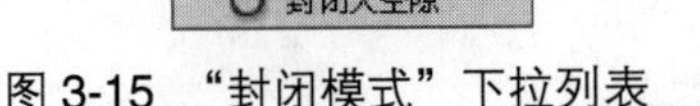

图 3-15 “封闭模式”下拉列表

图 3-16 “颜色”面板

图 3-17 不封闭颜色填充

提示：填充区域的缺口大小只是一个相对的概念，即使是封闭大空隙，实际上也是很小的。

3.1.3 滴管工具

滴管工具 用于对色彩进行采样，可以拾取描绘色、填充色以及位图图形等。在拾取描绘色后，滴管工具自动变成墨水瓶工具；在拾取填充色或位图图形后自动变成颜料桶工具。在拾取颜色或位图后，一般使用这些拾取到的颜色或位图进行着色或填充。

选择滴管工具后，在“属性”面板中可以看出，滴管工具并没有自己的属性。工具箱的选项面板中也没有其相应的附加选项设置，这说明滴管工具没有任何属性需要设置，其功能就是对颜色进行采集。

使用滴管工具时，将滴管的光标先移动到需要采集色彩特征的区域上，然后在需要某种色彩的区域上单击鼠标左键，即可将滴管所在那一点具有的颜色采集出来，接着移动到目标对象上，再单击左键，这样，刚才所采集的颜色就被填充到目标区域了。

3.1.4 墨水瓶工具

使用“墨水瓶”工具 可以更改线条或者形状轮廓的笔触颜色、宽度和样式。对直线或形状轮廓只能应用纯色，不能应用渐变或位图。

下面介绍使用墨水瓶工具进行填充的方法，其操作步骤如下。

选择工具面板中的“墨水瓶工具” ，打开“属性”面板，在面板中设置笔触颜色和笔触高度等参数，如图 3-18 所示。

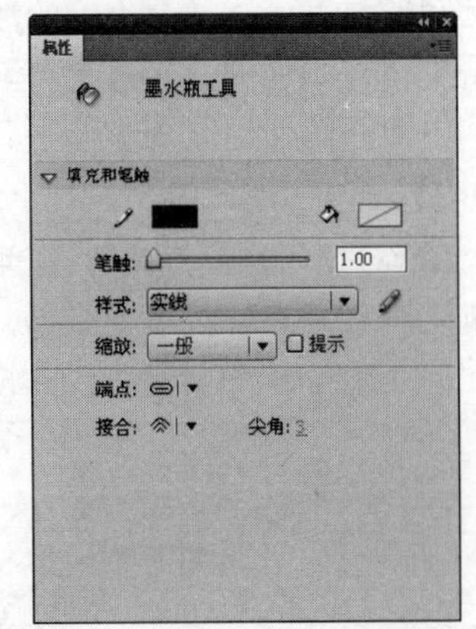

图 3-18 “墨水瓶工具”属性面板

墨水瓶工具的属性面板中各项参数的功能分别介绍如下。

- “笔触颜色”按钮：设置填充边线的颜色。
- “笔触”高度：设置填充边线的粗细，数值越大，填充边线就越粗。
- “编辑笔触样式”按钮 ：单击该按钮打开“笔触样式”对话框，在其中可以自定义笔触样式，如图 3-19 所示。
- “笔触样式”按钮：设置图形边线的样式，有极细、实线和其他样式。
- 笔触提示：将笔触锚记点保存为全像素，以防止出现线条模糊。
- 缩放：限制 Player 中的笔触缩放，防止出现线条模糊。该项包括“一般”、“水平”、“垂直”和“无”4 个选项。

将鼠标指针移到要填充的图像轮廓线，单击鼠标左键即可完成填充，如图 3-20 所示。如果墨水瓶工具的作用对象是矢量图形，则可以直接给其加轮廓。如果对象是文本或点阵，则需要先将其分离或打散，然后才可以使用墨水瓶添加轮廓。

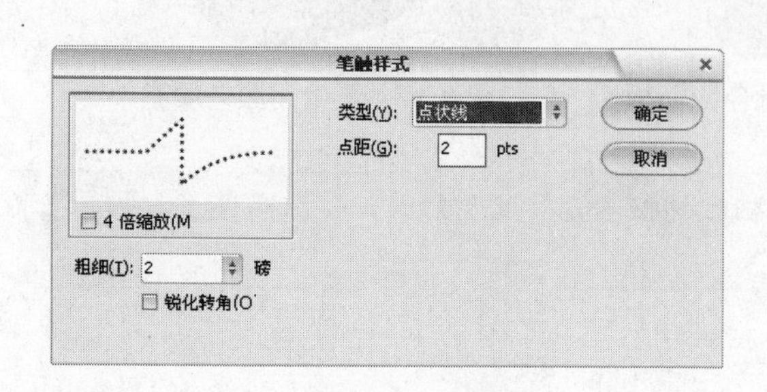

图 3-19 “笔触样式”对话框

（a）原图

（b）添加边框线

图 3-20 墨水瓶工具操作过程

3.1.5 渐变变形工具

渐变变形工具 主要用于对填充颜色进行各种方式的变形处理，如选择过渡色、旋转颜色和拉伸颜色等。通过使用渐变变形工具，用户可以将选择对象的填充颜色处理为所需要的各种色彩。在影片制作中经常要用到颜色的填充和调整，因此，熟练使用该工具也是掌握 Flash 的关键之一。

首先，单击工具箱中的渐变变形工具 ，鼠标的右下角将出现一个具有梯形渐变填充的矩形，然后选择需要进行填充变形处理的图像对象，被选择图形四周将出现填充变形调整手柄。通过调整手柄对选择的对象进行填充色的变形处理，具体处理方式可根据由鼠标显示不同形状来进行。处理后，即可看到填充颜色的变化效果。渐变变形工具没有任何属性需要设置，直接使用即可。

下面介绍使用渐变变形工具的具体操作方法。

Step 1 在绘图工具箱中选择椭圆工具 ，在舞台上绘制一个无填充色的椭圆，如图 3-21 所示。

Step 2 单击颜料桶 按钮，在颜色选区中选择 按钮，从弹出的“颜色样本”面板中选中填充颜色为黑白放射渐变色，如图 3-22 所示。

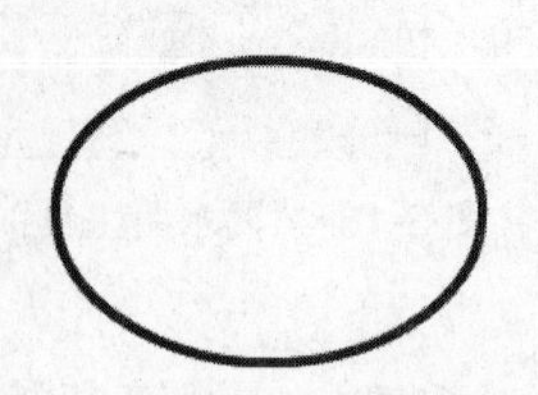

图 3-21 绘制无填充色椭圆

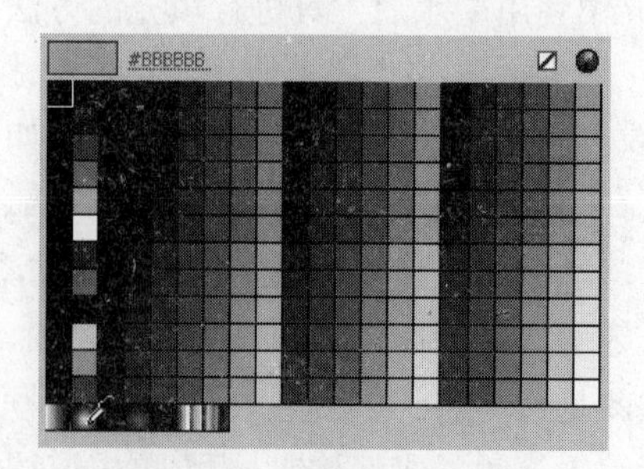

图 3-22 选择渐变色

Step 3 在舞台上单击已绘制的椭圆图形，将其填充，如图 3-23 所示。

Step 4 选择渐变变形工具 ，在舞台的椭圆填充区域内单击鼠标左键，这时在椭圆的周围出现了一个渐变圆圈，在圆圈上共有 3 个圆形、1 个方形的控制点，拖动这些控制点填充色会发生变化，如图 3-24 所示。

图 3-23 用渐变色填充图形

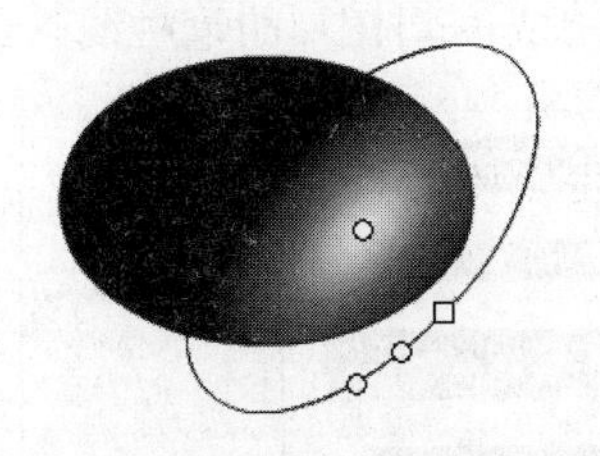

图 3-24 调整图形的渐变效果

下面简要介绍这 4 个控制点的使用方法。

- "调整渐变圆的中心"：用鼠标拖曳位于图形中心位置的圆形控制点，可以移动填充中心的亮点位置。
- "调整渐变圆的长宽比"：用鼠标拖曳位于圆周上的方形控制点，可以调整渐变圆的长宽比。
- "调整渐变圆的大小"：用鼠标拖曳位于圆周上的渐变圆大小控制点，可以调整渐变圆的大小。
- "调整渐变圆的方向"：用鼠标拖曳位于圆周上的渐变圆方向控制点，可以调整渐变圆的倾斜方向。

3.2 编辑图形

用于图形编辑的工具主要有套索工具、橡皮擦工具和任意变形工具 3 种。

3.2.1 橡皮擦工具

"橡皮擦工具"可以方便地清除图形中多余的部分或错误的部分，是绘图编辑中常用的辅助工具。使用"橡皮擦工具"很简单，只需要在工具面板中单击"橡皮檫工具"，将鼠标移到要擦除的图像上，按住鼠标左键拖动，即可将经过路径上的图像擦除。

1. 橡皮擦模式

使用"橡皮擦工具"擦除图形时，可以在工具面板中选择需要的橡皮擦模式，以应对不同的情况。在工具面板的属性选项区域中可以选择"标准擦除"、"擦除填色"、"擦除线条"、"擦除所选填充"和"内部擦除"5 种图形擦除模式。它们的编辑效果与"刷子工具"的绘图模式相似。

下面介绍使用橡皮擦模式进行图形擦除的方法，其操作步骤如下。

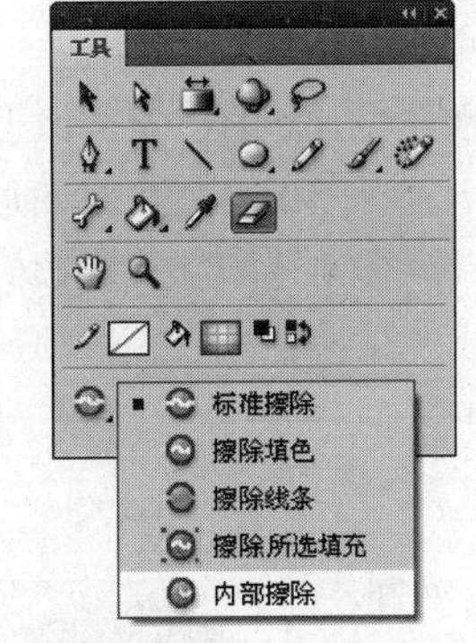

图 3-25 选择"内部擦除"模式

Step 1 在工具箱上选择"橡皮擦工具"，然后在面板下方的属性选项区域中单击"橡皮擦模式"按钮，在弹出的菜单中选择"内部擦除"，如图 3-25 所示。

- 标准擦除：正常擦除模式，是默认的直接擦除方式，对任何区域都有效，如图 3-26 所示。
- 擦除填色：只对填色区域有效，对图形中的线条不产生影响，如图 3-27 所示。

- 擦除线条：只对图形的笔触线条有效，对图形中的填充区域不产生影响，如图 3-28 所示。

图 3-26　标准擦除

图 3-27　擦除填色

图 3-28　擦除线条

- 擦除所选填充：只对选中的填充区域有效，对图形中其他未选中的区域无影响，如图 3-29 所示。
- 内部擦除：只对鼠标按下时所在的颜色块有效，对其他的色彩不产生影响，如图 3-30 所示。

Step 2　单击工具面板属性选项区域中的“橡皮擦形状”按钮，在弹出的菜单中选择橡皮擦形状，如图 3-31 所示。

图 3-29　擦除所选填充

图 3-30　内部擦除

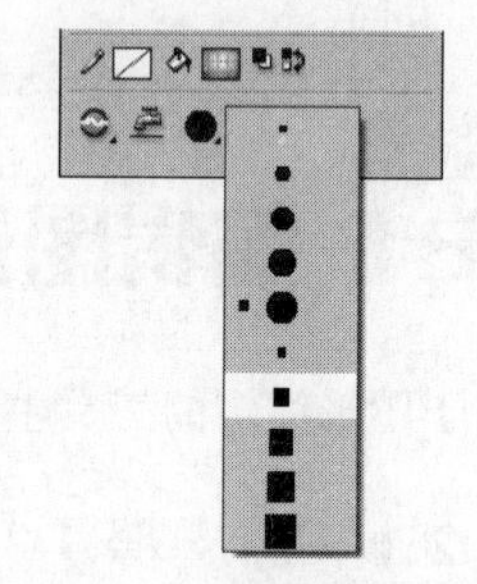

图 3-31　选择橡皮擦形状

Step 3　将光标移到图像内部要擦除的颜色块上，按住鼠标左健来回拖动，即可将选中的颜色块擦除，而不影响图像的其他区域，如图 3-32 所示。

2. 水龙头

水龙头 的功能类似于颜料桶和墨水瓶功能的反作用，只需在要擦除的填充色或者轮廓线上单击一下鼠标左键，就可将图形的填充色整体去掉，或者将图形的轮廓线全部擦除。要使用“水龙头”工具，只需要选中“橡皮擦”工具，在“选项”面板中单击“水龙头”按钮即可，如图 3-33 所示。

图 3-32　擦除内容

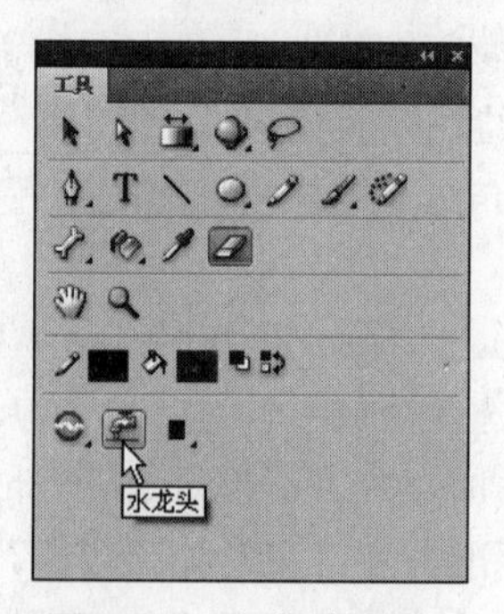

图 3-33　水龙头工具

提示：橡皮擦工具只能对矢量图形进行擦除，对文字和位图无效。如果要擦除文字或位图，必须首先将其打散。若要快速擦除矢量色块和线段，可在选项框中单击水龙头工具，再单击要擦除的色块即可。

3.2.2　任意变形工具

任意变形工具主要用于对各种对象进行缩放、旋转、倾斜扭曲和封套等操作。通过任意变形工具，可以将对象变形为自己需要的各种样式。

任意变形工具没有相应的“属性”面板。但在工具箱的“选项”面板中，它有一些相关的工具选项设置。其具体的选项设置如图 3-34 所示。

选择任意变形工具，在工作区中单击将要进行变形处理的对象，对象四周将出现如图 3-35 所示的调整手柄。或者先用选择工具将对象选中，然后选择任意变形工具，也会出现如图 3-35 所示的调整手柄。

图 3-34　任意变形工具的选项

图 3-35　使用任意变形工具后的调整手柄

通过调整手柄对选择的对象进行各种变形处理，可以通过工具箱“选项”面板中的任意变形工具的功能选项来设置。

1. 旋转

按下“选项”面板中的旋转与倾斜按钮，将光标移动到所选图形边角上的黑色小方块上。当光标变成形状后按住并拖动鼠标，即可对所选取的图形进行旋转处理，如图 3-36 所示。

移动光标到所选图像的中心，当光标变成形状后对白色的图像中心点进行位置移动，可以改变图像在旋转时的轴心位置，如图 3-37 所示。

图 3-36　旋转

图 3-37　变换中心点位置

2. 缩放

按下“选项”面板中的缩放按钮，可以对选取的图形做水平、垂直或等比的大小缩放，如图 3-38 所示。

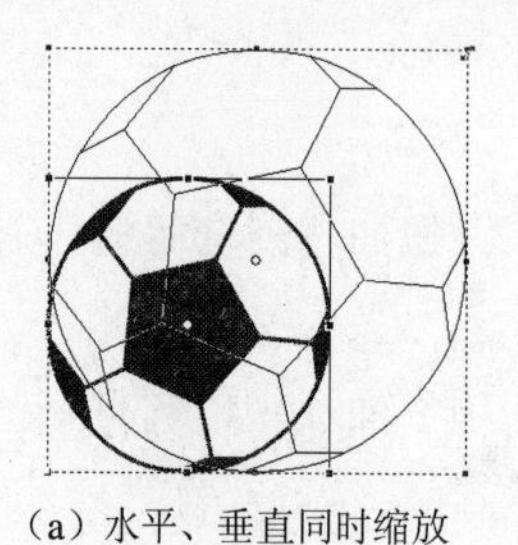

（a）水平、垂直同时缩放

（b）仅水平缩放

图 3-38 缩放

3. 扭曲

按下“选项”面板中的扭曲按钮，移动光标到所选图形边角的黑色方块上，当光标改变为 ▷ 形状时按住鼠标左键并拖动，可以对绘制的图形进行扭曲变形，如图 3-39 所示。

4. 封套

按下“选项”面板中的封套按钮，可以在所选图形的边框上设置封套节点，用鼠标拖动这些封套节点及其控制点，可以很方便地对图形进行造型，如图 3-40 所示。

图 3-39 扭曲

（a）封套前

（b）封套后

图 3-40 封套前后的效果对比

3.3 图形对象基本操作

图形对象的基本操作主要包括选取图形、移动图形、对齐图形、复制图形。

3.3.1 选取图形

因为图形的不同，选取图形时主要有以下几种方法。

- 如果对象是元件或组合物体，只需在对象上单击即可。被选取对象的四周出现蓝色的实线框，效果如图 3-41 所示。

- 如果所选对象是被打散的，则按下鼠标左键拖动鼠标指针框选要选取的部分，被选中的部分以点的形式显示，效果如图 3-42 所示。
- 如果选取的对象是从外导入的，则以花框显示，效果如图 3-43 所示。

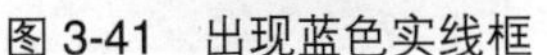

图 3-41　出现蓝色实线框　　图 3-42　以点显示图形　　图 3-43　花框显示对象

3.3.2　移动图形

移动图形不但可以使用不同的工具，还可以使用不同的方法。下面介绍几种常用的移动图形的方法。

- 用选择工具移动的方法为：用选择工具选中要移动的图形，将图形拖动到下一个位置即可，如图 3-44 所示。
- 用部分选取工具移动的方法为：用部分选取工具选中要移动的图形，其图形外框将出现一圈绿色的带节点的框线，此时，只能将鼠标移动到该框线上，将图形拖动到下一个位置即可，如图 3-45 所示。

图 3-44　选择工具移动图形　　图 3-45　出现绿色带点的线框

- 用任意变形工具移动的方法为：用任意变形工具选中要移动的图形，当鼠标指针变为 ✥ 时，将图形拖动到下一个位置即可，如图 3-46 所示。
- 使用快捷菜单移动图形的方法为：选中要移动的图形，单击鼠标右键，在弹出的如图 3-47 所示的快捷菜单中选中“剪切”命令，选中要移动的目的方位，然后单击鼠标右键，在弹出的快捷菜单中选中“粘贴”命令即可。
- 使用快捷键移动图形的方法为：选中要移动的图形，按“Ctrl+X”组合键剪切图形，再在目的方位处按“Ctrl+V”组合键粘贴图形。

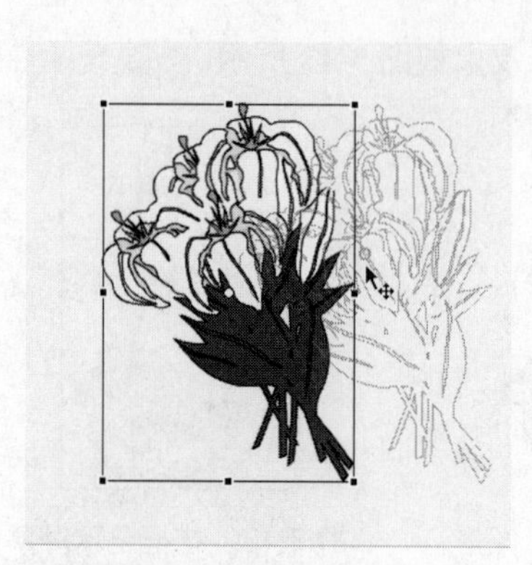

图 3-46　任意变形工具移动图形

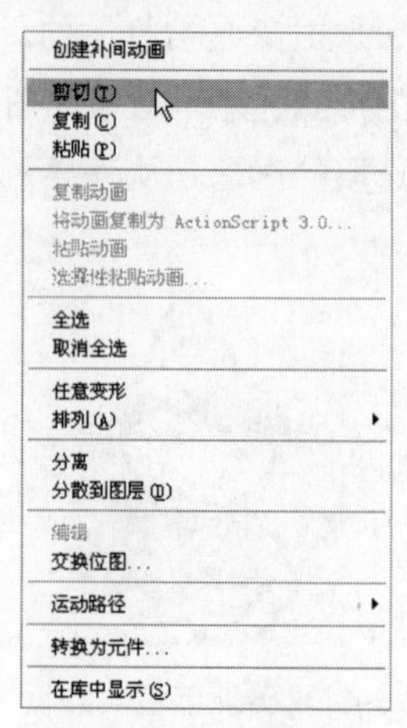

图 3-47　快捷菜单

3.3.3　对齐图形

为了使创建的多个图形排列起来更加美观，Flash 提供了“对齐”面板和辅助线来帮助用户排列对象。

1. 用“对齐”面板对齐图形

执行“窗口”→“对齐”命令或按“Ctrl+K”组合键都可以打开图 3-48 所示的“对齐”面板。该面板中各按钮的含义如下。

图 3-48　“对齐”面板

- 左对齐：使对象靠左端对齐。
- 水平中齐：使对象沿垂直线居中对齐。
- 右对齐：使对象靠右端对齐。
- 上对齐：使对象靠上端对齐。
- 垂直中齐：使对象沿水平线居中对齐。
- 底对齐：使对象靠底端对齐。
- 顶部分布：使每个对象的上端在垂直方向上间距相等。
- 垂直居中分布：使每个对象的中心在水平方向上间距相等。
- 底部分布：使每个对象的下端在水平方向上间距相等。
- 左侧分布：使每个对象的左端在水平方向上间距相等。
- 水平居中分布：使每个对象的中心在垂直方向上间距相等。
- 右侧分布：使每个对象的右端在垂直方向上间距相等。
- 匹配宽度：以所选对象中最长的宽度为基准，在水平方向上等尺寸变形。
- 匹配高度：以所选对象中最长的高度为基准，在垂直方向上等尺寸变形。
- 匹配宽和高：以所选对象中最长和最宽的长度为基准，在水平和垂直方向上同时等尺寸变形。
- 垂直平均间隔：使各对象在垂直方向上间距相等。
- 水平平均间隔：使各对象在水平方向上间距相等。
- 相对于舞台分布：当按下该按钮时，调整图像的位置时将以整个舞台为标准，使图像相对于舞台左对齐、右对齐或居中对齐。若该按钮没有被按下，图形对齐时是以各图形的相对位

置为标准。

2. 通过辅助线对齐图形

辅助线是 Flash CS4 中很重要的一个对齐功能。移动图形时，图形的边缘会出现水平或垂直的虚线，该虚线自动与另一个图形的边缘对齐，以便于确定图形的新位置。其具体操作方法如下。

（1）将要对齐的图形任意放置到场景当中，如图 3-49 所示。

（2）下面以第 2 个图形的顶点为基准将这几个图形水平对齐，首先选中第一个图形，按住鼠标左键向上方拖动，它的边缘会出现水平或垂直的虚线，表明其图形的边界线，当其上方的虚线与第 2 个图形的顶点重合时，如图 3-50 所示，松开鼠标即可。

（3）用同样的方法拖动最后一个图形，如图 3-51 所示，即可得到最后的对齐效果。

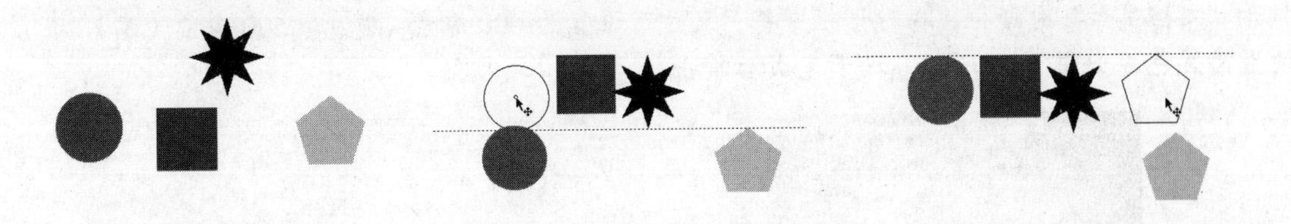

图 3-49　图形对象　　图 3-50　以第 2 个图形为基准对齐　　图 3-51　对齐效果

3.3.4　复制图形

Flash 中复制图形的基本方法主要有以下几种。

- 用选择工具复制的方法为：用选择工具选中要复制的图形，按住“Ctrl”键的同时，鼠标指针的右下侧变为“＋”号，将图形拖动到下一个位置即可，如图 3-52 所示。
- 用任意变形工具复制的方法为：用任意变形工具选中要复制的图形，按住“Alt”键的同时，指针的右下侧变为“＋”号，将图形拖动要复制到的位置即可。
- 使用快捷键复制图形的方法为：首先选中要移动的图形，按“Ctrl+C”组合键复制图形，再按“Ctrl+V”组合键粘贴图形。
- 若要将动画中某一帧中的内容粘贴到另一帧中的相同位置，只需选中要复制的图形，按“Ctrl+C”组合键复制图形，切换到动画的另一帧中，用鼠标右键单击空白处，在弹出的快捷键菜单中选择“粘贴到当前位置”命令即可。

图 3-52　用选择工具复制

3.4　应用实践

3.4.1　任务 1——绘制光晕效果

任务要求

在 Flash CS4 中使用绘图工具与填充工具绘制一个光晕效果。

任务分析

渐变变形工具 主要用于对填充颜色进行各种方式的变形处理。它可以制作从图形的中心向外进行色彩变化的渐变模式，通常用于制作光线的发散，也是动画制作中最常用的色彩编辑填充方式。

任务设计

本例通过绘制形状并进行填充来制作。完成后的效果如图 3-53 所示。

完成任务

Step 1 新建文档。运行 Flash CS4，新建一个 Flash 空白文档。执行“修改”→“文档”命令，打开“文档属性”对话框，在对话框中将“尺寸”设置为 600 像素（宽）× 500 像素（高），背景颜色设置为黑色，如图 3-54 所示。设置完成后单击 确定 按钮。

图 3-53 最终效果

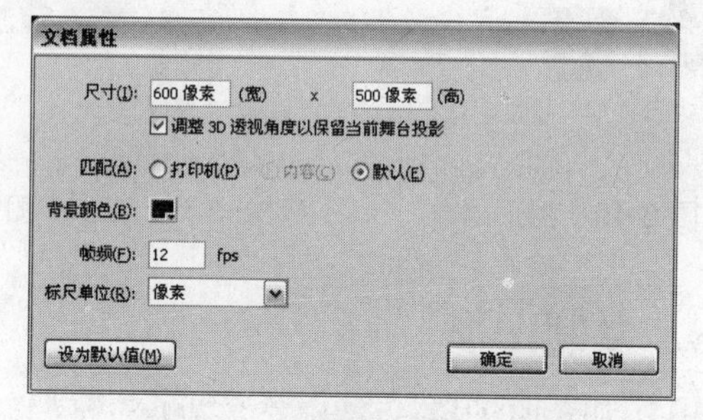

图 3-54 “文档属性”对话框

Step 2 设置填充颜色。执行“窗口”→“颜色”命令，打开“颜色”面板，将填充样式设置为“放射状”，添加 4 个颜色块，将填充颜色全部设置为白色（#FFFFFF），将各颜色块的透明度依次设置为“100%”、“10%”、“33%”、“0%”，如图 3-55 所示。

Step 3 设置笔触颜色。选择椭圆工具 ，在“属性”面板中设置笔触颜色为“无”，如图 3-56 所示。

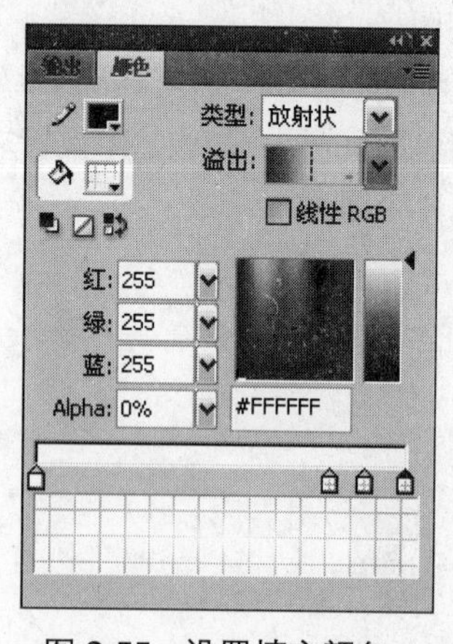

图 3-55 设置填充颜色

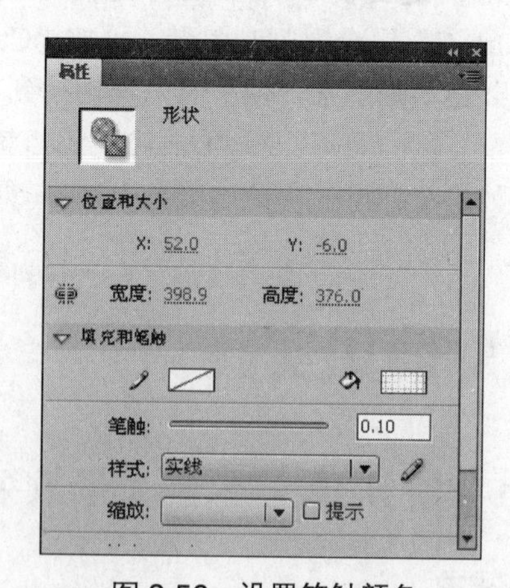

图 3-56 设置笔触颜色

Step 4 绘制圆。按住“Shift”键，在文档中按住鼠标左键拖动绘制一个圆形。如图 3-57 所示。

Step 5　调整填充颜色。选择渐变变形工具对圆的填充位置进行调整，如图 3-58 所示。

Step 6　组合图形。选中所绘制的圆，执行“修改”→“组合”命令或者按下“Ctrl+G“组合键将其组合，如图 3-59 所示。

图 3-57　绘制圆

图 3-58　调整填充颜色

图 3-59　组合图形

Step 7　导入背景图片。执行“文件”→“导入”→“导入到舞台”命令，将一幅背景图片导入到舞台上，如图 3-60 所示。

Step 8　改变排列顺序。将背景图片移至下层，使绘制的圆显示出来，如图 3-61 所示。

图 3-60　导入背景图片

图 3-61　导入背景图片

Step 9　欣赏最终效果。保存动画文件，按下“Ctrl+Enter”组合键，欣赏实例完成效果，如图 3-62 所示。

图 3-62　完成效果

归纳总结

在本实例的制作过程中，主要用到 Flash 的椭圆工具、渐变变形工具来制作。在填充渐变的过程中，对渐变色的修改所花费的时间往往多于渐变色的编辑和填充时间。要对渐变色进行准确修改，需要掌握渐变变形工具中的几个控制点的作用。

3.4.2 任务2——绘制窗外的世界

任务要求

在 Flash CS4 中使用绘图工具与填充工具绘制一幅窗帘。

任务分析

在绘制一些矢量图形时，可以先利用钢笔工具或者线条工具先勾勒出图形的外框，再通过选择工具和部分选取工具等对线条做相应的调整，达到完美流畅的矢量图形。

图 3-63 最终效果

任务设计

本例首先导入图片，然后通过选择工具、线条工具、钢笔工具与填充工具来绘制窗帘的外型，最后删除窗帘的轮廓线条。完成后的效果如图 3-63 所示。

完成任务

Step 1 新建文档。新建一个 Flash 空白文档。执行“修改”→“文档”命令，打开“文档属性”对话框，在对话框中将“尺寸”设置为 600 像素（宽）× 420 像素（高），如图 3-64 所示。设置完成后单击 确定 按钮。

Step 2 导入背景图片。执行“文件”→“导入”→“导入到舞台”命令，将一幅背景图片导入到舞台上，如图 3-65 所示。

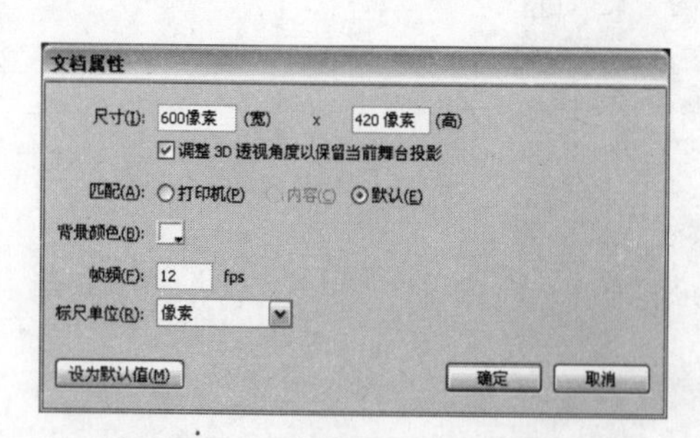

图 3-64 “文档属性”对话框

图 3-65 导入图片

Step 3　勾勒窗户轮廓。在工具箱中选择线条工具，在文档中勾勒出窗户的轮廓，如图 3-66 所示。

Step 4　填充颜色。在工具箱中单击颜料桶工具按钮，将颜色填充为“#993300”，将中间线条的笔触颜色调整为“#CC6600”，笔触宽度设置为“5”，将最里边的线条宽度设置为“4.5”，如图 3-67 所示。

Step 5　勾勒窗帘轮廓。选择钢笔工具，使用钢笔工具勾勒窗帘的轮廓，如图 3-68 所示。

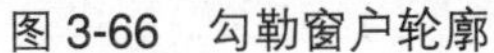

图 3-66　勾勒窗户轮廓

图 3-67　填充颜色

图 3-68　勾勒窗帘轮廓

Step 6　复制粘贴窗帘轮廓。选中所绘制的窗帘轮廓，依次按下“Ctrl+C”和“Ctrl+V”快捷键，复制粘贴一个窗帘轮廓，对复制的窗帘轮廓使用选择工具进行调整变形，并调整其位置，如图 3-69 所示。

Step 7　填充窗帘。执行“窗口”→“颜色”命令，打开“颜色”面板，将填充类型设置为“线性”，添加 6 个颜色块，将填充颜色全部设置为“#B0F9B7”，将各颜色块的透明度依次设置为“60%”、“89%”、“50%”、“85%”、“45%”、“83%”，如图 3-70 所示。然后填充所绘制的窗帘轮廓，如图 3-71 所示。

图 3-69　复制粘贴窗帘轮廓

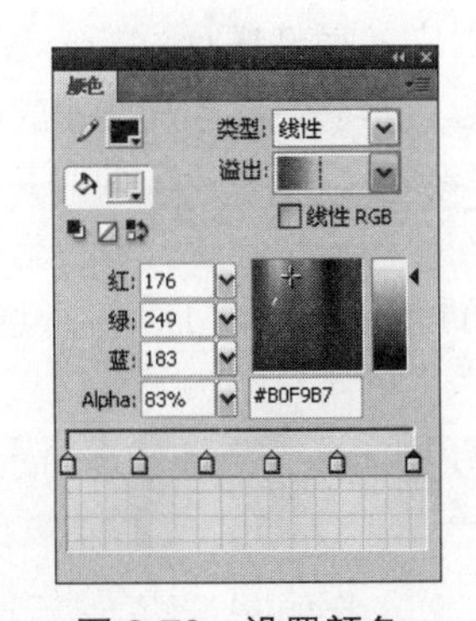

图 3-70　设置颜色

图 3-71　填充颜色

Step 8　删除轮廓线条。使用选择工具选择纱窗的轮廓线条，按下“Del”键删除轮廓线，如图 3-72 所示。

Step 9　欣赏最终效果。保存动画文件，按下“Ctrl+Enter”组合键，欣赏实例完成效果，如图 3-73 所示。

归纳总结

在本实例的制作过程中，主要用到 Flash 的选择工具、线条工具、钢笔工具与填充工具来制作。

在删除轮廓线条时，如果在选择图形轮廓时有多条未连接的线条需要选择，可以按住“Shift”键并使用选择工具进行复选；如果是已连接的多个线条，可在线条的位置处双击鼠标选择所有轮廓线。

图 3-72　删除轮廓线条

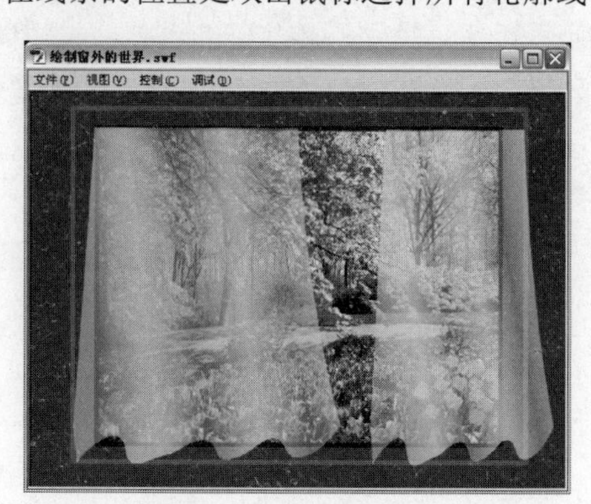

图 3-73　完成效果

3.5 知识拓展

3.5.1　套索工具

套索工具 是用来选择对象的，这点与选取工具的功能相似。和选取工具相比，套索工具的选择方式有所不同。使用套索工具可以自由选定要选择的区域，而不像选取工具将整个对象都选中。

使用套索工具选择对象前，可以对它的属性进行设置。在“属性”面板中可以看出套索工具没有相应的“属性”面板，但在工具箱的选项面板中，有一些相应的附加选项，具体的选项设置如图 3-74 所示，其中包括魔术棒、魔术棒属性、多边形模式。下面对其进行详细的介绍。

- 魔术棒工具：单击该工具在位图中快速选择颜色近似的所有区域。在对位图进行魔术棒操作前，必须先将该位图打散，再使用魔术棒工具进行选择，如图 3-75 所示。只要在图上单击，就会有连续的区域被选中。
- 魔术棒设置：单击该工具打开“魔术棒设置”对话框，如图 3-76 所示。

图 3-74　套索工具的选项

图 3-75　使用魔术棒选择连续区域

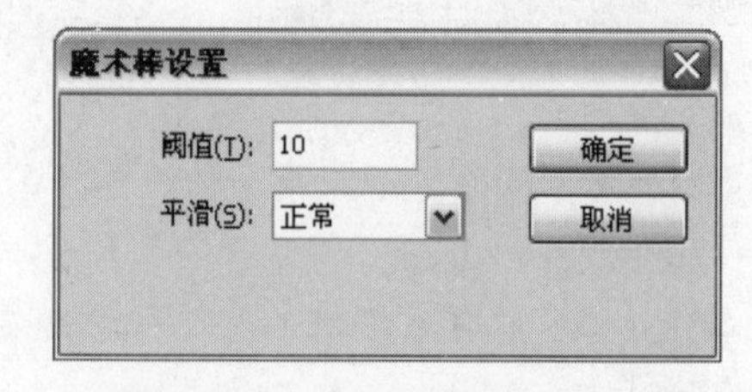

图 3-76　“魔术棒设置”对话框

（1）阈值：用来设置所选颜色的近似程度，只能输入 0～500 之间的整数，数值越大，差别大的其他邻接颜色就越容易被选中。

（2）平滑：所选颜色近似程度的单位，默认为“标准”。

- 多边形模式：单击该按钮切换到多边形套索模式，通过配合鼠标的多次点击，圈选出直线多边形选择区域，如图 3-77 所示。

在使用套索工具对区域进行选择时，要注意以下几点。

- 在划定区域时，如果勾画的边界没有封闭，套索工具会自动将其封闭。
- 被套索工具选中的图形元素将自动融合在一起，被选中的组和符号则不会发生融合现象。
- 若逐一选择多个不连续区域的话，可以在选择的同时按下“Shift”键，然后使用套索工具逐一选中欲选区域。

图 3-77　使用多边形模式选择区域

3.5.2　图形的编辑

1. 将线条转换成填充

执行“修改”→“形状”→“将线条转换成填充”命令，将选中的边框线条转换成填充区域，可以对线条的色彩范围做细致的造型编辑，还可避免在视图显示比例被缩小后线条出现的锯齿现象，如图 3-78 所示。

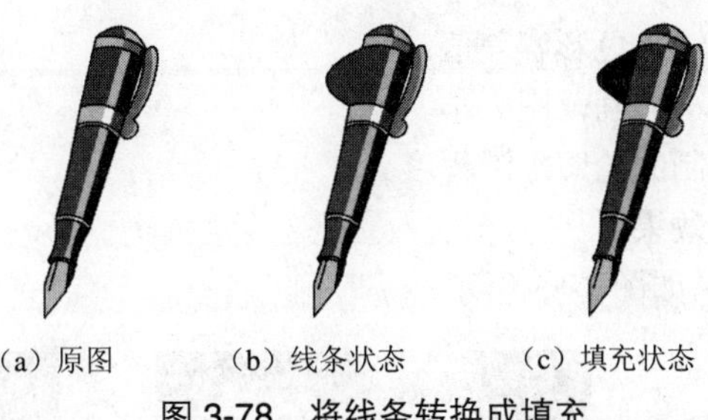

（a）原图　（b）线条状态　（c）填充状态

图 3-78　将线条转换成填充

2. 图形扩展与收缩

执行“修改”→“形状”→“扩展填充”命令，可以在打开的“扩展填充”对话框中设置图形的间隔与方向，对所选图形的外形进行加粗、细化处理，如图 3-79 所示。

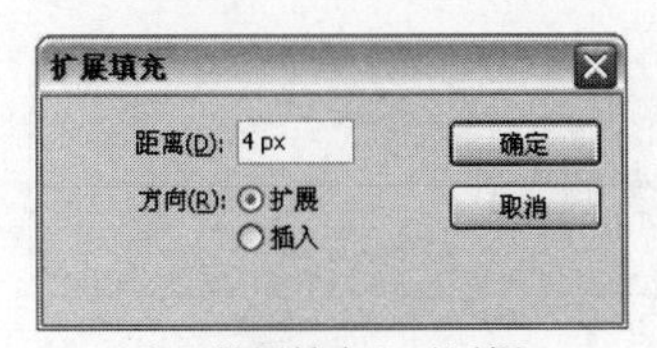

（a）“扩展填充”对话框

（b）扩展 4 像素

（c）原图

（d）插入 4 像素

图 3-79　图形扩展与缩放

3. 柔化填充边缘

执行“修改”→“形状”→“柔化填充边缘”命令，在弹出的“柔化填充边缘”对话框中可以进行边缘柔化效果的设置，如图 3-80 所示。使所选图形的边缘产生多个逐渐透明的图形层，形成边缘柔

化的效果，如图3-81所示。

- 间隔：边缘柔化的范围，数值在1～144之间。
- 步数：柔化边缘生成的渐变层数，可以最多设置50个层。
- 方向：选择边缘柔化的方向是向外扩散还是向内插入。

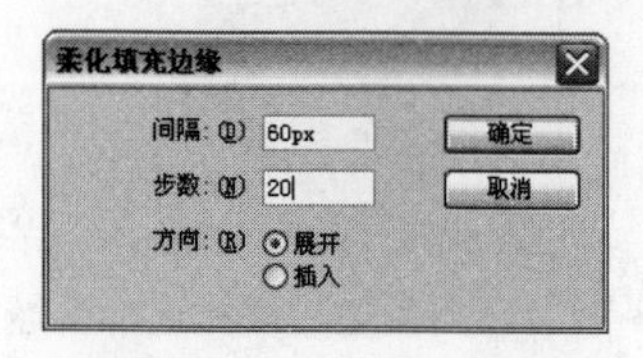

图3-80　柔化填充边缘面板

（a）扩散

（b）原图

（c）插入

图3-81　柔化填充边缘的效果

4. 转换位图为矢量图

执行"修改"→"位图"→"转换位图为矢量图"命令，弹出如图3-82所示的对话框，在对话框中设置好图形转换参数后，单击 确定 按钮，Flash将依据设置的数值对选中的位图进行转换。转换后的位图具有矢量图形的特性，这样可以方便地取得漂亮的素材图形，提高动画制作的工作效率。对话框上各项的功能如下。

- 色彩阈值：在文本框中输入色彩容差值。
- 最小范围：色彩转换最小差别范围大小。
- 曲线拟合：用于确定绘制的轮廓平滑程度。
- 角阈值：图像转换折角效果。

将位图转换为矢量图的效果如图3-83所示。

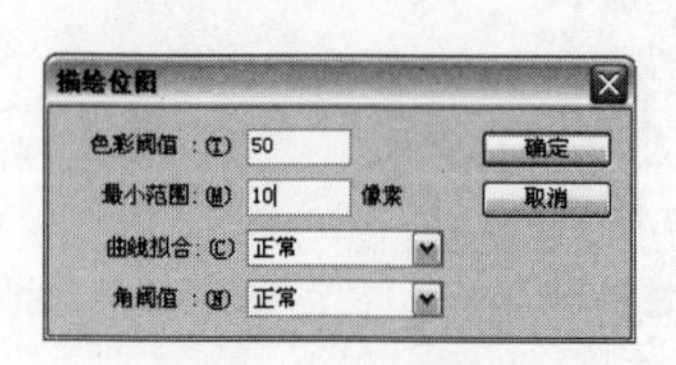

图3-82　描绘位图面板

（a）原图

（b）转换后

图3-83　转换位图为矢量图

提示：将位图转换成矢量图时，设置的色彩阈值越高，转角越多，则取得的矢量图形越清晰，文件越大；设置的色彩阈值越低，折角越少，则转换后图形中的颜色方块越少，文件越小。

3.6 自我检测

1. 填空题

（1）Flash中图形填充的工具主要有______工具、______工具、______工具、______工具和

______工具5种。

（2）______用于对色彩进行采样，可以拾取描绘色、填充色以及位图图形等。

（3）使用______可以给任意区域和图形进行颜色填充，多用于对填充目标的填充精度要求不高的对象。

2. 判断题

（1）颜料桶工具可以对封闭的轮廓范围或图形块区域进行颜色填充。（　　）

（2）任意变形工具主要用于对填充颜色进行各种方式的变形处理。（　　）

（3）橡皮擦工具在对图形进行擦除时，对文字和位图无效。（　　）

3. 上机题

（1）在Flash CS4中练习各种图形填充工具的使用。

（2）应用本章讲述的知识，绘制一颗露珠。

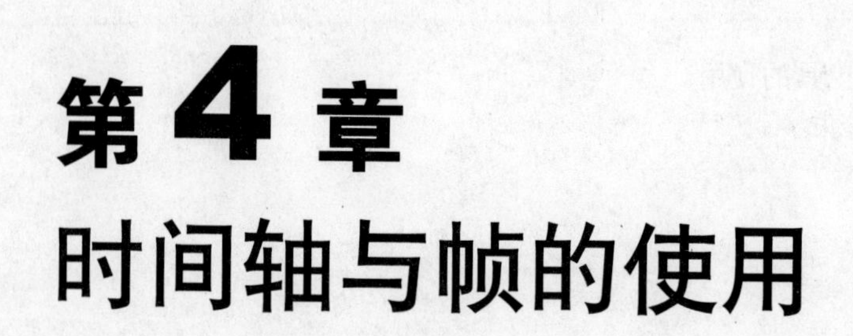

第4章 时间轴与帧的使用

学习目标

本章主要介绍时间轴与帧的各种操作。时间轴与帧的操作是制作动画的基本操作，在以后绝大多数复杂动画的制作中，时间轴与帧的使用是至关重要的。希望读者通过本章内容的学习，能了解帧的类型、掌握帧的编辑方法与帧动画的创建。

主要内容

- 时间轴与帧
- 编辑帧
- 眨眼睛的小男孩
- 制作倒计时动画

4.1 时间轴与帧

Flash 动画的制作原理与电影、电视一样，也是利用视觉原理，用一定的速度播放一幅幅内容连贯的图片，从而形成动画。在 Flash 中，“时间轴”面板是创建动画的基本面板，时间轴中的每一个方格称为一个帧。帧是 Flash 中计算动画时间的基本单位。

4.1.1 时间轴

“时间轴”面板位于工具栏的下面，也可以根据使用习惯将其拖移到舞台上的任意位置，成为浮动面板。如果时间轴当前不可见，可以执行“窗口”→“时间轴”命令或按“Ctrl+Alt+T”组合键将其显示出来，如图 4-1 所示。

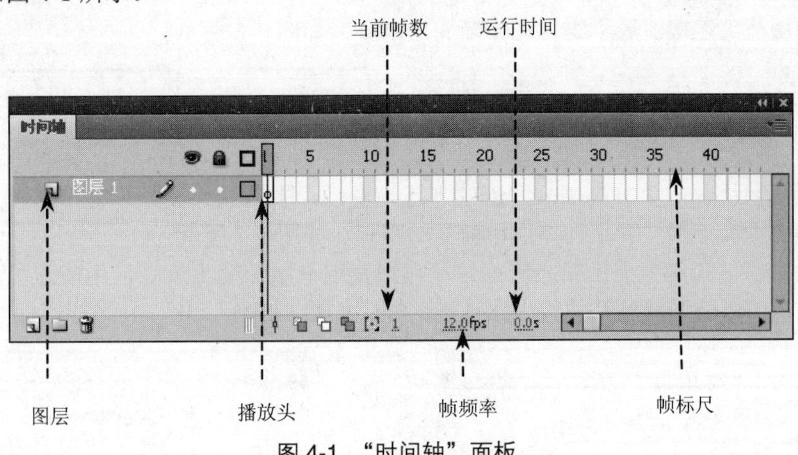

图 4-1 “时间轴”面板

所有的图层排列于“时间轴”面板的左侧，每个层排一行，每一个层都由帧组成。时间轴的状态显示在时间轴的底部，包括“当前帧数”、“帧频率”与“运行时间”。需要注意的是，当播放动画的时候，实际显示的帧频率与设定的帧频率不一定相同，这与计算机的性能有关。

帧频用每秒帧数（fps）来度量，表示每秒播放多少个帧，是动画的播放速率。在默认的情况下，Flash 动画以 12 fps 的速率播放，该速率最适于播放网页动画。

4.1.2 帧

动画实际上是一系列静止的画面，利用人眼会对运动物体产生视觉残像的原理，通过连续播放给人的感官造成的一种“动画”效果。Flash 中的动画都是通过对时间轴中的帧进行编辑而制作完成的。

1. 帧的类型

在 Flash CS4 的时间轴上设置不同的帧，会以不同的图标来显示。下面介绍帧的类型及其所对应的图标和用法。

- 空白帧：帧中不包含任何对象（如图形、声音和影片剪辑等），相当于一张空白的影片，什么内容都没有，如图 4-2 所示。

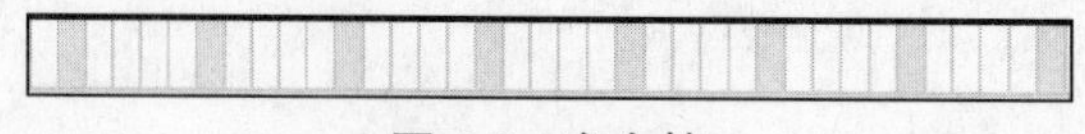

图 4-2　空白帧

- 关键帧：关键帧中的内容是可编辑的，黑色实心圆点表示关键帧，如图 4-3 所示。
- 空白关键帧：空白关键帧与关键帧的性质和行为完全相同，但不包含任何内容，空心圆点表示空白关键帧。当新建一个层时，会自动新建一个空白关键帧，如图 4-4 所示。

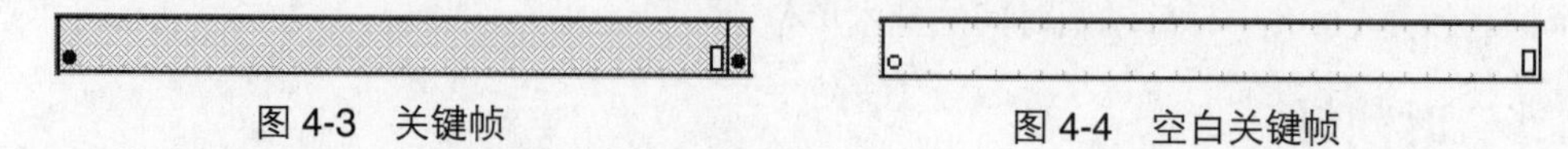

图 4-3　关键帧　　图 4-4　空白关键帧

- 普通帧：普通帧一般是为了延长影片播放的时间而使用，在关键帧后出现的普通帧为灰色，如图 4-5 所示；在空白关键帧后出现的普通帧为白色。
- 动作渐变帧：在两个关键帧之间创建动作渐变后，中间的过渡帧称为动作渐变帧，用浅蓝色填充并用箭头连接，表示物体动作渐变的动画，如图 4-6 所示。

图 4-5　普通帧　　图 4-6　位置渐变帧

- 形状渐变帧：在两个关键帧之间创建形状渐变后，中间的过渡帧称为形状渐变帧，用浅绿色填充并由箭头连接，表示物体形状渐变的动画，如图 4-7 所示。
- 不可渐变帧：在两个关键帧之间创建动作渐变或形状渐变不成功，用浅蓝色填充并由虚线连接的帧，或用浅绿色填充并由虚线连接的帧，如图 4-8 所示。

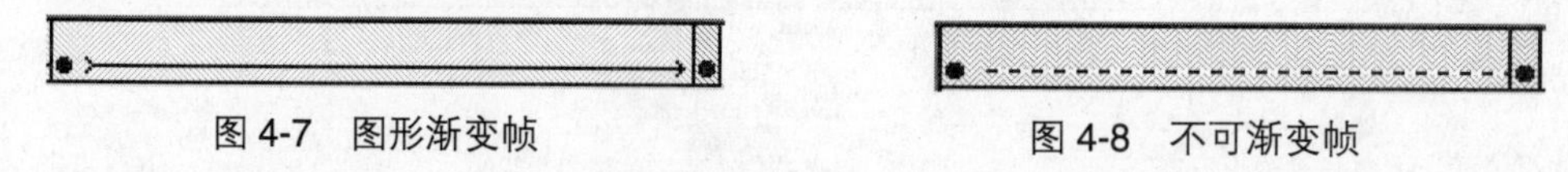

图 4-7　图形渐变帧　　图 4-8　不可渐变帧

- 动作帧：为关键帧或空白关键帧添加脚本后，帧上出现字母“α”，表示该帧为动作帧，如图 4-9 所示。
- 标签帧：以一面小红旗开头，后面标有文字的帧，表示帧的标签，也可以将其理解为帧的名字，如图 4-10 所示。

图 4-9　动作帧　　图 4-10 标签帧

- 注释帧：以双正向斜杠为起始符，后面标有文字的帧，表示帧的注释。在制作多帧动画时，为了避免混淆，可以在帧中添加注释，如图 4-11 所示。
- 锚记帧：以锚形图案开头，同样后面可以标有文字，如图 4-12 所示。

图 4-11　注释帧　　图 4-12　锚记帧

2. 帧的模式

在时间轴标尺的末端，有一个 按钮，如图 4-13 所示。单击此按钮，将弹出如图 4-14 所示的

快捷菜单，通过此菜单可以设置控制区中帧的显示状态。

图 4-13 帧模式图标按钮

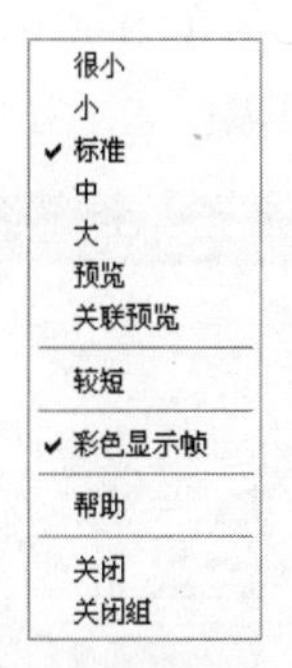

图 4-14 帧模式

下面分别介绍菜单中各选项的含义和用法。

- 很小：为了显示更多的帧，使时间轴上的帧以最窄的方式显示，如图 4-15 所示。
- 小：使时间轴上的帧以较窄的方式显示，如图 4-16 所示。

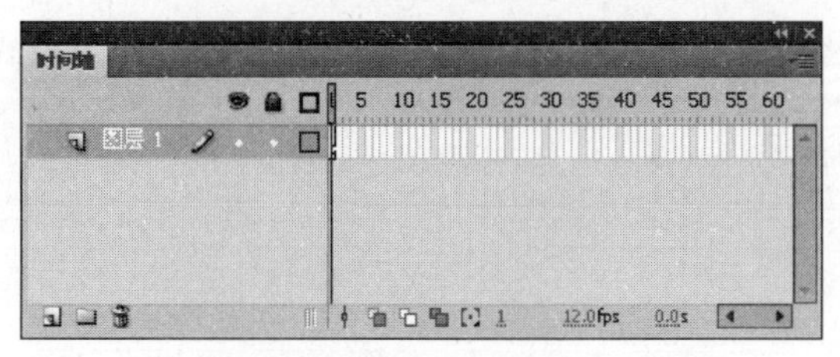

图 4-15 “很小”模式

图 4-16 “小”模式

- 标准：使时间轴上的帧以默认宽度显示，如图 4-17 所示。
- 中：使时间轴上的帧以较宽的方式显示，如图 4-18 所示。

图 4-17 “标准”模式

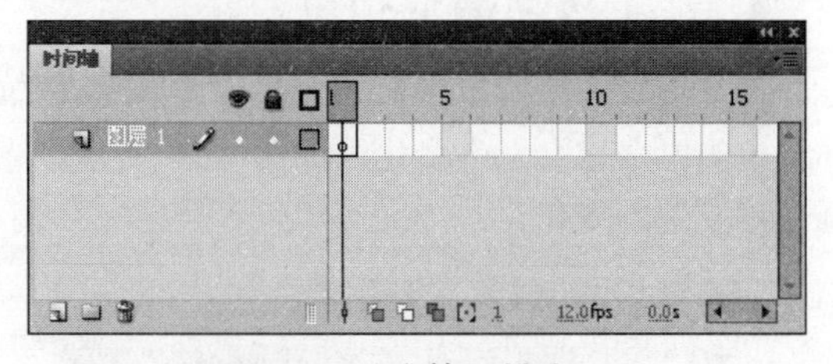

图 4-18 “中等”模式

- 大：使时间轴上的帧以最宽的方式显示，如图 4-19 所示。
- 预览：在帧中模糊地显示场景上的图案，如图 4-20 所示。

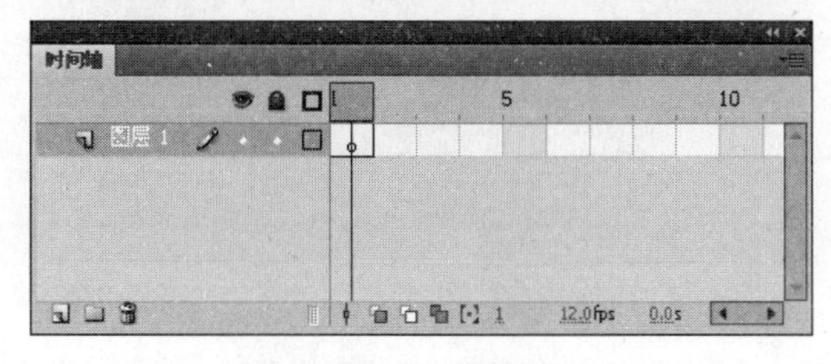

图 4-19 “大”模式

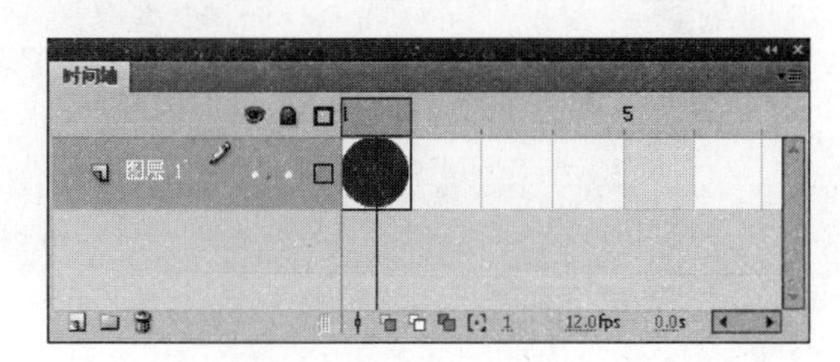

图 4-20 “预览”模式

- 关联预览：在关键帧处显示模糊的图案，其不同之处在于将全部范围的场景都显示在帧中，如图 4-21 所示。
- 较短：为了显示更多的图层，使时间轴上帧的高度减小，如图 4-22 所示。

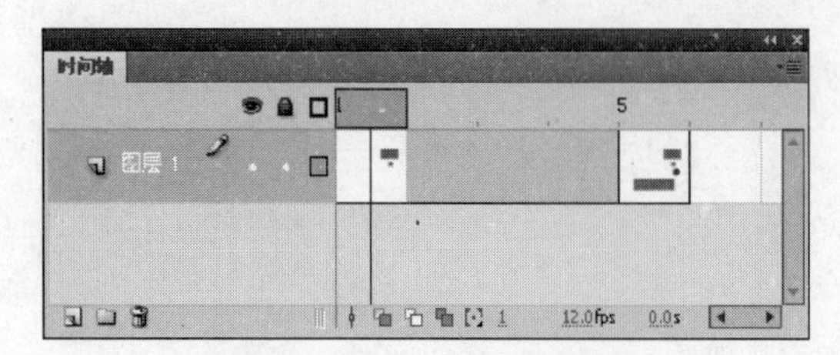

图 4-21 “关联预览”模式

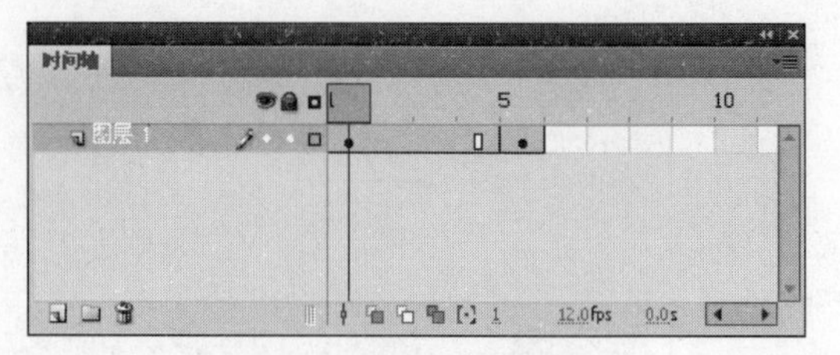

图 4-22 “较短”模式

- 彩色显示帧：用不同颜色来标识时间轴上不同类型的帧，如图 4-23 所示。

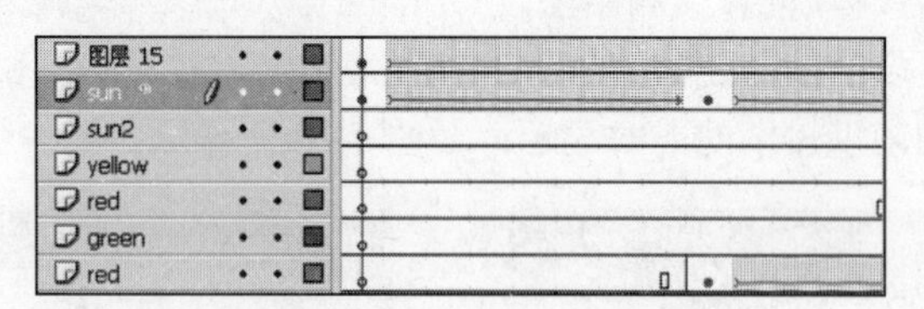

图 4-23 “彩色显示帧”模式

4.2 编辑帧

编辑帧的操作是 Flash CS4 制作动画的基础，下面我们就来学习帧的编辑操作。

4.2.1 移动播放指针

播放指针用来指定当前舞台显示内容所在的帧。在创建了动画的时间轴上，随着播放指针的移动，舞台中的内容也会发生变化，如图 4-24 所示。当播放指针分别在第 1 帧和在第 48 帧时，舞台中的动画元素发生了变化。

（a）播放指针在第 1 帧上

（b）播放指针在第 48 帧上

图 4-24 播放指针位置不同，窗口的图形也不同

提示：指针的移动并不是无限的，当移动到时间轴中定义的最后一帧时，指针便不能再拖曳，没有进行定义的帧是播放指针无法到达的。

4.2.2　插入帧

在时间轴上需要插入帧的位置单击鼠标右键，在弹出的快捷菜单中选择“插入帧”命令，或在选择该帧后按“F5”键，即可在该帧处插入过渡帧，其作用是延长关键帧的作用和时间，如图 4-25 所示。

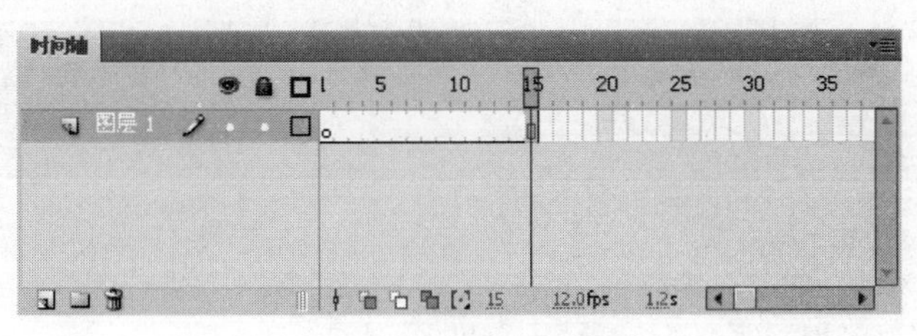

图 4-25　插入帧

4.2.3　插入关键帧

在时间轴上需要插入关键帧的位置单击鼠标右键，在弹出的快捷菜单中选择“插入关键帧”命令，或选择该帧后按“F6”键，如图 4-26 所示。

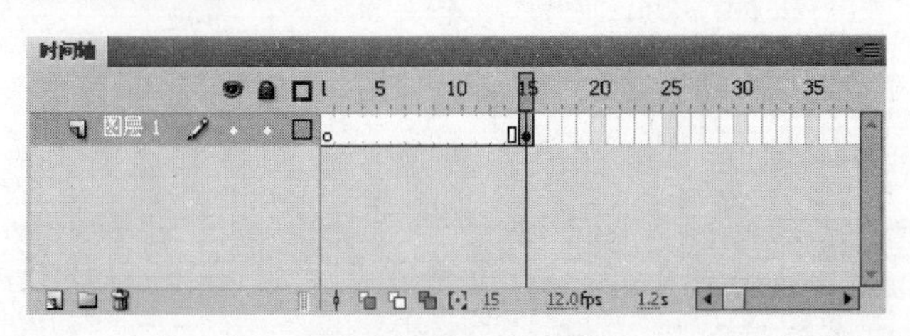

图 4-26　插入关键帧

4.2.4　插入空白关键帧

在时间轴上需要插入空白关键帧的位置单击鼠标右键，在弹出的快捷菜单中选择“插入空白关键帧”命令或按“F7”键，即可在指定位置创建空白关键帧，其作用是将关键帧的作用时间延长至指定位置，如图 4-27 所示。

图 4-27　插入空白关键帧

4.2.5 选取帧

帧的选取可分为：单个帧的选取和多个帧的选取。

对单个帧的选取有以下几种方法。

- 单击要选取的帧。
- 选取该帧在舞台中的内容来选中帧。
- 若某图层只有一个关键帧，可以通过单击图层名来选取该帧。

被选中的帧显示为灰色，如图 4-28 所示。

图 4-28 选取第 10 帧

对多个帧的选取有以下几种方法。

- 在所要选择的帧的头帧或尾帧处按下鼠标左键不放，拖曳鼠标指针到所要选的帧的另一端，从而选中多个连续的帧。
- 在所要选择的帧的头帧或尾帧，按“Shift”键，再单击所选多个帧的另一端，从而选中多个连续的帧。
- 单击图层，选中该图层中所有定义了的帧，如图 4-29 所示。

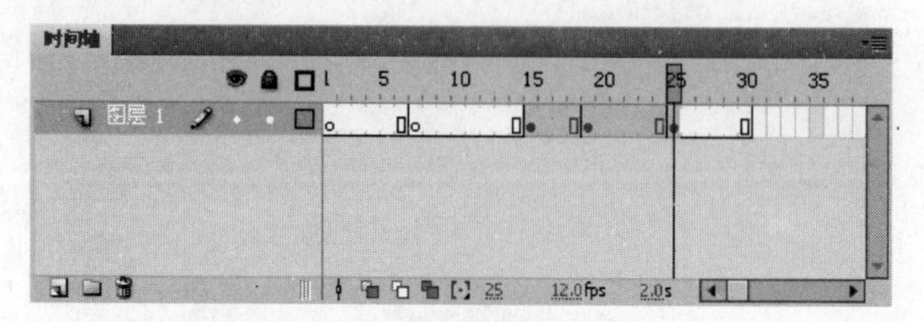

图 4-29 选取多个连续的帧

4.3 应用实践

4.3.1 任务 1——眨眼睛的小男孩

任务要求

小海豚动画公司要求为其制作一个眨眼睛的小男孩动画，动画要清新有趣。该动画是在美丽的背景下，一个拿着镰刀的小男孩不停地眨着眼睛。

任务分析

该动画由美丽清新的背景与一个可爱的小男孩组成（背景必须要使用卡通风格的，如果使用现实中的风景图片作为背景，就会与整个动画的风格不协调），小男孩的眼睛开始是睁开的，过一会儿可能是眼睛累了，就慢慢闭上了眼睛，然后又睁开，周而复始，这样就形成了眼睛不断闭上与睁开的动画。

任务设计

本例制作一个小男孩眨眼睛的动画。首先通过导入功能为动画添加背景，然后导入小男孩图片，并通过绘图工具绘制小男孩眼睛睁开的形状，最后插入空白关键帧与关键帧，通过绘图工具绘制小男孩眼睛闭上的形状，使睁眼与闭眼的动作自然有序地执行。完成效果如图 4-30 所示。

图 4-30　最终效果

完成任务

Step 1　新建文档。运行 Flash CS4，新建一个 Flash 空白文档。执行“修改”→“文档”命令，打开“文档属性”对话框，在对话框中将“尺寸”设置为 650 像素（宽）× 500 像素（高），如图 4-31 所示。设置完成后单击 确定 按钮。

Step 2　导入背景图片。执行“文件”→“导入”→“导入到舞台”命令，将一幅图片导入到舞台上，如图 4-32 所示。

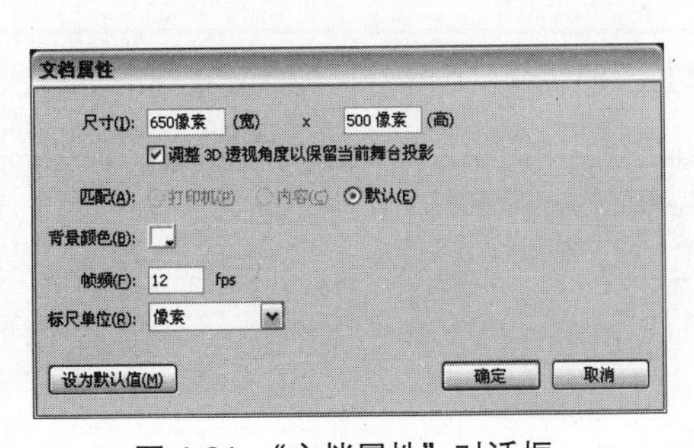

图 4-31　“文档属性”对话框

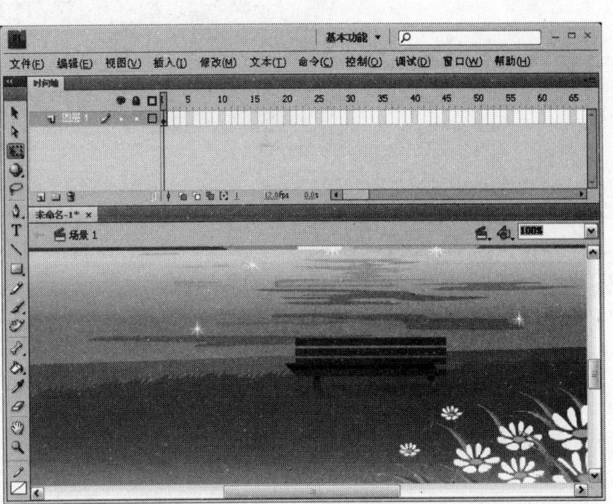

图 4-32　导入图片

Step 3 导入小男孩图片。执行“文件”→“导入”→“导入到舞台”命令，将一幅小男孩图片导入到舞台上，如图 4-33 所示。

图 4-33 导入小男孩图片

Step 4 绘制眼睛。在“时间轴”面板上单击 按钮，新建图层 2，然后使用椭圆工具 在第 1 帧处绘制小男孩的两只眼睛，如图 4-34 所示。

图 4-34 绘制眼睛

Step 5 插入帧。分别在图层 1、图层 2 的第 8 帧处按“F5”键，插入帧，然后新建一个图层 3，如图 4-35 所示。

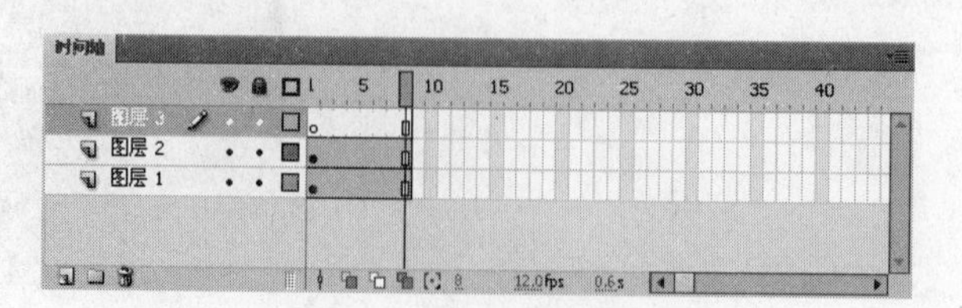

图 4-35 插入帧并新建图层

Step 6　绘制闭上的眼睛。在图层 2 的第 4 帧处按“F7”键，插入空白关键帧，然后在图层 3 的第 4 帧处按下“F6”键，插入关键帧，最后在该帧处使用铅笔工具 绘制小男孩双眼闭上的形状，如图 4-36 所示。

Step 7　保存动画。执行“文件”→“保存”命令，打开“另存为”对话框，在“保存在”下拉列表中选择动画的保存位置，在“文件名”文本框中输入动画的名称，如图 4-37 所示。完成后单击 保存(S) 按钮。

图 4-36　绘制小男孩双眼闭上的形状

图 4-37　“另存为”对话框

Step 8　欣赏最终效果。按“Ctrl+Enter”组合键，欣赏眨眼睛的小男孩动画完成效果，如图 4-38 所示。

图 4-38　完成效果

归纳总结

本例制作的是一个小男孩眨眼睛的动画，在制作此类机械重复的动画时，不需要使用补间动画来

制作，那样太麻烦。使用帧来制作，只需要绘制眼睛睁开的形状与闭上的形状即可（说话的动画也是如此，只需要绘制嘴巴闭上的形状与张开的形状即可），不需要创建动画。此类动画的重点是空白关键帧与关键帧的使用，空白关键帧与关键帧的性质和行为完全相同，但不包含任何内容，空心圆点表示空白关键帧。空白关键帧一般用于需要将前面关键帧的内容隐去的位置。空白关键帧与关键帧在制作动画时十分有用，用户一定要认真掌握。

4.3.2 任务 2——制作倒计时动画

任务要求

小笨熊动画公司要求为其制作一个森林动物运动会的倒计时动画，动画要活泼有趣一些。

任务分析

小笨熊动画公司要求为其制作一个森林动物运动会的倒计时动画，动画要活泼有趣。这就不要单调地制作 10、9、8……3、2、1 之类的倒计时，可以跟随着倒计时出现一些可爱的动物（制作的是森林动物运动会），这样就会显得生动活泼。

任务设计

本例制作一个倒计时动画。首先通过导入功能为动画添加背景，然后插入关键帧，最后在帧上放置动画元素。完成后的效果如图 4-39 所示。

图 4-39 最终效果

完成任务

Step 1 新建文档。运行 Flash CS4，新建一个 Flash 空白文档。执行“修改”→“文档”命令，打开“文档属性”对话框，在对话框中将“尺寸”设置为 700 像素（宽）×500 像素（高），如图 4-40 所示。设置完成后单击 确定 按钮。

Step 2 导入背景图片。执行“文件”→“导入”→“导入到舞台”命令，将一幅图片导入到舞台上，如图 4-41 所示。

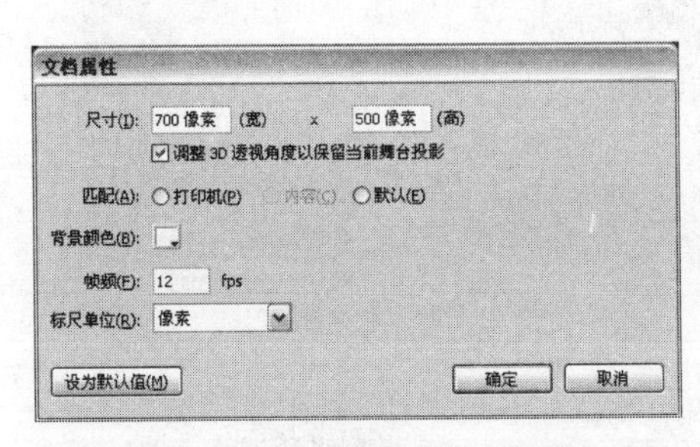

图 4-40　“文档属性”对话框

图 4-41　导入图片

Step 3　插入关键帧与帧。分别在时间轴上的第 5、10、15、20、25、30、35、40、45 帧处按“F6”键插入关键帧，在第 50 帧处按下“F5”键插入帧，如图 4-42 所示。

Step 4　设置文字属性。选择文本工具 T，打开“属性”面板，设置字体为“MV Boli”，文字大小为“65”，颜色为黑色，如图 4-43 所示。

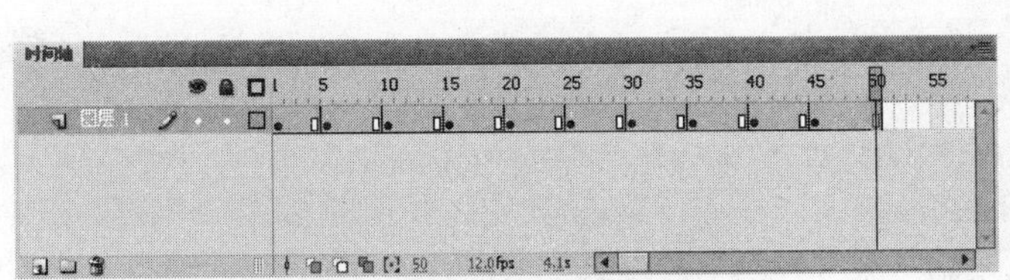

图 4-42　插入关键帧与帧

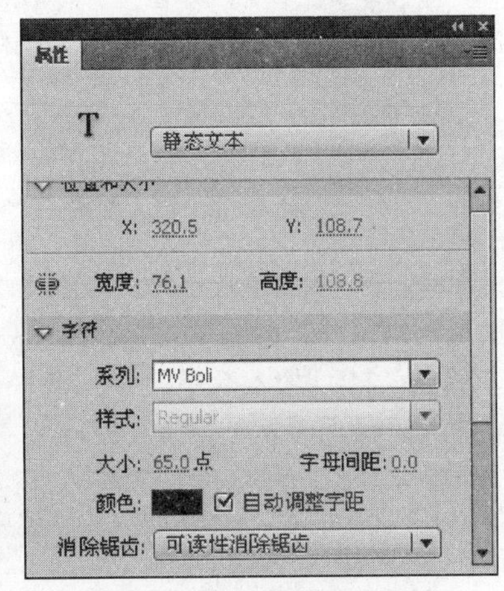

图 4-43　绘制眼睛

Step 5　输入数字。选择时间轴上的第 1 帧，在舞台上输入数字“10”，如图 4-44 所示。

Step 6　导入图片。保持时间轴上的第 1 帧的选中状态，执行“文件”→“导入”→“导入到舞台”命令，将一幅图片导入到舞台上，如图 4-45 所示。

Step 7　输入数字。选择时间轴上的第 5 帧，在舞台上输入数字“9”，如图 4-46 所示。

Step 8　导入图片。保持时间轴上的第 5 帧的选中状态，执行“文件”→“导入”→“导入到舞台”命令，将一幅图片导入到舞台上，如图 4-47 所示。

图 4-44　输入数字

图 4-45　导入图片

图 4-46　输入数字

图 4-47　导入图片

Step 9　输入数字与导入图片。选择时间轴上的第 10 帧，在舞台上输入数字“8”，然后在该帧处导入一幅图片，如图 4-48 所示。

Step 10　输入数字与导入图片。选择时间轴上的第 15 帧，在舞台上输入数字“7”，然后在该帧处导入一幅图片，如图 4-49 所示。

图 4-48　输入数字与导入图片

图 4-49　输入数字与导入图片

Step 11　输入数字与导入图片。选择时间轴上的第 20 帧，在舞台上输入数字“6”，然后在该帧处导入一幅图片，如图 4-50 所示。

Step 12　输入数字与导入图片。按照同样的方法，在时间轴上剩余的关键帧处分别输入数字并导入图片，如图 4-51 所示。

图 4-50　输入数字与导入图片

图 4-51　输入数字与导入图片

Step 13　欣赏最终效果。保存动画文件，按“Ctrl+Enter”组合键欣赏实例的完成效果，如图 4-52 所示。

图 4-52　完成效果

归纳总结

本例制作的是一个森林动物运动会的倒计时动画。在制作的过程中要注意，动物图片是随着计时不同而发生相应的变化，导入动物图片时一定要放置到对应的帧中，否则有些帧中会出现多个动物，有些帧中却一个动物都没有。

4.4 知识拓展

4.4.1 帧的其他操作

1. 删除帧

在时间轴上选择需要删除的一个或多个帧，然后单击鼠标右键，在弹出的快捷菜单中选择“删除帧”命令，即可删除被选择的帧。若删除的是连续帧中间的某一个或几个帧，后面的帧会自动提前填补空位。Flash 的时间轴上，两个帧之间是不能有空缺的。如果要使两帧间不出现任何内容，可以使用空白关键帧，如图 4-53 所示。

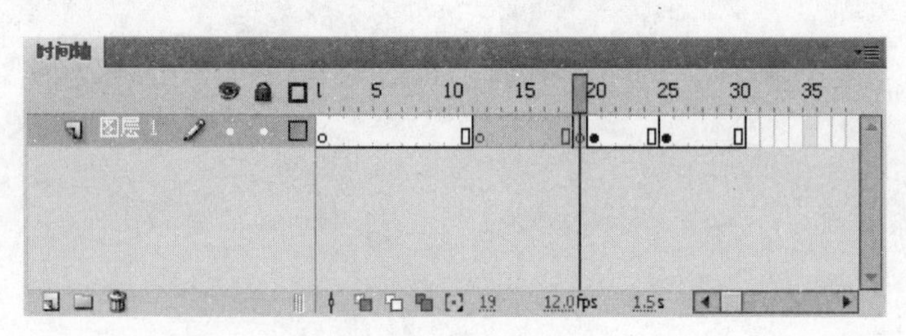

图 4-53　删除帧

2. 剪切帧

在时间轴上选择需要剪切的一个或多个帧，然后单击鼠标右键，在弹出的快捷菜单中选择“剪切帧”命令，即可剪切掉所选择的帧，被剪切后的帧保存在 Flash 的剪切板中，可以在需要时将其重新使用，如图 4-54 所示。

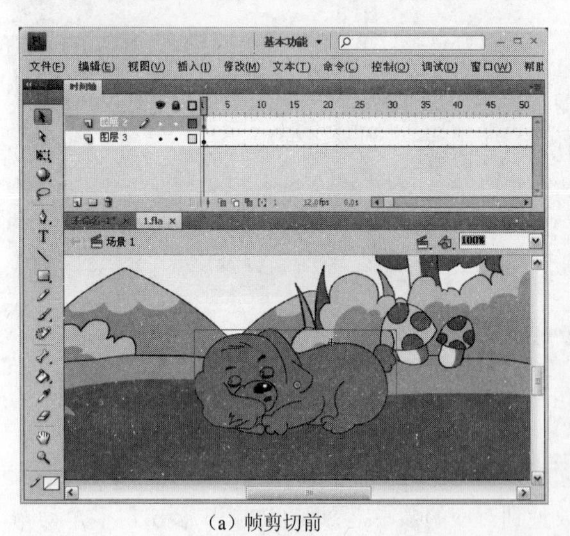

（a）帧剪切前　　（b）帧剪切后

图 4-54　帧剪切前后舞台的比较

3. 复制帧

在时间轴上用鼠标指针选择需要复制的一个或多个帧，然后单击鼠标右键，在弹出的快捷菜单中选择“复制帧”命令，即可复制所选择的帧。

4. 粘贴帧

在时间轴上选择需要粘贴帧的位置，单击鼠标右键，在弹出的快捷菜单中选择“粘贴帧”命令，即可将复制或者被剪切的帧粘贴到当前位置。

可以用鼠标指针选择一个或者多个帧后，按住“Alt”键不放，拖动选择的帧到指定的位置，这种方法也可以把所选择的帧复制或粘贴到指定位置。

5. 移动帧

用户可以将已经存在的帧和帧序列移动到新的位置，以便对时间轴上的帧进行调整和重新分配。

如果要移动单个帧，可以先选中此帧，然后在此帧上按下鼠标左键不放，并进行拖动。用户可以在本图层的时间轴上进行拖动，也可以移动到其他图层的时间轴上的任意位置。

如果需要移动多个帧，同样在选中要移动的所有帧后，使用鼠标对其拖动，移动到新的位置处释放鼠标即可，如图 4-55 所示。

（a）移动多个帧前

（b）移动多个帧后

图 4-55　移动多个帧前后比较

6. 翻转帧

翻转帧的功能可以使所选定的一组帧按照顺序翻转过来，使最后 1 帧变为第 1 帧，第 1 帧变为最后 1 帧，反向播放动画。其方法是在时间轴上选择需要翻转的一段帧，然后单击鼠标右键，在弹出的快捷菜单中选择“翻转帧”命令，即可完成翻转帧的操作，如图 4-56 所示。

（a）使用“翻转帧”命令之前

（b）使用“翻转帧”命令之后

图 4-56　使用“翻转帧”命令前后比较

4.4.2 洋葱皮工具

在时间轴的下方有一工具条，统称洋葱皮工具。使用洋葱皮工具按钮可以改变帧的显示方式，方便动画设计者观察动画的细节，如图4-57所示。

图4-57 帧工具

下面分别介绍工具条上各图形工具按钮的含义和用法。

- 帧居中：使选中的帧居中显示。
- 绘图纸外观：当按此按钮，就会显示当前帧的前后几帧，此时只有当前帧是正常显示的，其他帧显示为比较淡的彩色，如图4-58所示。按这个按钮，可以调整当前帧的图像，而其他帧是不可修改的。如果要修改其他帧，那么要将需要修改的帧选中。这种模式也称为"洋葱皮模式"。
- 绘图纸外观轮廓：按该按钮同样会以洋葱皮的方式显示前后几帧，不同的是，当前帧正常显示，非当前帧是以轮廓线形式显示的，如图4-59所示。在图案比较复杂的时候，仅显示外轮廓线有助于正确地定位。

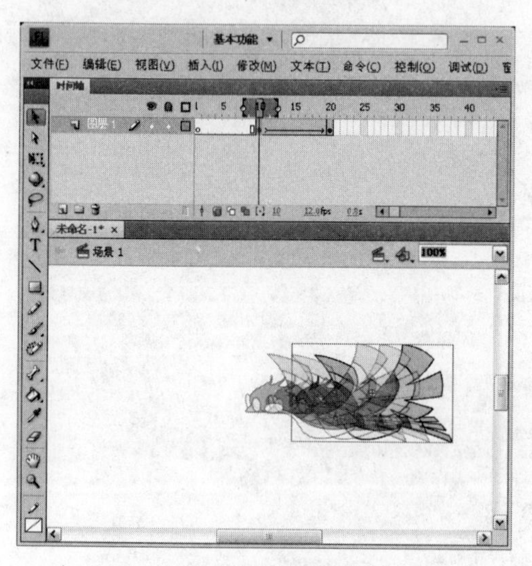

图4-58 使用绘图纸外观

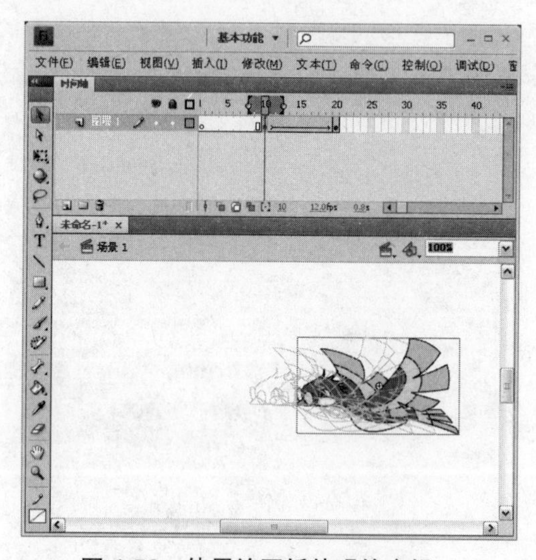

图4-59 使用绘图纸外观轮廓辑

- 编辑多个帧：对各帧的编辑对象都进行修改时需要用这个按钮，按下洋葱皮模式或洋葱皮轮廓模式显示按钮的时候，再按这个按钮，就可以对整个序列中的对象进行修改了。
- 修改绘图纸标记：这个按钮决定了进行洋葱皮显示的方式。该按钮包括一个下拉工具条，其中有5个选项。

（1）总是显示标记：开启或隐藏洋葱皮模式。

（2）锚定绘图纸：固定洋葱皮的显示范围，使其不随动画的播放而改变以洋葱皮模式显示的范围。

（3）绘图纸2：以当前帧为中心的前后2帧范围内以洋葱皮模式显示。

（4）绘图纸5：以当前帧为中心的前后5帧范围内以洋葱皮模式显示。

（5）绘图全部：将所有的帧以洋葱皮模式显示。

洋葱皮模式对于制作动画有很大帮助，它可以使帧与帧之间的位置关系一目了然。选择了以上任何一个选项后，在时间轴上方的时间标尺上都会出现两个标记，在这两个标记中间的帧都会显示出来，也可以拖动这两个标记来扩大或缩小洋葱皮模式所显示的范围，如图 4-60 所示。

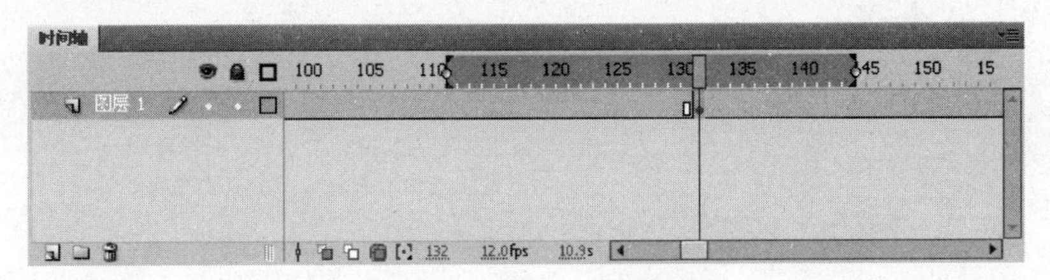

图 4-60　洋葱皮显示模式

4.5 自我检测

1. 填空题

（1）如果时间轴当前不可见，可以执行______命令或按______组合键将其显示出来。

（2）______中不包含任何对象（如图形、声音和影片剪辑等），相当于一张空白的影片，表示什么内容都没有。

（3）______一般是为了延长影片播放时间而使用的，在关键帧后出现的为灰色。

（4）按______键，即可快速插入关键帧。

2. 上机题

（1）在 Flash CS4 中练习帧的各种操作方法。

（2）应用本章讲述的知识，创建一个如图 4-61 所示的小姑娘唱歌动画。

图 4-61　小姑娘唱歌

操作提示：

Step 1　新建一个动画文档，然后导入一幅小姑娘头像。

Step 2　新建一个图层 2，在时间轴第 1 帧处绘制小姑娘的嘴巴，此处的嘴巴绘制得小一点。

Step 3　在图层 2 的第 4 帧处插入空白关键帧，新建一个图层 3，然后在图层 3 的第 4 帧处插入关键帧，并绘制小姑娘的嘴巴与唱歌的声波，此处的嘴巴绘制得大一点。

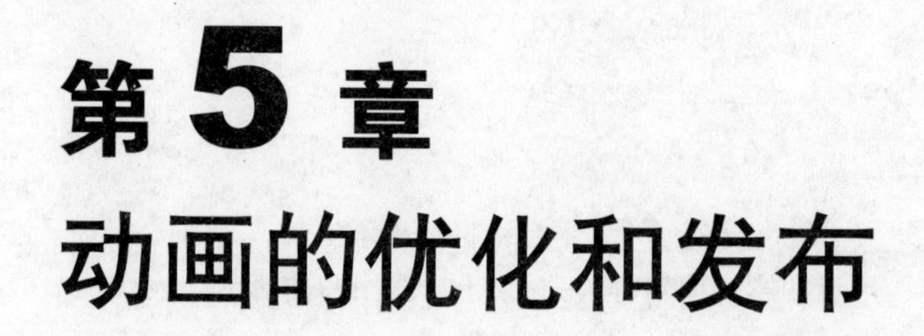

第5章 动画的优化和发布

📖 学习目标

用户在完成了一个 Flash 动画影片的制作以后，一定迫不急待地想将其放到网络中与网友们分享。在这之前对动画在网络中的播放情况进行模拟测试是很有必要的。只需要一点儿时间就能保证电影在各种带宽下都能播放，使网友们能够顺利地欣赏到你的佳作。本章对 Flash 动画的发布进行了详细、全面的讲解，提供了完善的方案，帮助用户以后使用 Flash 制作出更优秀、更受欢迎的动画。

📖 主要内容

- 动画优化和测试
- 动画发布格式
- 发布动画元素
- 创建动画播放器
- 将动画发布为视频文件

5.1 动画优化和测试

在完成了一个 Flash 动画的制作以后，对动画在网络中的播放情况进行优化和测试是很有必要的。下面就介绍动画优化和测试的方法。

5.1.1 动画的优化

由于 Flash 优越的流媒体技术，在网站上展示的动画作品可以一边下载一边进行播放。但是当作品很大的时候，便会出现停顿或卡帧现象。为了使浏览者可以顺利地观看影片，影片的优化是必不可少的。作为发布过程的一部分，Flash 会自动对影片执行一些优化。例如，它可以在影片输出时检查重复使用的形状，并在文件中把它们放置到一起，与此同时把嵌套组合转换成单个组合。

1. 减少影片的大小

要减小影片的大小，应注意以下几点。

- 尽量多使用补间动画，少用逐帧动画。因为补间动画与逐帧动画相比，占用的空间较少。
- 在影片中多次使用的元素，转换为元件。
- 动画中最好使用影片剪辑而不是图形元件。
- 尽量少地使用位图制作动画。位图多用于制作背景和静态元素。
- 在尽可能小的区域中编辑动画。
- 尽可能地使用数据量小的声音格式。

2. 文本的优化

要优化文本，应注意以下几点。

- 在同一个影片中，使用的字体尽量少，字号尽量小。
- 嵌入字体最好少用，因为它们会增加影片的大小。
- 对于“嵌入字体”选项，只选中需要的字符，不要包括所有字体。

3. 颜色的优化

对于颜色的优化，应注意以下几点。

- 使用“属性”面板，将由一个元件创建出的多个实例的颜色进行不同的设置。
- 选择色彩时，尽量使用颜色样本中给出的颜色，因为这些颜色属于网络安全色。
- 尽量减少 Alpha 的使用，因为它会增加影片的大小。
- 尽量少使用渐变效果，在单位区域里使用渐变色比使用纯色需要多 50 个字节。

4. 影片中的元素和线条的优化

对于影片中的元素和线条优化，应注意以下几点。

- 限制特殊线条类型的数量。实线所需的内存较少，铅笔工具生成的线条比刷子工具生成的线条所需的内存少。
- 执行“修改”→“形状”→“优化”命令。

使用“优化”命令优化影片中的元素和线条的具体操作如下。

Step 1 执行“修改”→“形状”→“优化”命令，打开“优化曲线”对话框，如图5-1所示。

Step 2 拖动“优化强度”右侧的滑块，越往上，表示优化程度越大，单击 确定 按钮，打开如图5-2所示的对话框。在对话框中列出了曲线的优化情况，单击 确定 按钮完成优化。

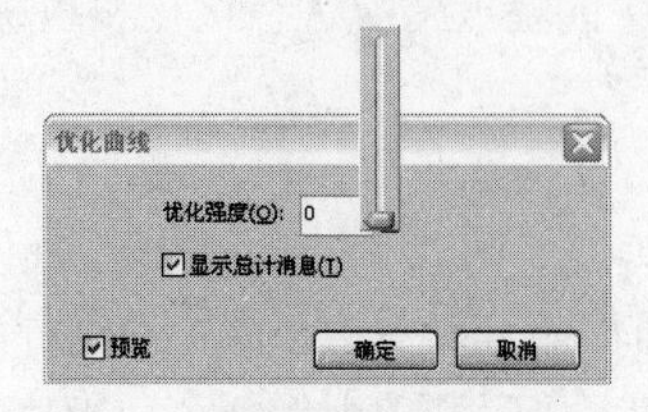

图5-1 “优化曲线”对话框

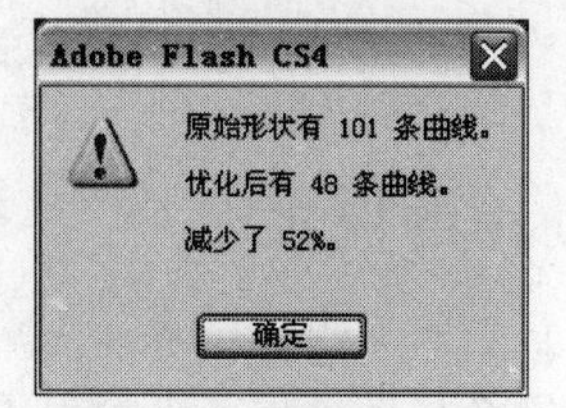

图5-2 优化提示

5. 动作脚本的优化

动作脚本的优化，有以下几种方法。

- 在“发布设置”对话框的“Flash”选项卡中勾选“省略trace动作”复选框，如图5-3所示，影片发布时不使用trace动作。

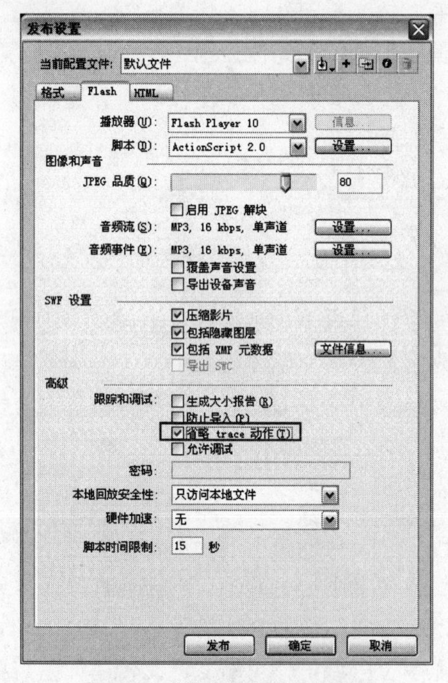

图5-3 “发布设置”对话框

- 尽量多地使用本地变量。
- 为经常使用的脚本操作定义为函数。

5.1.2 测试动画下载性能

制作好动画以后，执行“控制”→“测试影片”命令或按下“Ctrl+Enter”组合键，在Flash Player

中运行影片时，可以模拟输出后的影片在不同带宽速度下的播放情况，能够了解该影片是否适用于网络中，并可以根据模拟测试出的结果，对影片做合适的修改、调整。

测试影片下载性能的具体操作方法如下。

Step 1　为了便于进行测试，将使用一个已经编辑好的动画来讲解如何对 Flash 影片进行测试。请先打开一个编辑完成的动画文件。

Step 2　执行“控制”→“测试影片”命令或按下“Ctrl+Enter”组合键，打开 Flash Player 播放器播放动画，如图 5-4 所示。

图 5-4　播放动画

Step 3　执行“视图”→“带宽设置”命令，这时在影片播放窗口上方会出现一个显示带宽特性的窗格，窗格中的图表可以显示影片在浏览器下载时数据传输的情况，如图 5-5 所示。

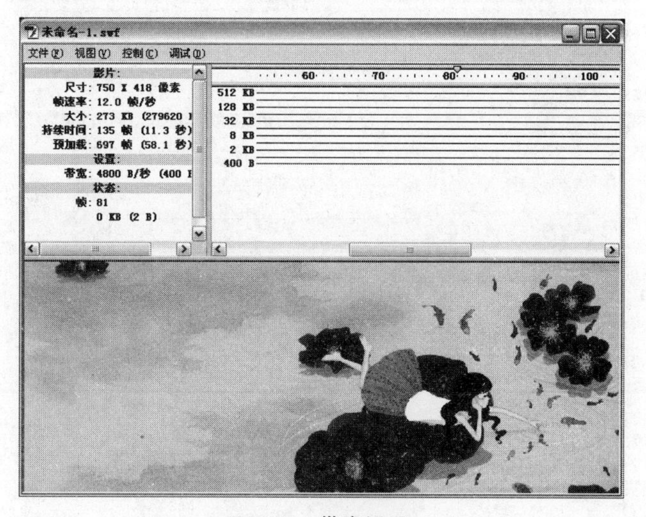

图 5-5　带宽设置

Step 4　执行“视图”→“数据流图表”命令，这时在图表中出现一些交错的块状图形。每个块状图形代表一个帧中所含数据量的大小。选择一个块状图形，该块状图形即变为暗红色，并且可以从左边的列表中看见该帧的数据大小情况。块状图形所占的面积越大，该帧中的数据量越大。如果块状图形高于图表中的红色水平线，表示该帧的数据量超过了目前设置的带宽流量限制，影片在浏览器

中下载时可能会在此出现停顿现象或者需要用较长的时间，如图 5-6 所示。

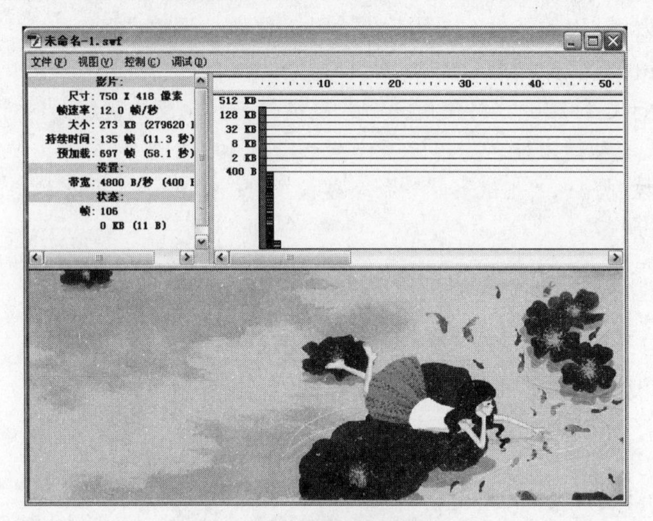

图 5-6　数据流图表

Step 5　执行“视图”→“帧数图表”命令，可以在图表中以帧数序列的方式来查看各帧包含的数据为多少，这时在图表窗格中的块状图形变为了条状图形，每一个条状图形长短也代表该帧中所包含数据的大小。选择条状图形，条状图形变为绿色，在左边的列表又会显示出该帧中的数据大小，如图 5-7 所示。

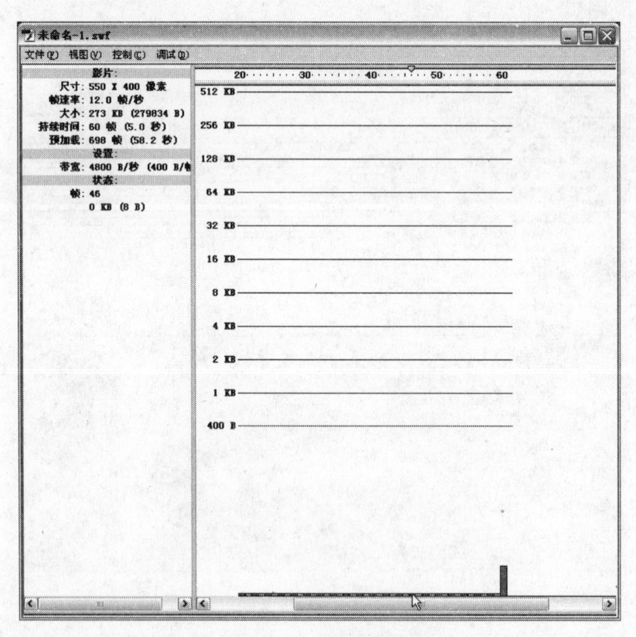

图 5-7　帧数图表

Step 6　在“视图”菜单的“下载设置”命令中，可以选择需要模拟的带宽速度。执行“视图”→“下载设置”→“自定义”命令，可以打开“自定义下载设置”对话框，然后根据实际情况做自定义下载的模拟设置，如图 5-8 所示。

Step 7　执行“视图”→“模拟下载”命令，可以模拟在目前设置的带宽速度下，影片在浏览器中下载并播放的情况。播放进度条中的绿色进度条表示影片的下载情况，如果它一直领先于播放头的前进速度，则表明影片可以被顺利下载并播放。如果绿色进度条停止前进，播放头也将停止在该位置，这时影片在下载播放时便会出现停顿，如图 5-9 所示。

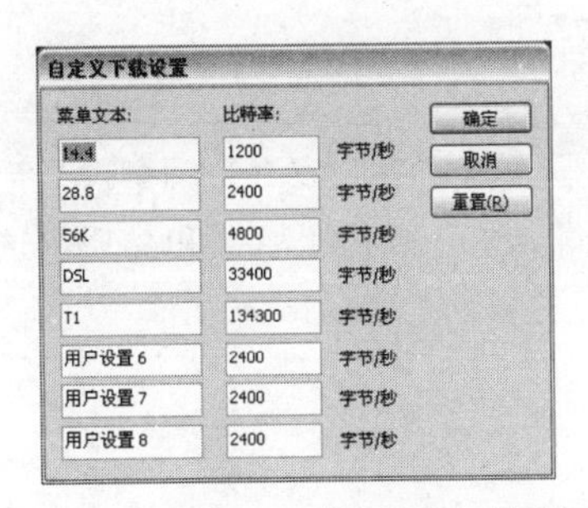

图 5-8　“自定义下载设置”对话框

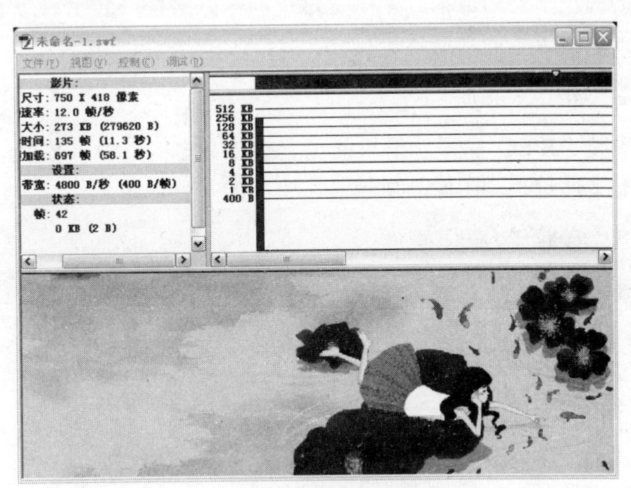

图 5-9　模拟下载

5.2　动画发布格式

在 Flash CS4 中，动画制作完后通过执行“文件”→“发布设置”命令，打开“发布设置”对话框，如图 5-10 所示。通过对该对话框的设置，可以将制作完成的影片输出成多种格式的应用文件，其中包括 SWF 格式、HTML 格式、GIF 格式、JPG 格式、PNG 格式。默认情况下，只发布为 SWF 格式和 HTML 格式，如果需要发布为其他的格式，可以通过勾选对应格式前的复选框来进行选择。

在发布 Flash 文件时，如果用户想使用默认的文件名，单击 使用默认名称 按钮，Flash CS4 会自动为发布文件命名。如果用户想自定义文件名，在“文件名”文本框中输入文件名即可。

完成基本的发布设置后，单击 确定 按钮，执行“文件”→“发布”命令或按下“Shift+F12”组合键，也可以直接单击 发布 按钮，Flash CS4 会将动画文件发布到源文件所在的文件夹中。

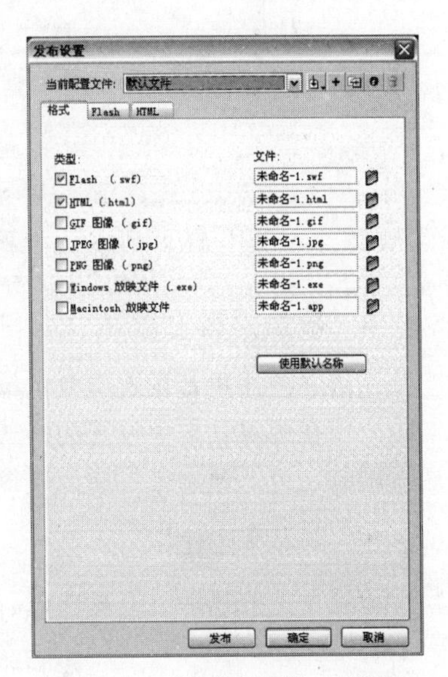

图 5-10　“发布设置”对话框

5.2.1　Flash 输出格式

单击“Flash”选项卡，对话框中将显示将影片发布为在 Flash Player 中播放的 SWF 文件时需要设置的选项内容，如图 5-11 所示。

下面对“Flash”选项卡中各项常用参数进行简要介绍。

1. 播放器

选择输出影片的播放器版本。因为高版本 Flash 的功能在不断增强，如果选择的输出版本过低，那么 Flash 动画所有的新增功能将无法正常运行。如果选择的输出版本过高，那么没有安装高版本播放器的用户不能播放动画。不过这个问题好解决，装上高版本的播放器就可以正常播放了，所以通常都选择最新版本的播放器进行输出。

2. JPEG 品质

调整“JPEG 品质”滑块的位置或在文本框中输入数值，对位图进行压缩控制。图像品质越低，生成的文件越小；图像品质越高，生成的文件就越大。

3. 音频流/音频事件

要为影片中所有的音频流或声音设置采样率和压缩，可以按下“音频流”或“音频事件”后面的 设置 按钮，然后在弹出的“声音设置”对话框中选择需要的压缩类型、音频比特率和品质等选项，如图 5-12 所示。

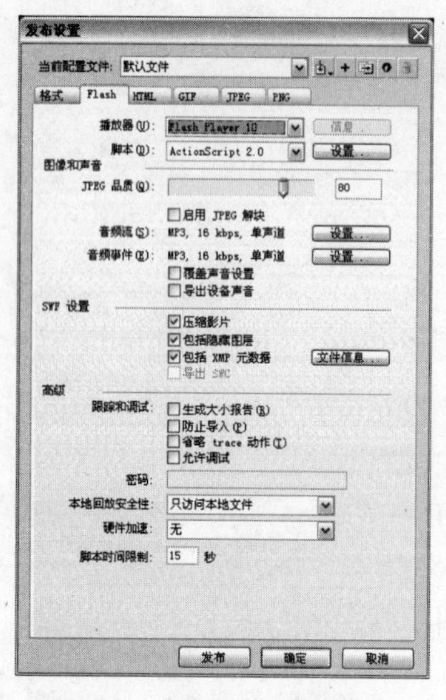

图 5-11 “Flash”选项卡

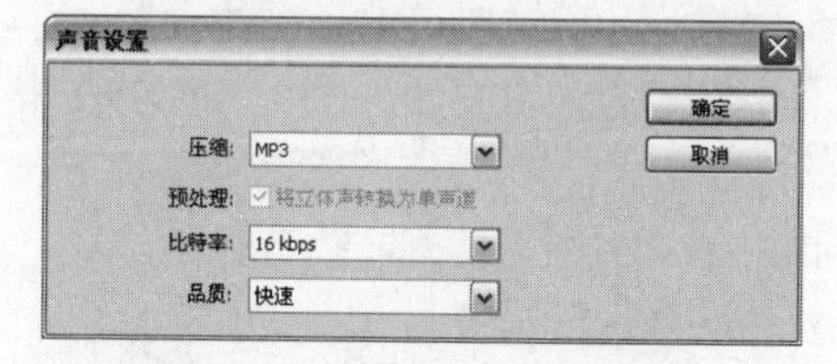

图 5-12 “声音设置”对话框

4. 覆盖声音设置

勾选“覆盖声音设置”复选框，可以覆盖在 Flash 动画制作过程中对各种声音的不同设置，使它们统一成在此对话框中设置的格式。使用该选项可以很方便地为高速网络或本地计算机生成高保真的声音动画，为低速网络生成低质量的声音，以节省带宽。

5. 跟踪和调试

该项目主要包括一组复选框。

- 生成大小报告：可生成一个文字报告的文件，以详细到帧的方式，罗列出输出影片的数据量。
- 防止导入：可以有效地防止所生成的动画文件被其他人非法导入到新的动画文件中继续编辑。在选中此项后，对话框中的密码文本框被激活。可以在密码框中输入密码，以防止其他人在

Flash 中导入输出后的影片。

- 省略 trace 动作：可以使 Flash 忽略当前影片中的跟踪动作（trace）。
- 允许调试：可以激活调试器并允许对 Flash 影片进行远程调试，还可以用设置密码的方式保护输出的影片。

6. 密码

当选中“防止导入”或“允许调试”复选框后，可在密码框中输入密码。当其他人想要观看动画时，就要输入在此设置的密码，否则不能观看动画。

5.2.2 HTML 输出格式

“HTML”选项卡用于为影片发布输出 HTML 网页文件时，对 Flash 影片在 IE 浏览器中播放时需要的参数进行设置，如图 5-13 所示。

提示：HTML 文件并非是 Flash 文件格式，它本身只是网页文档。但是 Flash CS4 可以根据发布动画的需要自动生成 HTML 文件，方便用户在浏览器中查看动画。因此，在使用 HTML 文件时，一定要注意保存相应的 SWF 文件，这在制作包含 Flash 动画的网页文件时尤其重要。

下面对“HTML”选项卡中各项参数进行简要介绍。

1. 模板

用于为输出的 Flash 影片选择在网页中进行位置编排时使用的模板。选择需要的模板后，单击右边的 信息 按钮可以显示所选模板的说明。如果没有选择模板，Flash 会使用 Default.html 模板。如果该模板不存在，会自动使用列表中的第一个模板，如图 5-14 所示。

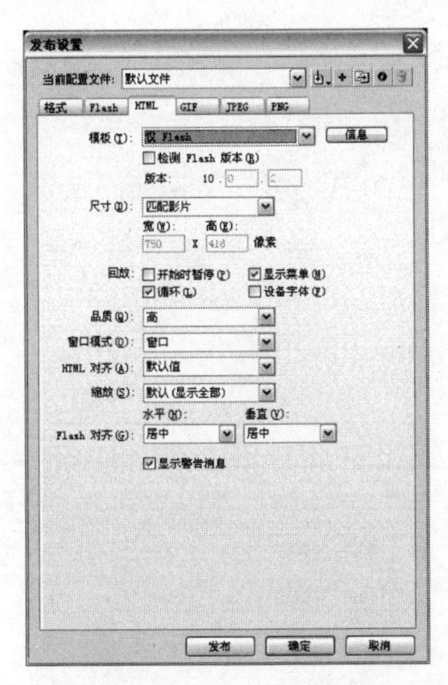

图 5-13 “HTML”选项卡

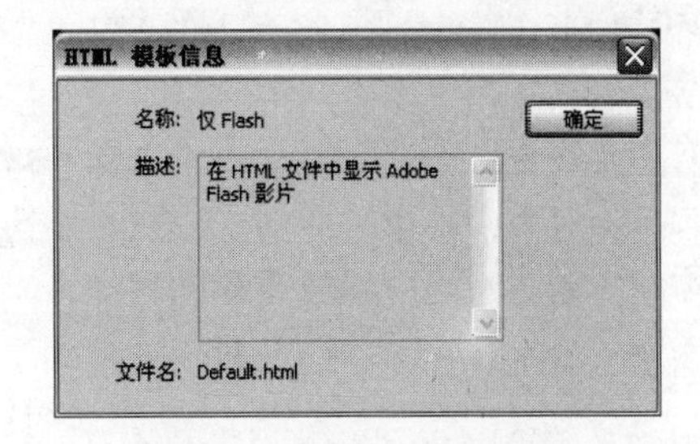

图 5-14 HTML 模板信息

2. 尺寸

“尺寸”下拉列表用于设置动画的宽度和高度值。下拉列表中主要包括“匹配影片”、“像素”、“百

分比”3 种选项。“匹配影片”表示将发布的尺寸设置为动画的实际尺寸大小；“像素”表示用于设置影片的实际宽度和高度，选择该项后可在宽度和高度文本框中输入具体的像素值；“百分比”表示设置动画相对于浏览器窗口的尺寸大小。

3. 回放

控制影片的播放和各种功能。

- 开始时暂停：可以在开始位置暂停播放影片，直到用户单击影片中的按钮或从快捷菜单中选择“播放”后才开始播放。
- 显示菜单：选择此项复选框，会在按下鼠标右键后显示一个快捷菜单。在默认情况下，该选项被选中。
- 循环：选择此复选框后，在影片到达最后一帧后，再重复播放。清除该选项将使电影在到达最后一帧后停止播放。在默认情况下，该选项是被选中的。
- 设备字体：选中该选项，会用消除锯齿（边缘平滑）的系统字体替换未安装在用户系统上的字体，这种情况只适用于 Windows 环境。使用设备字体可使小号字体清晰易辨，并能减小影片文件的大小。该选项在默认情况下为关闭。

4. 品质

用于设置影片的动画图像在播放时的显示质量。

- 低：影片画面质量较低，优先考虑播放速度。
- 自动降低：优先考虑播放速度，并在可能的情况下增强影片画面质量。
- 自动升高：同时考虑影片画面质量和播放速度，必要时牺牲影片画面质量确保播放速度。
- 中：影片画面质量和播放速度兼顾考虑。
- 高：优先考虑影片画面质量。
- 最佳：完全考虑影片画面质量，不考虑播放速度。

5. 窗口模式

该下拉菜单中的选项用于设置当 Flash 动画中含有透明区域时，影片图像在网页窗口中的显示方式。

6. HTML 对齐

用于设置 Flash 影片在其被套入的 HTML 表格中的对齐位置。

- 默认值：在浏览器中居中显示。
- 左：左对齐，必要时剪切上、下和右边缘。
- 右：右对齐，必要时剪切上、下和左边缘。
- 顶部：靠上对齐，必要时剪切底部和左右边缘。
- 底部：靠下对齐，必要时剪切顶部和左右边缘。

7. 缩放

该选项可以在设置的显示尺寸基础上，将影片放到网页表格的指定边界内。

- 默认（显示全部）：保持影片原来纵横比例，使影片在指定区域内可见。
- 无边框：保持影片原来的纵横比例缩放影片，使之填满指定区域。

- 精确匹配：不考虑保持原来的纵横比例，使影片在整个指定区域内可见，这种方式下播放的影片可能会产生变形。
- 无缩放：对于影片不进行任何缩放，有可能影片在指定区域内不完全可见。

8. Flash 对齐

可设置如何在窗口内放置影片，以及在必要时如何裁剪影片的边缘。

- 水平：此列表框中有“左对齐”、“居中”和“右对齐”3 个选项，分别表示左对齐、居中对齐和右对齐。
- 垂直：此列表框中有“顶部”、“ 居中”和“底部”3 个选项，分别表示上对齐、居中对齐和下对齐。

9. 显示警告信息

勾选此复选框，可以在标记设置发生冲突时显示错误消息。

5.2.3　GIF 输出格式

如果需要将编辑完成的 Flash 影片中的某个帧中的图像输出成 GIF 文件，或需要将整段动画输出成动态 GIF 图像时，可以在“GIF”选项卡中对输出图像文件的属性进行设置，如图 5-15 所示。

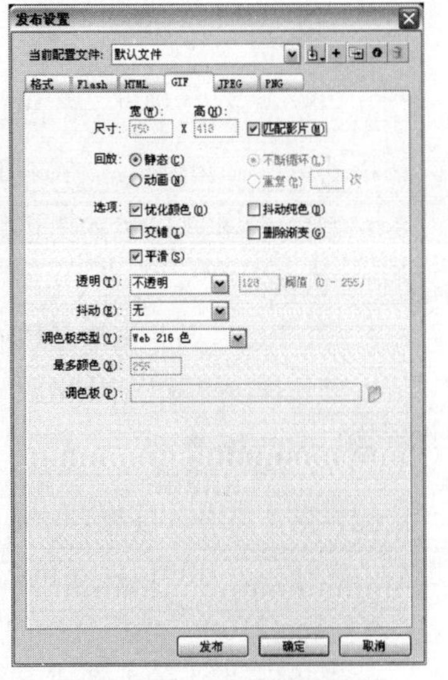

图 5-15　“GIF”选项卡

下面对“GIF”选项卡中的各项参数进行简要介绍。

1. 尺寸

默认状态下输出的 GIF 图形与 Flash 影片的尺寸相同。不勾选“匹配影片”复选框，可以在保持图形的高宽比例状态下设置需要的图形输出尺寸。

2. 回放

该选项用于控制动画的播放效果，包括以下两个单选按钮。

- 静态：目前帧中的图形内容以 GIF 文件格式输出。
- 动画：整段影片将以动态 GIF 图像的方式输出，并保留与场景中时间轴相同的帧长度。在后面的“不断循环”和“重复”选项中，可以设置输出动画在播放时是不断循环或者重复播放多少次。

3. 选项

该选项主要用于对输出 GIF 图像外观范围的品质属性进行设置。

- 优化颜色：在不影响动画质量的前提下，去除动画中可以不用的颜色，使文件大小减少 1 000～1 500 字节，但是会增加对内存的需要。默认情况下此项处于选中状态。
- 抖动实底：使纯色产生渐变色效果。
- 交错：文件没有下载完之前显示图片的基本内容，可以在网速较慢时加快下载速度。“交错”不是默认选择。
- 删除渐变：使用渐变色中的第一种颜色代替整个渐变色。为了避免出现不良后果，要慎重选择渐变色的第一种颜色。
- 平滑：减少位图的锯齿情况，提高画面质量，但是平滑处理后会增大文件的大小。属于默认选项。

4. 透明

用于设置输出的 GIF 图像中是否保留透明区域。

- 不透明：使背景以纯色方式显示。“不透明”是默认选项。
- 透明：使背景色透明。
- Alpha：该选项可以对背景的透明度进行设置。在右边的文本框中输入一个数值，范围在 0~255 之间，所有色彩指数低于设定值的颜色将变得透明，高于设定值的颜色都将被部分透明化。

5. 抖动

该下拉菜单中的选项用于指定可用颜色的像素的混合方式，以模拟出当前调色板中不可显示的颜色。抖动可以改善颜色品质，但是会增加文件大小。

- 无：将非基础色的颜色用近似的纯色代替，文件大小会减少，但是会使色彩失真。“无”是默认设置。
- 有序：可以产生质量较好的抖动效果，与此同时文件大小不会有太大程度的增加。
- 扩散：可以产生质量较高的动画效果，与此同时动画文件大小不会增加。

6. 调色板类型

GIF 图像最多可以显示 256 种色彩，在列表框中选择一种调色板用于图像的编辑。除了可以在列表框中选择外，还可以在调色板中自定义颜色。

- Web 216 色：使用标准的 216 色浏览器安全调色板来创建 GIF 图像，可以获得较好的图像品质，在服务器上的处理速度也最快。
- 最合适：该选项会分析图像中的颜色并为选定的 GIF 图像创建一个唯一的颜色表，适合显示成千上万种的颜色，但生成的文件要比用“Web 216 色”创建的 GIF 文件大得多。
- 接近 Web 最适色：该选项与“最合适”调色板选项相同，只是它将非常接近的颜色转换为“Web 216 色”，生成的调色板会针对图像进行优化，但 Flash 会尽可能使用“Web 216 色”调色板中的颜色。
- 自定义：该选项可以设置需要的自定义调色板。按下后面的浏览按钮，可以在计算机中选择需要的调色板文件。

7. 最多颜色

当调色板类型为“最合适”或“接近 Web 最适色”时，可以对其最大颜色数进行设置。在其中填入 0~255 中的一个数值，可以去除这一设定值的颜色。设定较小的数值时可以生成较小的文件，但是画面质量会较差。

8. 调色板

当调色板类型为“自定义”时按下后面的“浏览到调色板位置”按钮，可以在计算机中选择需要的调色板文件。

5.2.4 JPEG 输出格式

“JPEG”选项卡中的选项用于设置将影片中目前帧的图形内容以 JPEG 格式输出时的属性内容。

通常，GIF 对导出线条绘画效果较好，而 JPEG 更适合显示包含连续色调（如照片、渐变色或嵌入位图）的图像，如图 5-16 所示。

下面对“JPEG”选项卡中的各项参数进行简要介绍。

- 尺寸：默认状态下输出的 JPEG 图形与 Flash 影片的尺寸相同，取消对“匹配影片”复选框的勾选，可以设置需要的输出尺寸并保持图形的高宽比例。
- 品质：用于设置输出 JPEG 的图像品质。图像品质越低，生成的文件就越小；图像品质越高，生成的文件则越大。
- 渐进：勾选该复选框，可以在 Web 浏览器中逐步显示连续的 JPEG 图像，在低速的网络上较快地显示图像。

5.2.5　PNG 输出格式

PNG 是唯一支持透明度（Alpha 通道）的跨平台位图格式，可以直接在网页中使用。“PNG”选项卡中的选项和“GIF”选项中的选项基本相同，只是在“位深度”下拉列表中，可以为图像在创建时使用的每个像素设置位数和颜色数，如图 5-17 所示。

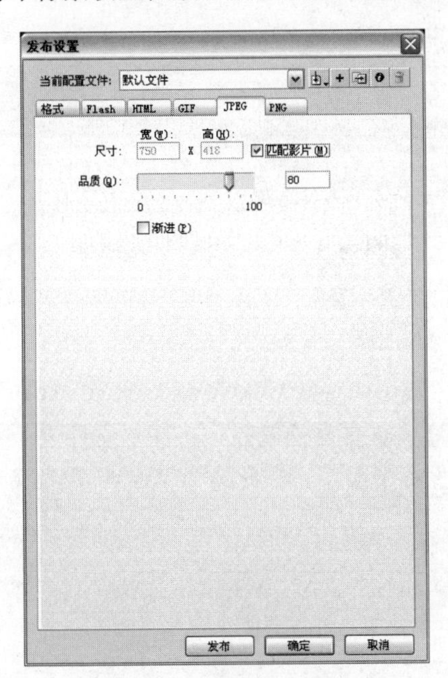

图 5-16 “JPEG”选项卡

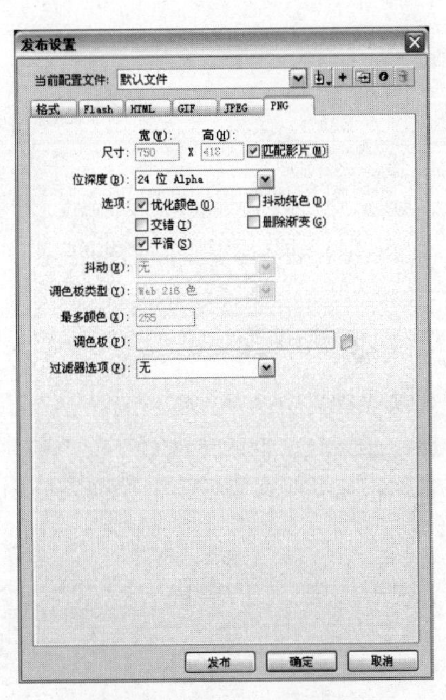

图 5-17 “PNG”选项卡

5.3 发布动画元素

5.3.1　发布动画

执行“文件”→“导出”→“导出影片”命令，打开“导出影片”对话框，如图 5-18 所示。在对话框中的“保存类型”下拉列表中选择文件的类型，并在“文件名”文本框中输入文件名后，单击

保存(S) 按钮，即可导出动画。在“保存类型”下拉列表中的“SWF 影片（*.swf）”类型的文件必须在安装了 Flash 播放器后才能播放。

5.3.2 发布图像

选取某帧或场景中要导出的图像，执行“文件”→“导出”→“导出图像”命令，打开“导出图像”对话框，可以将当前选中的动画元素内容保存为各种 Flash 支持的图像文件格式，如图 5-19 所示。

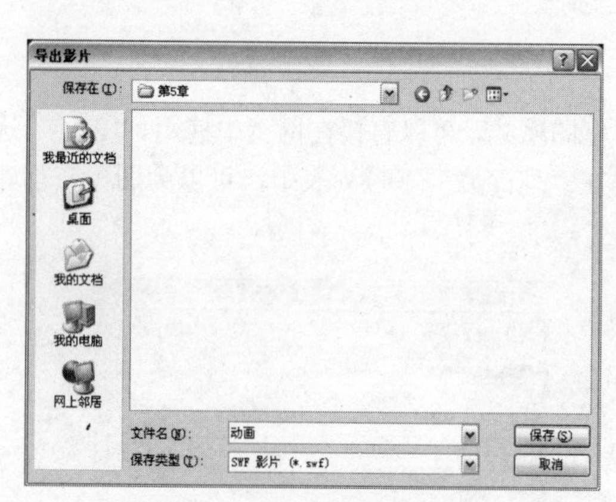

图 5-18 “导出影片”对话框

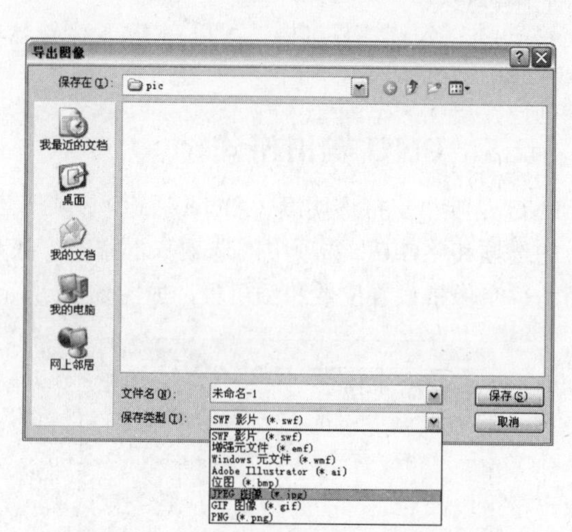

图 5-19 “导出图像”对话框

5.3.3 发布声音

选取某帧或场景中要导出的声音，执行“文件”→“导出”→“导出图像”命令，打开“导出影片”对话框，在该对话框的“保存在”下拉列表框中指定文件要导出的路径，在“文件名”文本框中输入文件名称，在“保存类型”下拉列表框中选择声音保存的类型，在此选择“WAV 音频（*.wav）”，如图 5-20 所示。

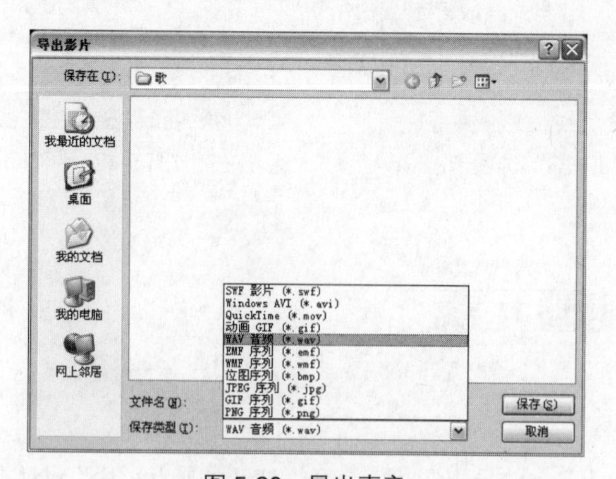

图 5-20 导出声音

5.4 应用实践

5.4.1 任务 1——创建动画播放器

任务要求

小海豚动画公司要求为该公司制作的一个动画创建播放器，以便让没安装 Flash 播放器的客户也能顺利地在自己的电脑上播放动画。

任务分析

如果要在没有安装 Flash 播放器的电脑上也能正常地播放影片动画，就需要将动画发布成一个可以独立运行的应用程序“.exe”。该应用程序“.exe”之所以具有独立运行的功能，是因为它是一个捆绑了 Flash Player 播放程序的影片文件。

任务设计

在 Flash 发布设置窗口的“格式”选项卡中选择“Windows 放映文件（.exe)”选项。可以将动画发布成一个可以独立运行的应用程序。除了可以通过发布设置来创建可以独立运行的播放程序外，还可以直接使用 Flash Player 播放器将 SWF 类型的动画文件创建成播放器程序。直接使用 Flash Player 播放器来创建会简单一些。本例就使用 Flash Player 播放器来创建独立播放器，完成效果如图 5-21 所示。

图 5-21　最终效果

完成任务

Step 1　执行命令。打开制作好的 SWF 动画文件，执行“文件”→“创建播放器”命令，如图 5-22 所示。

Step 2 设置文件名称和保存目录。打开“另存为”对话框，在该对话框的“保存在”下拉列表框中选择自带播放器的保存路径，在“文件名”文本框中输入文件的名称，如图 5-23 所示。完成后单击 保存(S) 按钮。

Step 3 查看播放器程序。打开文件的保存目录，便可以看见由影片播放文件创建的播放器程序了。不管是否安装 Flash 播放器，双击该程序即可打开动画，如图 5-24 所示。

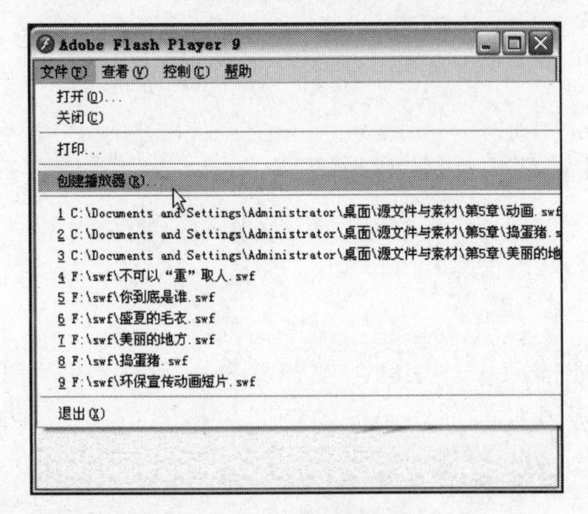

图 5-22 创建播放器

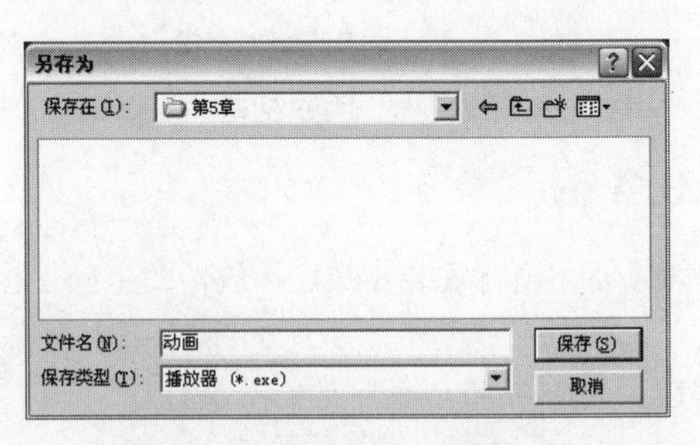

图 5-23 “另存为”对话框

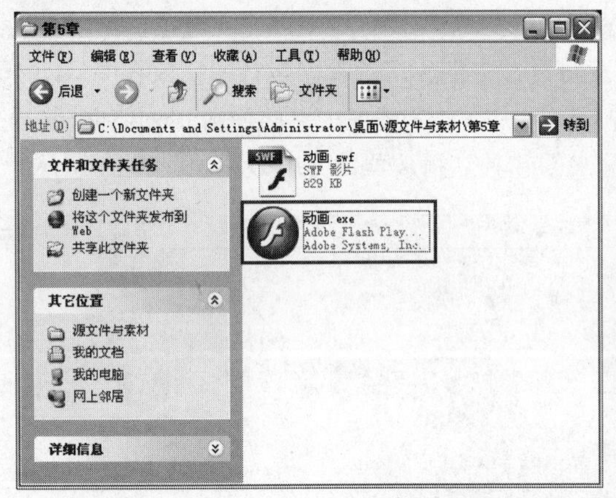

图 5-24 播放器程序

归纳总结

本例是为一个动画创建动画播放器。创建动画播放器通常是在将制作的 Flash 影片动画应用到专案项目时（如多媒体光盘、教学课件）使用，以确保 Flash 动画影片能在没有安装 Flash Player 播放器的电脑上也可以顺利地播放。

5.4.2 任务 2——将动画发布为视频文件

任务要求

小海豚动画公司要求将该公司制作的一个环保宣传动画发布为视频文件，以便将其放置于光盘

中，让人们可以在电视上观看。

任务分析

Flash 导出的 SWF 格式的动画影片不能直接在电视上播放，需要将其发布为视频文件。为了视频的效果，不要将导出的 SWF 格式的动画影片利用第三方软件转换为视频，而是在 Flash CS4 中直接进行发布。

任务设计

动画制作好以后，首先打开小海豚动画公司提供的动画源文件，再打开“导出影片”对话框，然后在“保存类型”下拉列表中选择类型为“avi”格式，最后单击“确定”按钮即可。完成效果如图 5-25 所示。

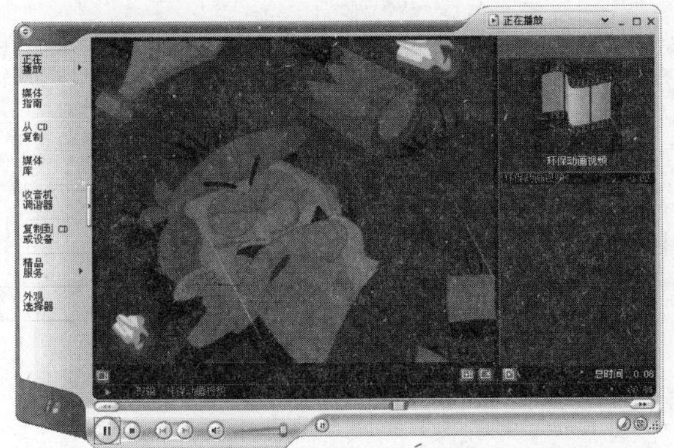

图 5-25　最终效果

完成任务

Step 1　打开动画文件。使用 Flash CS4 打开小海豚动画公司提供的环保动画源文件，如图 5-26 所示。

图 5-26　打开动画源文件

Step 2 打开“导出影片”对话框。执行“文件”→“导出”→“导出影片”命令，打开“导出影片”对话框，如图5-27所示。

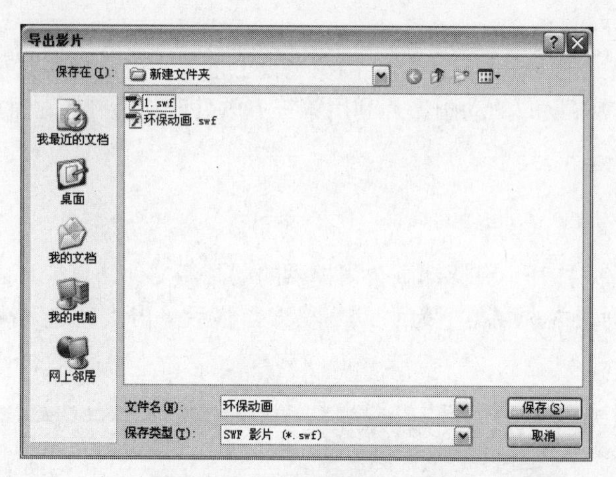

图5-27 “导出影片”对话框

Step 3 选择视频格式。在“文件名”文本框中输入视频名称“环保动画视频”，在“保存类型”下拉列表中选择“Windows AVI（*.avi）”选项，如图5-28所示。完成后单击 保存(S) 按钮。

Step 4 设置视频。打开“导出 Windows AVI”对话框，在对话框中设置视频的尺寸、格式、声音格式等参数，如图5-29所示。

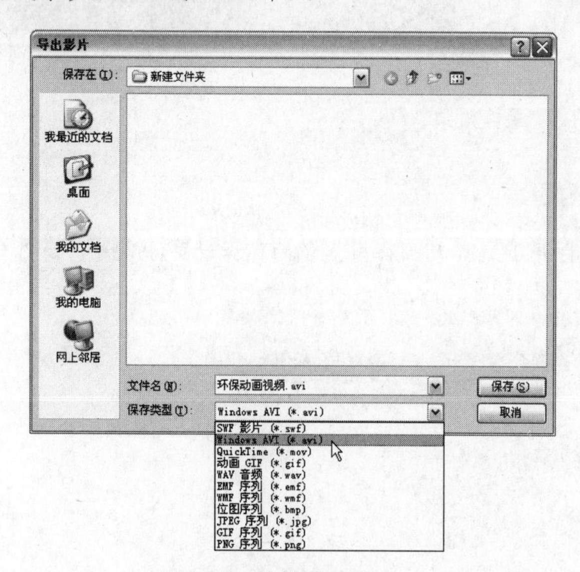

图5-28 选择视频格式

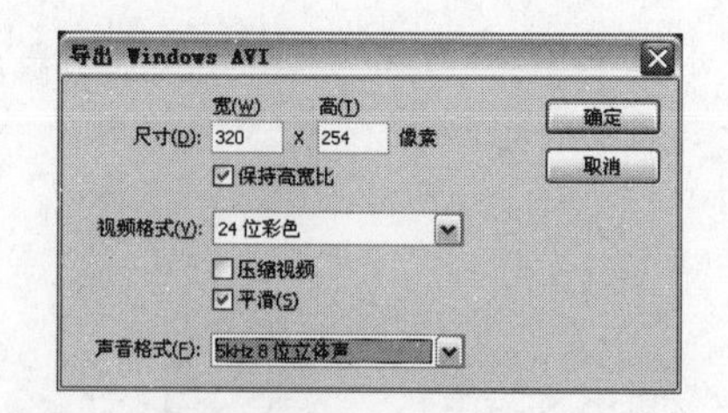

图5-29 “导出 Windows AVI”对话框

Step 5 观看视频。完成后单击 确定 按钮。弹出“正在导出AVI影片”提示框。根据动画的大小，导出的时间有所不同，如图5-30所示。导出完成以后，找到导出视频的文件夹，可以看到动画已经变成视频的格式了，如图5-31所示。双击即可用视频播放器打开文件观看视频，如图5-32所示。

图 5-30　“正在导出 AVI 影片”提示框

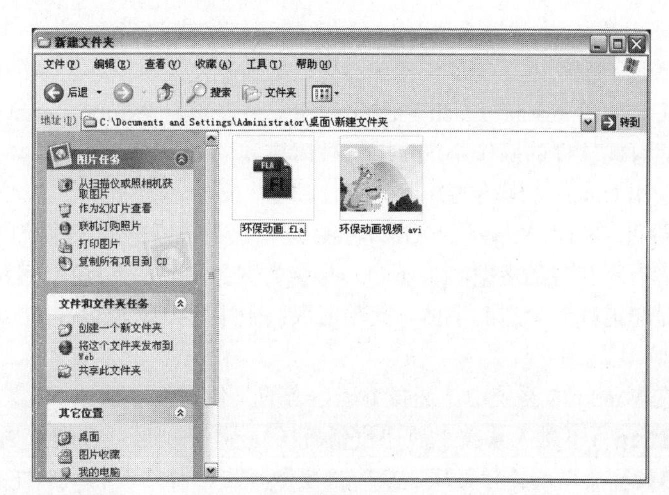

图 5-31　动画更改为“avi”格式

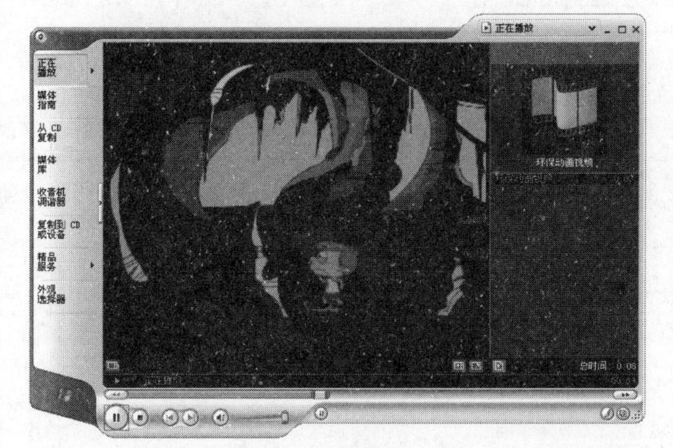

图 5-32　观看视频

归纳总结

本例是将一个动画发布为视频文件，以便在电视上进行播放。为了在电视上流畅地播放动画，在制作时要将动画设置成每秒播放 25 帧，也就是在“文档属性”对话框中将“帧频”设置为“25fps”。

5.5 知识拓展

5.5.1　动画中的 Unicode 文本编码

Unicode 是计算机中的一种通用字符编码标准。为多语言纯文本编码提供了一致的编码方法，也为每个字符指定了一个唯一的数字值和名称，还为当今大多数书面语言中使用的字符定义了代码。脚本包括欧洲字母脚本、中东语言（从右到左）脚本和亚洲语言脚本。Unicode 还包括标点符号、变音符号、数学符号和技术符号等。

Flash Player 支持在 Adobe Flash Player 格式的 SWF 文件中使用 Unicode 文本编码。这种支持极大地增强了在利用 Flash 创建的 SWF 文件中使用多语言文本的能力，包括在一个文本字段中使用多种语言。使用 Adobe Flash Player 的用户可以查看 Adobe Flash Player 应用程序中的多语言文本，而不管运行此软件的操作系统使用何种语言。

使用 Unicode 编码的外部文件时，用户必须能使用含有文本文件内所有字型的字体。在 SWF 文件回放期间，Flash Player 更低版本会在运行该播放器的操作系统中查找这些字体。如果 SWF 文件中的文本含有不支持的字型，Flash Player 会尝试在用户的系统中查找确实支持这些字型的字体。该播放器并不是总能找到合适的字体。此功能取决于用户系统及运行 Flash Player 的操作系统中可用字体的多少。

在 Windows 系统中，选择编码语言的具体操作步骤如下。

Step 1 进入系统中的“控制面板”，打开“区域和语言选项”对话框，如图 5-33 所示。

Step 2 选择“区域选项”选项卡，在“标准和格式”下拉列表中选中一个国家或地区，如图 5-34 所示。

Step 3 选择“高级”选项卡，在“非 Unicode 程序的语言”下拉列表中选择一种语言，如图 5-35 所示。

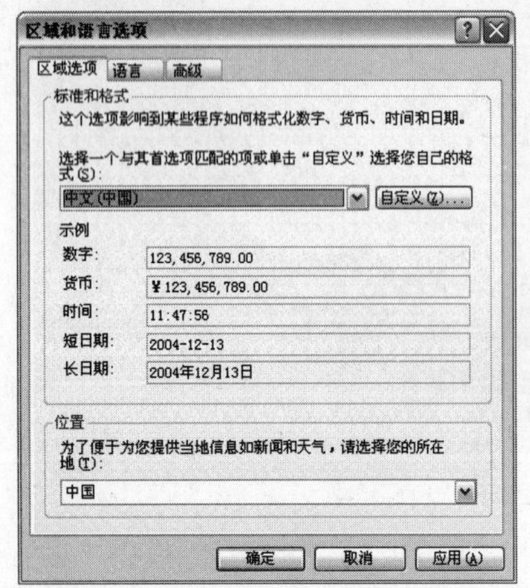

图 5-33 “区域和语言选项”对话框

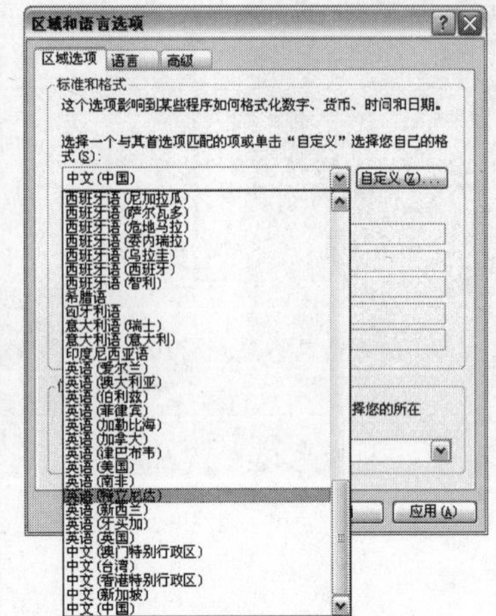

图 5-34 “区域选项”选项卡

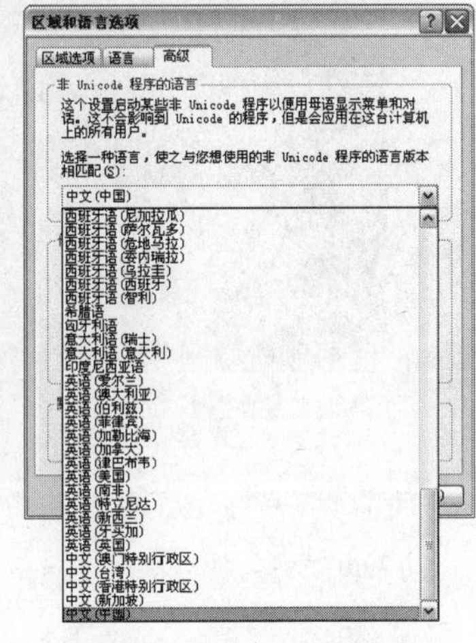

图 5-35 “高级”选项卡

Step 4 单击 确定 按钮完成 Unicode 设置。

5.5.2 发布动画时的注意事项

在作品导出或发布时，应该注意两个方面的问题：一是作品的效果与用户预期的效果相同；二是要尽量保证作品播放时的流畅。这就要求用户应该把作品设计得尽量小，并且在作品导出或发布之前，要进行预览和测试。这样做的好处是显而易见的，因为作品导出或发布后的效果与在 Flash 中预览和测试的效果是一样的，所以预览和测试对于作品的修改和播放的速度是很重要的。

1. 动画的预览与测试

- 预览当前场景：在创作环境中执行“控制”→“播放”命令调出播放控制器，单击播放键即可。也可按下“Enter”键预览当前场景。

- 循环播放：执行“控制”→“循环播放”命令，播放所有场景执行“控制”→“播放所有场景”命令，无声播放执行“控制”→“静音”命令。
- 测试交互性和动态性：执行“控制”→“测试影片”命令或执行“控制”→“测试场景”命令。对于要将作品用于实际应用的设计者来说，测试作品是一个十分重要的环节。

2. 测试动画的目的

- 测试动画的播放效果，查看作品是否按照设计思路产生了预期的效果。在许多情况下使用编辑界面内播放控制栏中的播放控制按钮来测试作品，并不能完全正常地播放出设定效果，因此，需要专门进行效果测试。
- 测试动画作品在设置条件下的传输速度。Flash 动画的播放是以“信号流”的模式进行的。在 Flash 动画播放过程中，不需要等整个作品下载到本地就可以进行播放。如果播放指针到达某一个播放帧时，该播放帧的内容还没有下载到本地，则动画的播放指针会暂时停顿在该帧上，直到该帧中的内容下载完毕，才继续移动，这种情况会造成动画播放的停顿。为了查找有可能造成动画停顿的位置，需要使用动画测试。

在动画制作过程中，为了有效控制作品的容量，还要注意以下几点。

- 在动画中避免使用逐帧动画，而用过渡动画代替。由于过渡动画中的过渡是由计算得到，因此其数据量大大少于逐帧动画。动画帧数越多，差别越明显。
- 尽可能将动画中所有相同的对象用在同一个元件上，这样多个相同内容的动画只在作品中保存一次，可以有效地减少作品的大小。
- 使用矢量线代替矢量色块图形，前者数据量要少于后者。
- 对于动画中的音频素材，设置合理的压缩模式和参数，在 Flash CS4 中压缩比例最大的是 MP3，且回放音质不错，可尽量使用这一格式。

5.6 自我检测

1. 填空题

（1）执行______命令，可以优化影片中的元素和线条。

（2）执行______命令，这时在影片播放窗口上方会出现一个显示带宽特性的窗格，窗格中的图表可以显示影片在浏览器下载时数据传输的情况。

2. 判断题

（1）尽量多地使用位图来制作动画，可以减小动画的大小。（　　）

（2）在 Flash Player 中运行影片时，可以模拟输出后的影片在不同带宽速度下的播放情况。（　　）

（3）执行“文件”→“导出”→“导出影片”命令，可以导出图像。（　　）

3. 上机题

（1）对制作好的动画进行影片优化、测试下载性能，并将其发布为影片播放器程序。

（2）按照本章讲述的方法，分别将一个动画文件输出为 HTML 和 GIF 格式的文件，如图 5-36 所示。

图 5-36　最终效果

操作提示：

Step 1　打开“发布设置”对话框，在对话框中选择“格式”选项卡。

Step 2　在“格式”选项卡中选中“HTML”、“GIF”复选框。

Step 3　执行“文件”→“发布”命令即可。

第 6 章 图层的操作

学习目标

图层是 Flash 动画创作中的一项重要设计工具，是创建复杂 Flash 动画的基础。在不同的图层上放置不同的图形元素将会为动画的编辑和处理带来极大的便利。在 Flash 动画创作中，图层的作用和卡通片制作中透明纸的使用有一些相似，通过在不同的图层中放置相应的元件，然后再将它们重叠在一起，便可以产生层次丰富、变化多样的动画效果。本章就来学习 Flash CS4 中图层的操作。

主要内容

- 图层的原理与作用
- 图层的分类
- 图层的编辑
- 运用图层制作浮雕文字效果
- 运用图层制作可爱的小鱼儿

6.1 图层的原理与作用

6.1.1 图层的原理

Flash CS4 中的图层和 Photoshop 的图层有共同的作用：方便对象的编辑。在 Flash 中，可以将图层看作是重叠在一起的许多透明的胶片，当图层上没有任何对象的时候，可以透过上边的图层看下边图层上的内容，在不同的图层上可以编辑不同的元素。

新建 Flash 影片后，系统自动生成一个图层，并将其命名为“图层 1”。随着制作过程的进行，图层也会增多。这里有个概念需要说明，并不是图层越少，影片就越简单，然而图层越多，影片一定就越复杂。另外，Flash 还提供了两种特殊的图层：引导层和遮罩层。利用这两个特殊的层，可以制作出更加丰富多彩的动画效果。

Flash 影片中图层的数量并没有限制，仅受计算机内存大小的制约，而且增加层的数量不会增加最终输出影片文件的大小。可以在不影响其他图层的情况下，在一个图层上绘制和编辑对象。

对图层的操作是在层控制区中进行的。层控制区是位于时间轴左边的部分，如图 6-1 所示。在层控制区中，可以实现增加图层、删除图层、隐藏图层以及锁定图层等操作。一旦选中某个图层，图层名称右边会出现铅笔图标，表示该图层或图层文件夹被激活。

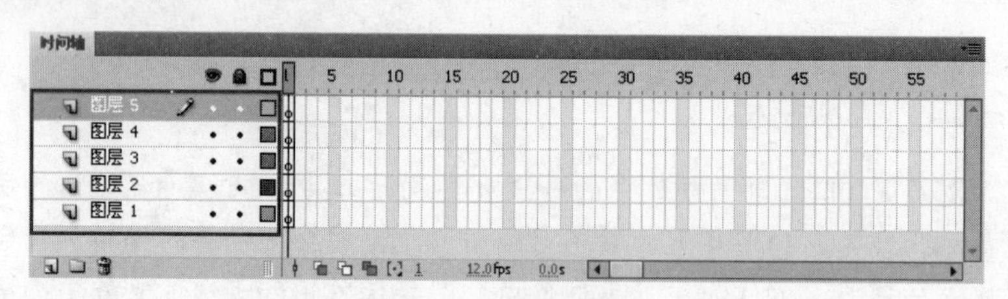

图 6-1　图层控制区

6.1.2 图层的作用

Flash 每一个图层相互独立，都有自己的时间轴，包含自己独立的多个帧。当修改某一图层时，不会影响到其他图层上的对象。为了便于理解，也可以将图层比喻为一张透明的纸，而动画里的多个图层就像一叠透明的纸。时间轴上的图层控制区，各部分的含义如下。

- ：该按钮用于隐藏或显示所有图层，单击它即可在两者之间进行切换。单击其下的 图标可隐藏当前图层，隐藏的图层上将标记一个 ✕ 图标。
- ：该按钮用于锁定所有图层，再次单击该按钮可解锁。单击其下的 图标可锁定当前图层，锁定的图层上将标记一个 符号。
- ：单击该按钮可用图层的线框模式隐藏所有图层。单击其下的 图标可以线框模式隐藏当前图层，图层上标记变为 。
- 图层 5：表示当前图层的名称，图层名称可以更改。
- ：表示当前图层的性质。当该图标为 时表示当前层是普通层，当该图标为 时表示当前层是引导层，当该图标为 时表示该层被遮蔽了。

- ：单击该按钮可使图层处于不可编辑状态。
- ：用于新建普通层。
- ：用于新建引导层。
- ：用于新建图层文件夹。
- ：用于删除选中的图层。

6.2 图层的分类

Flash 中的图层与图形处理软件 Photoshop 中的图层功能相同，均为了方便对图形及图形动画进行处理。在 Flash CS4 中，图层的类型主要有普通层、引导层和遮罩层 3 种。

1. 普通层

系统默认的层即是普通层。新建 Flash 文档后，存在一个默认名为“图层 1”的图层。该图层中自带一个空白关键帧位于图层 1 的第 1 帧，并且该图层初始状态为激活状态，如图 6-2 所示。

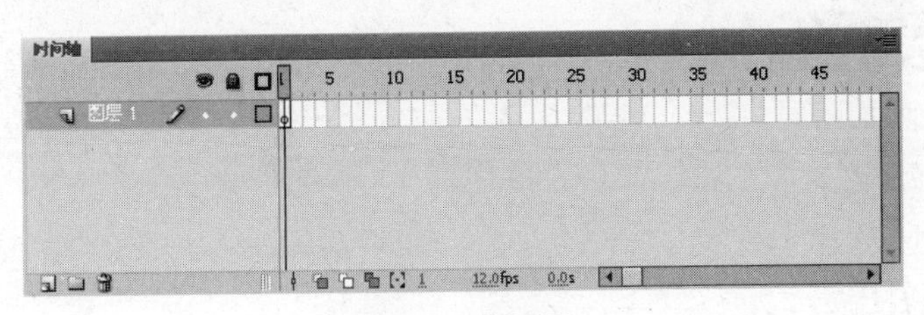

图 6-2　普通层

2. 引导层

引导图层的图标为 形状，在它下面的图层中的对象则被引导。选中要做为引导层的图层，单击鼠标右键，在弹出的快捷菜单中选择“引导层”命令，如图 6-3 所示。引导层中的所有内容只是用于在制作动画时作为参考线，并不出现在作品的最终效果中（关于引导层动画的创建，将在第 7 章中具体讲述）。如果引导层没有被引导的对象，它的图层会由 图标变为 图标。

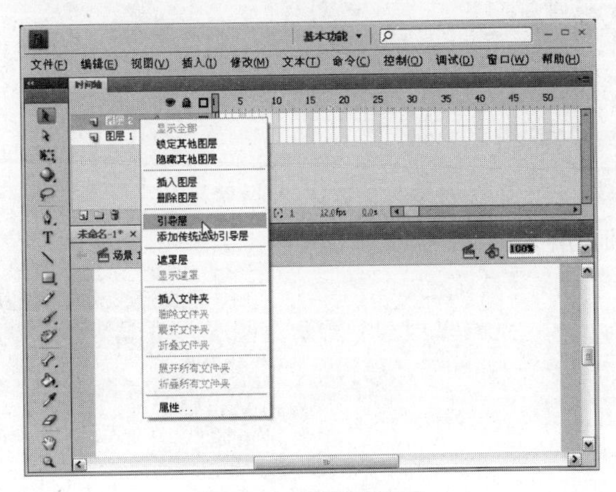

图 6-3　新建引导层

3. 遮罩层

遮罩层图标为 ，被遮罩图层的图标表示为 ，如图 6-4 所示的图层 1 是遮罩层，图层 2 是被遮罩层。在遮罩层中创建的对象具有透明效果，如果遮罩层中的某一位置有对象，那么被遮罩层中相同位置的内容将显露出来，被遮罩层的其他部分则被遮住（关于遮罩层动画的创建，将在第 7 章中具体讲述）。

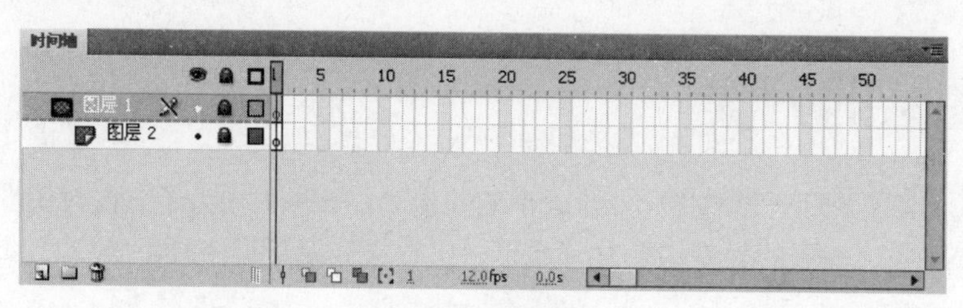

图 6-4　遮罩层

6.3 图层的编辑

通过前面的介绍，我们已经对图层有一个大概的了解。下面将给大家介绍新建、选取、重命名、移动、复制、删除以及设置图层属性等基本操作的具体方法。

6.3.1 新建图层

新创建一个 Flash 文件时，Flash 会自动创建一个图层，并命名为“图层 1”。此后，如果需要添加新的图层，可以采用以下 3 种方法。

1. 利用命令

在时间轴的图层控制区选中一个已经存在的图层，执行“插入”→“时间轴”→“图层”命令，如图 6-5 所示。创建的新图层，如图 6-6 所示。

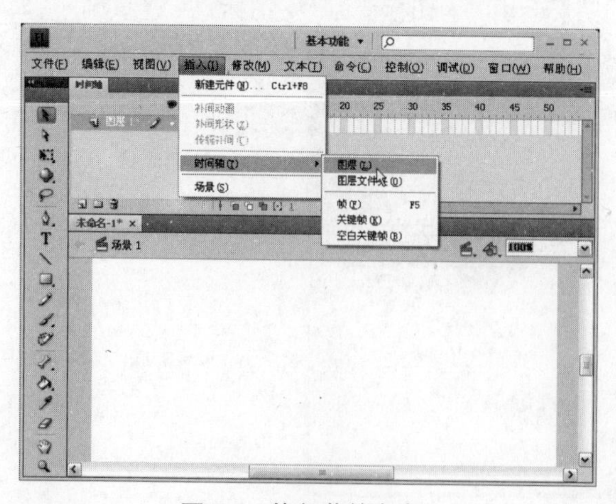

图 6-5　执行菜单命令

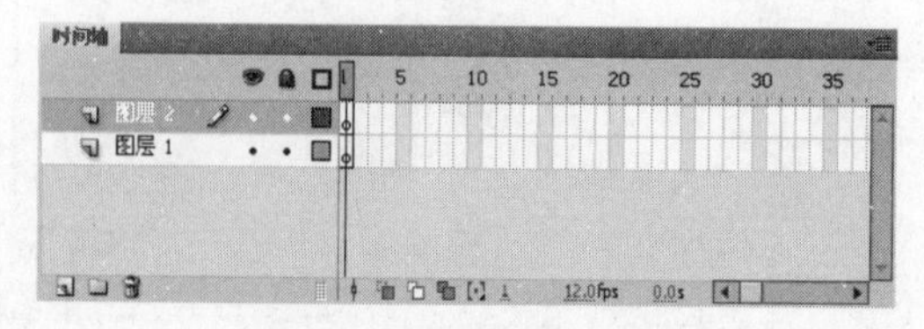

图 6-6　新建图层

2. 利用右键快捷菜单

在时间轴面板的图层控制区选中一个已经存在的图层，单击鼠标右键弹出快捷菜单，选择“插入图层”命令。

3. 用按钮新建

单击“时间轴”面板上图层控制区左下方的“新建图层”按钮 ，也可以创建一个新图层。

当新建一个图层后，Flash 会自动为该图层命名，并且所创建的新层都位于被选中图层的上方，如图 6-7 所示。

6.3.2 重命名图层

在 Flash CS4 中插入的所有图层，如图层 1、图层 2 等都是系统默认的图层名称，这个名称通常为“图层＋数字”。每创建一个新图层，图层名的数字就在依次递加。当时间轴中的图层越来越多以后，要查找某个图层就变得繁琐起来，为了便于识别各层中的内容，就需要改变图层的名称，即重命名。重命名的唯一原则就是能让人通过名称识别出查找的图层。这里需要注意的一点是帧动作脚本一般放在专门的图层，以免引起误操作。为了让大家看懂脚本，将放置动作脚本的图层命名为“AS”，即 Action Script 的缩写。

使用下列方法之一可以重命名图层。

- 在要重命名图层的图层名称上双击，图层名称进入编辑状态，在文本框中输入新名称即可，如图 6-8 所示。

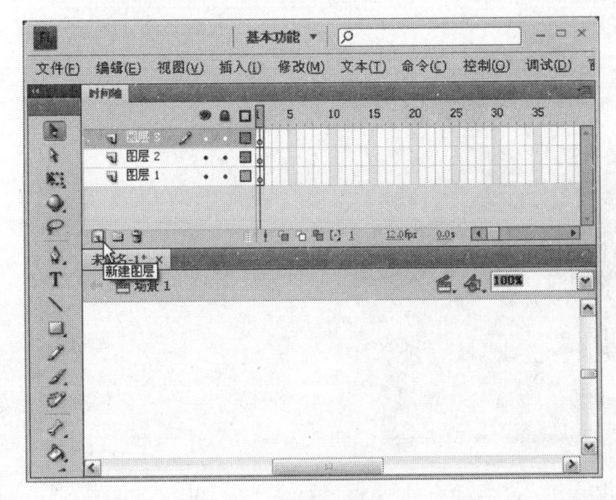

图 6-7 新建图层

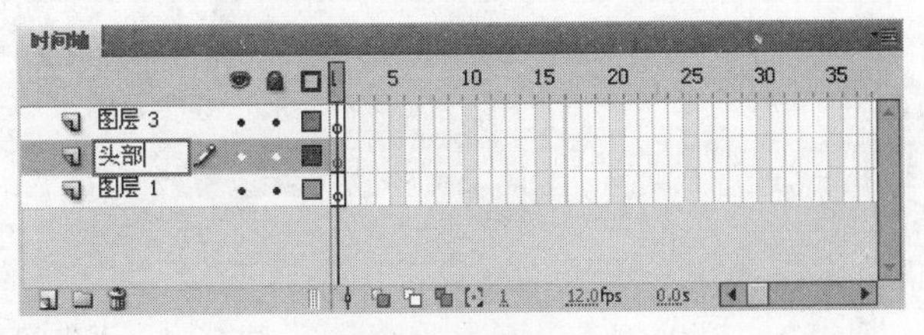

图 6-8 重命名

- 在图层中双击图层图标或在图层上单击鼠标右键，在弹出的快捷菜单中选择“属性”命令，打开“图层属性”对话框，如图 6-9 所示。在“名称”文本框中输入新的名称，单击 确定 按钮即可。

6.3.3 调整图层的顺序

在编辑动画时，常遇到所建立的图层顺序不能达到动画预期效果的情况，此时需要对图层的顺序进行调整，其操作步骤如下。

Step 1 选中需要移动的图层。

Step 2 按住鼠标左键不放，此时图层以一条粗横线表示，如图 6-10 所示。

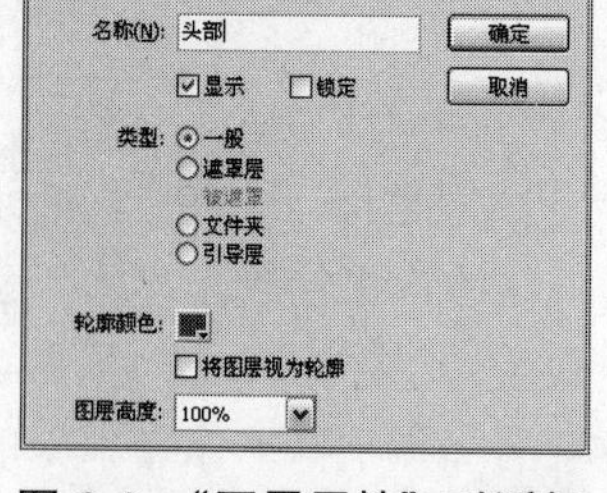

图 6-9 “图层属性”对话框

图 6-10 调整图层顺序

Step 3 拖动图层到需要放置的位置释放鼠标左键即可，如图 6-11 所示。

图 6-11 调整图层顺序后

6.3.4 图层属性设置

图层的显示、锁定、线框模式颜色等设置都可在“图层属性”对话框中进行编辑。选中图层，单击鼠标右键，在弹出的快捷菜单中选择“属性”命令，打开“图层属性”对话框，如图 6-12 所示。该对话框各选项的功能如下。

提示：双击图层图标 也可以打开“图层属性”对话框。

- 名称：设置图层的名称。
- 显示：用于设置图层的显示与隐藏状态。选取“显示”复选框，图层处于显示状态；反之，图层处于隐藏状态。
- 锁定：用于设置图层的锁定与解锁。选取“锁定”复选框，图层处于锁定状态；反之，图层处于解锁状态。
- 类型：指定图层的类型，其中包括5个选项。
- 一般：选取该项则指定当前图层为普通图层。
- 遮罩层：将当前层设置为遮罩层。用户可以将多个正常图层链接到一个遮罩层上。遮罩层前出现 图标。
- 被遮罩：该图层仍是正常图层，只是与遮蔽图层存在链接关系并有 图标。
- 文件夹：将正常层转换为图层文件夹用于管理其下的图层。
- 引导层：将该图层设定为辅助绘图用的引导层，用户可以将多个标准图层链接到一个引导线图层上。
- 轮廓颜色：设定该图层对象的边框线颜色。为不同的图层设定不同的边框线颜色，有助于用户区分不同的图层。在时间轴中的轮廓颜色显示区如图6-13所示。

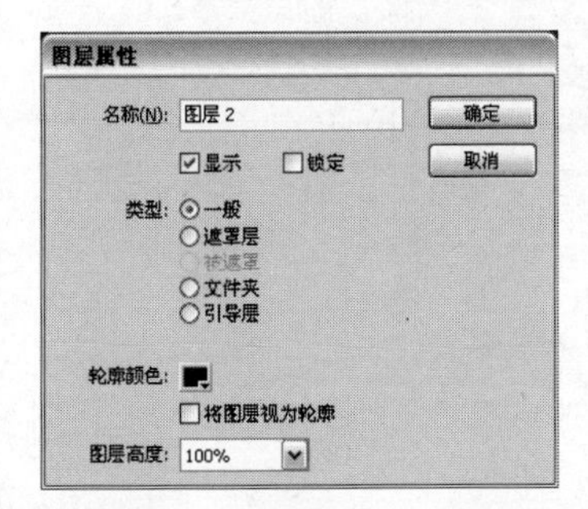

图6-12　“图层属性”对话框

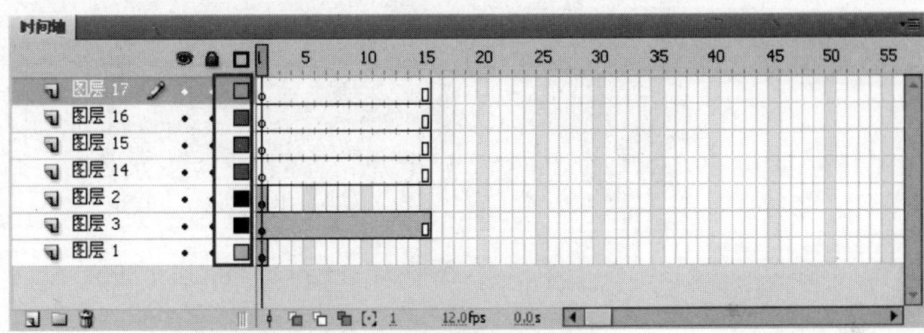

图6-13　轮廓颜色显示区

- 将图层视为轮廓：勾选该复选框即可使该图层内的对象以线框模式显示，其线框颜色为在“属性”面板中设置的轮廓颜色。若要取消图层的线框模式可直接单击时间轴上的 按钮，如果只需要让某个图层以轮廓方式显示，可单击图层上相对应的色块。
- 图层高度：从下拉列表中选取不同的值可以调整图层的高度。这在处理插入了声音的图层时很实用，有100%、200%、300%3种高度。将图层2的高度设置为300%后，如图6-14所示。

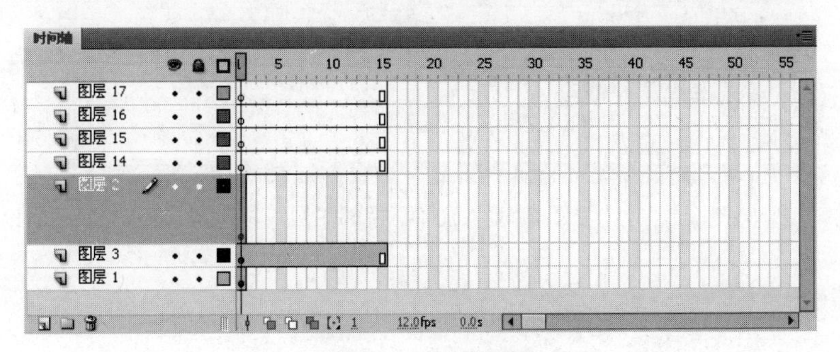

图6-14　图层高度

6.3.5 选取图层

选取图层包括选取单个图层、选取相邻图层和选取不相邻图层 3 种。

1. 选取单个图层

选取单个图层方法有以下 3 种。

- 在图层控制区中单击需要编辑的图层即可。
- 单击时间轴中需编辑图层的任意一个帧格即可。
- 在绘图工作区中选取要编辑的对象也可选中图层。

2. 选取相邻图层

选取相邻图层操作步骤如下。

Step 1 单击要选取的第一个图层。

Step 2 按住“Shift”键，单击要选取的最后一个图层即可选取两个图层间的所有图层，如图 6-15 所示。

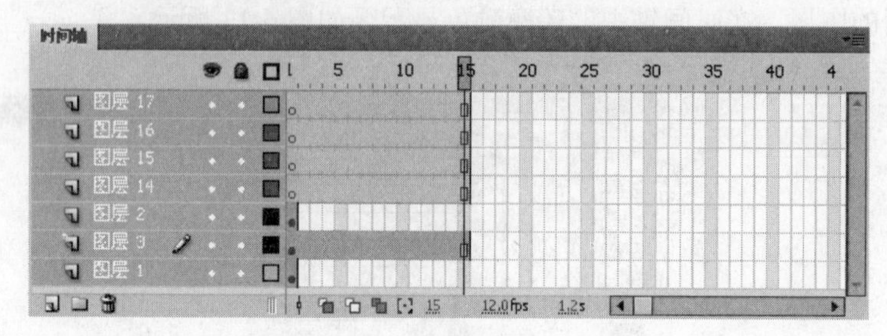

图 6-15 选择相邻的多个图层

3. 选取不相邻图层

选取不相邻图层操作步骤如下。

Step 1 单击要选取的图层。

Step 2 按住“Ctrl”键，再单击需要选取的其他图层即可选取不相邻图层，如图 6-16 所示。

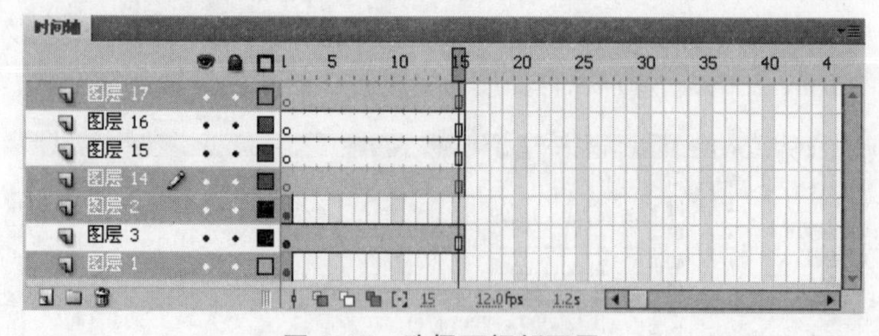

图 6-16 选择不相邻图层

6.3.6 删除图层

图层的删除方法包括拖动法删除图层、利用按钮删除和利用快捷菜单删除 3 种。

1. 拖动法删除图层

拖动法删除图层操作步骤如下。

Step 1 选取要删除的图层。

Step 2 按住鼠标左键不放，将选取的图层拖到 🗑 图标上释放鼠标即可。被删除图层的下一个图层将变为当前层。

2. 利用 🗑 按钮删除

利用 🗑 按钮删除操作步骤如下。

Step 1 选取要删除的图层。

Step 2 单击 🗑 按钮，即可把选取的图层删除。

3. 利用右键菜单删除图层

利用右键菜单删除图层操作步骤如下。

Step 1 选取要删除的图层。

Step 2 单击鼠标右键，在弹出的快捷菜单中选择“删除图层”命令即可删除图层。

6.3.7 复制图层

要将某一图层的所有帧粘贴到另一图层中的操作步骤如下。

Step 1 单击要复制的图层。

Step 2 执行“编辑”→“时间轴”→“复制帧”命令，或在需要复制的帧上单击鼠标右键，在弹出的快捷菜单中选择“复制帧”命令，如图 6-17 所示。

图 6-17 选择“复制帧”命令

Step 3 单击要粘贴帧的新图层，执行“编辑”→“时间轴”→“粘贴帧”命令，或者在需要粘贴的帧上单击鼠标右键，在弹出的快捷菜单中选择“粘贴帧”命令，如图 6-18 所示。

图 6-18 选择“粘贴帧”命令

6.4 应用实践

6.4.1 任务 1——运用图层制作浮雕文字效果

任务要求

卡通猪动漫小屋公司要求为其制作一个动画的结束场景，场景中要指明该动画是由卡通猪动漫小屋公司制作的。

任务分析

该任务不光要在动画场景中添加卡通猪动漫小屋的 Logo（标志），还要用文字表示该动画是由卡通猪动漫小屋公司出品的。为了配合公司形象，文字要大气、稳重，并且该场景要赢得少年儿童的喜欢，给他们留下深刻的印象，所以背景要用卡通、可爱的图像。

任务设计

本例首先使用导入功能导入背景图像，然后使用 Flash 的图层与设置文本来编辑制作卡通猪动漫小屋公司的公司名称。完成后的效果如图 6-19 所示。

完成任务

Step 1 新建文档。运行 Flash CS4，新建一个 Flash 空白文档。执行“修改”→“文档”命令，打开“文档属性”对话框，在对话框中将“尺寸”设置为 720 像素（宽）× 530 像素（高），如图 6-20 所示。设置完成后单击 确定 按钮。

Step 2 绘制椭圆。单击工具箱中的椭圆工具 ，在舞台上绘制一个边框颜色为橙黄色（#DE8756）、填充颜色为白色的椭圆，如图 6-21 所示。

图 6-19　最终效果

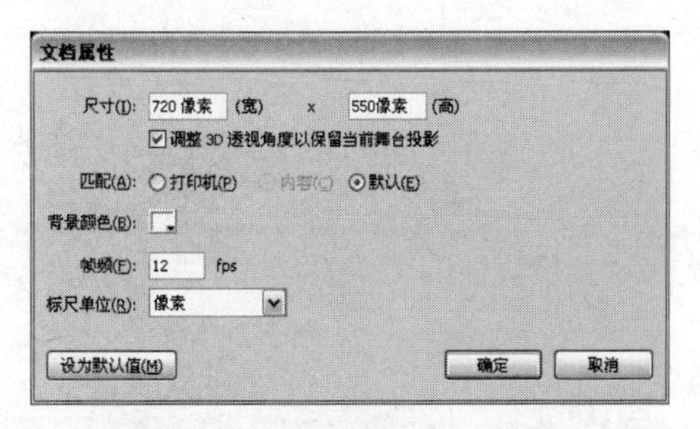

图 6-20　“文档属性”对话框

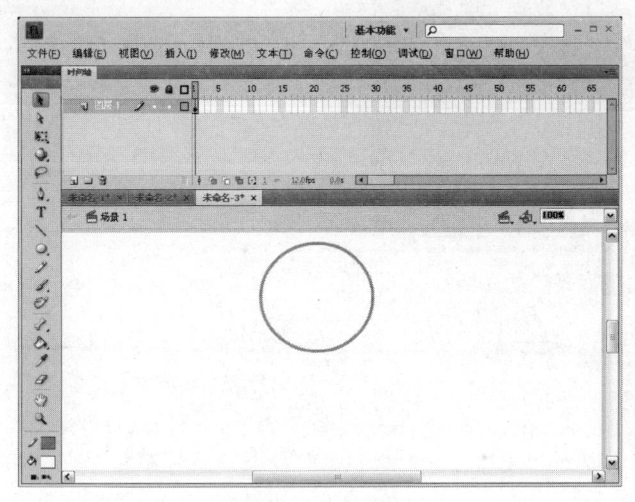

图 6-21　绘制椭圆

Step 3　导入小猪图片。执行“文件”→“导入”→“导入到舞台”命令，将一幅小猪图片导入到舞台上，并将其拖动到椭圆中，如图 6-22 所示。

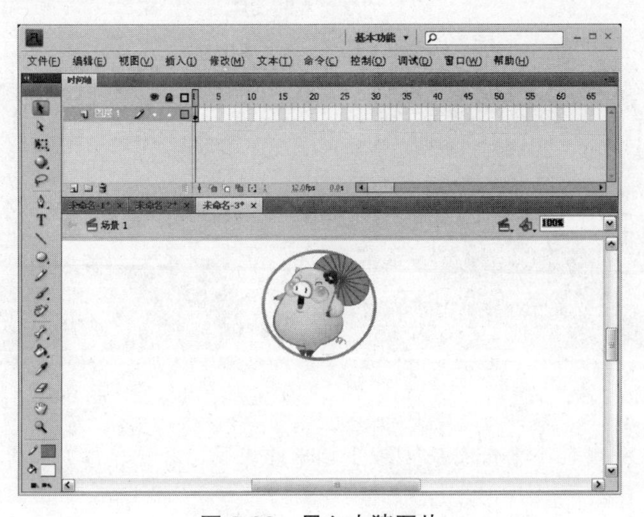

图 6-22　导入小猪图片

Step 4　导入背景图片。新建一个图层 2，执行“文件”→“导入”→“导入到舞台”命令，将

一幅背景图片导入到舞台上，然后将图层 2 拖动到图层 1 的下方，如图 6-23 所示。

Step 5 设置文字属性。在工具箱中单击文本工具 T，打开“属性”面板，在面板中设置字体为“微软简粗黑”，字号为“48”，字母间距为 3，文本颜色为白色，如图 6-24 所示。

图 6-23 导入背景图片

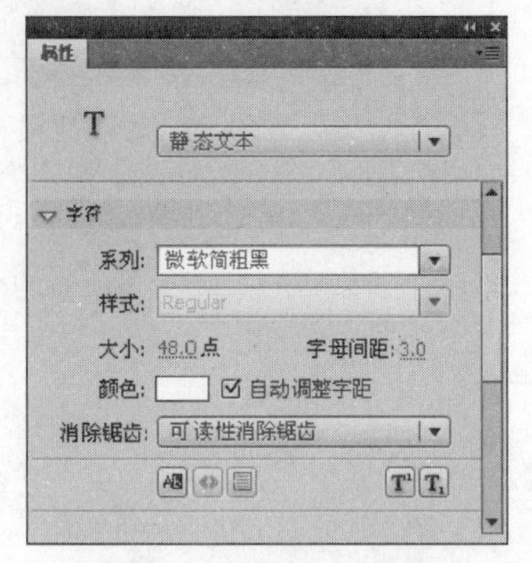

图 6-24 设置文字属性

Step 6 输入文字。新建一个图层 3，然后在舞台上输入“卡通猪动漫小屋荣誉出品”11 个字，如图 6-25 所示。

Step 7 粘贴帧。新建一个图层 4，选择图层 3 的第 1 帧，执行“编辑”→“复制帧”命令，然后选择图层 4 的第 1 帧，执行“编辑”→“粘贴帧”命令，如图 6-26 所示。将图层 3 第 1 帧中的内容粘贴到图层 4 第 1 帧中。

图 6-25 输入文字

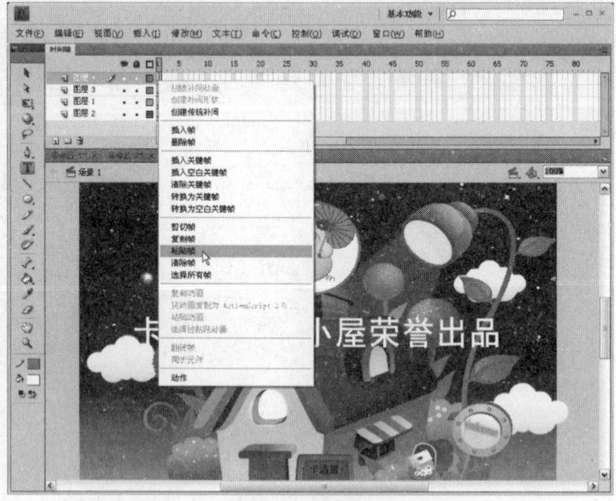

图 6-26 粘贴帧

Step 8 改变文字颜色。单击图层 4 第 1 帧中的文字，在“属性”面板中将文本颜色设置为紫色（#8009CB），如图 6-27 所示。

Step 9 移动文字。选择图层 4，按下鼠标左键不放，将其拖曳到图层 3 的下方，然后分别按下键盘上的“←”键和“↓”键各一次，这就表示将文字向左方与下方各移动了一次，如图 6-28 所示。

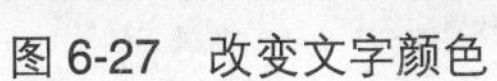
图 6-27　改变文字颜色

图 6-28　移动文字

Step 10　打散文字。新建一个图层 5，选择图层 4 的第 1 帧，执行“编辑”→“复制帧”命令，然后选择图层 5 的第 1 帧，执行“编辑”→“粘贴帧”命令。然后选择图层 5 的第 1 帧，执行“修改”→“分离”命令两次或按下“Ctrl+B”组合键两次，将文字打散，如图 6-29 所示。

Step 11　改变填充色。保持图层 5 第 1 帧的选中状态，选择颜料桶工具，执行“窗口”→“颜色”命令，打开“颜色”面板，将填充样式设置为线性，调整填充色为白色到黄色的渐变（#D78800），如图 6-30 所示。

图 6-29　打散文字

图 6-30　改变填充色

Step 12　拖动图层。保持图层 5 第 1 帧的选中状态，分别在键盘上按下“←”键和“↓”键各两次，然后将图层 5 拖曳到图层 3 的下方，如图 6-31 所示。

Step 13　欣赏最终效果。保存动画文件，然后按下“Ctrl+Enter”组合键，欣赏本例的完成效果，如图 6-32 所示。

图 6-31　改变填充色

图 6-32　完成效果

归纳总结

本例是运用图层来制作浮雕文字效果，在不同的图层上放置不同的动画元素将会制作出许多不同的动画效果。在运用图层制作动画时，一定要注意，当所建立的图层顺序不能达到动画的预期效果时，需要对图层的顺序进行调整，也就是要在图层区中拖动图层来改变图层的顺序。

6.4.2　任务 2——运用图层制作可爱的小鱼儿

任务要求

小飞马动画公司要求为其制作一个可爱的小鱼儿的动画场景，动画中的小鱼儿对着一块水中的大石头使劲的摇着小尾巴。

任务分析

为小飞马动画公司制作一个摇尾巴的小鱼儿的动画场景，这就需要将鱼儿身上各部分都分开来制作，不然鱼儿身上各部分粘连在一起互相打扰，动作不协调自然。

任务设计

本例首先新建 3 个图层，将鱼儿身上各部分分散到各个图层，然后插入关键帧来制作鱼儿摇尾巴的动作，最后导入背景图片。完成后的效果如图 6-33 所示。

完成任务

Step 1　新建文档。运行 Flash CS4，新建一个 Flash 空白文档。执行“修改”→“文档”命令，打开“文档属性”对话框，在对话框中将“尺寸”设置为 700 像素（宽）× 350 像素（高），如图 6-34 所示。设置完成后单击 确定 按钮。

图 6-33　最终效果

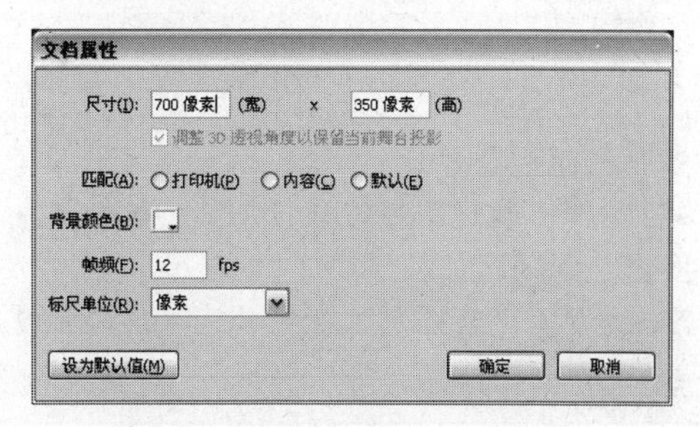

图 6-34　“文档属性”对话框

Step 2　新建图层。将“图层 1”的名称更改为“尾巴”。再新建两个图层，分别命名为“鱼身”和“眼睛”，如图 6-35 所示。

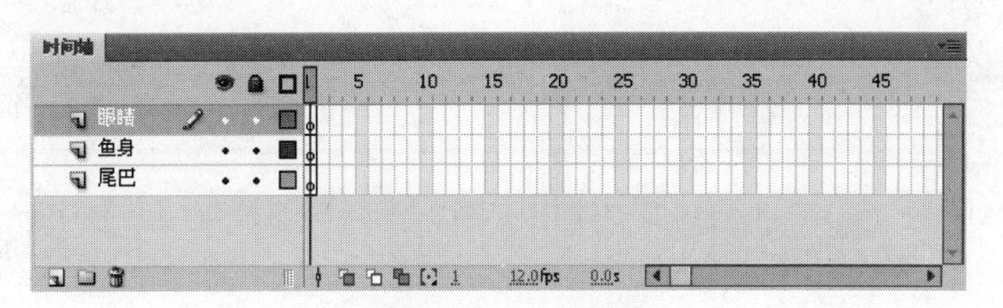

图 6-35　新建图层

Step 3　导入图片。选择“尾巴”层的第 1 帧，执行“文件”→“导入”→“导入到舞台”命令，将一幅鱼尾巴图片导入到舞台上，如图 6-36 所示。

Step 4　导入图片。按照同样的方法，将鱼身和鱼眼图片文件导入到对应的图层的第 1 帧中去，如图 6-37 所示。

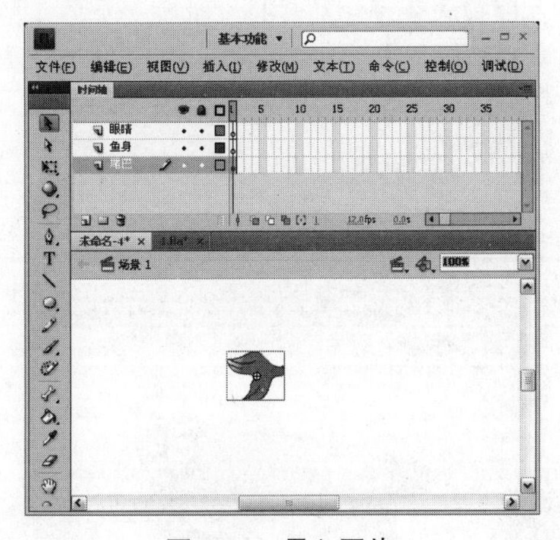

图 6-36　导入图片

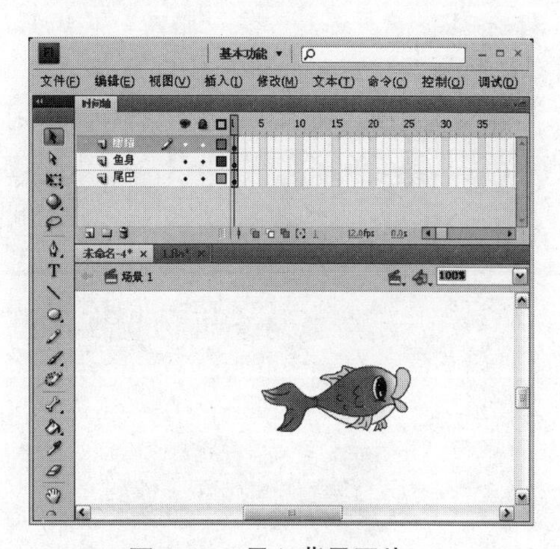

图 6-37　导入背景图片

Step 5　插入帧。分别在“尾巴”层与“鱼身”层以及“眼睛”层的第 10 帧处插入帧，如图 6-38

所示。

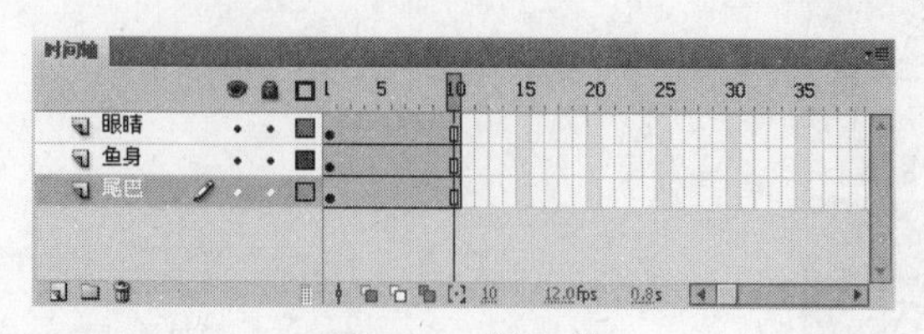

图 6-38　插入帧

Step 6　旋转图形。在“尾巴”层的第 4 帧处插入关键帧，使用任意变形工具 将鱼尾旋转到如图 6-39 所示的位置。

Step 7　旋转图形。在“尾巴”层的第 7 帧处插入关键帧，使用任意变形工具 将鱼尾旋转到如图 6-40 所示的位置。

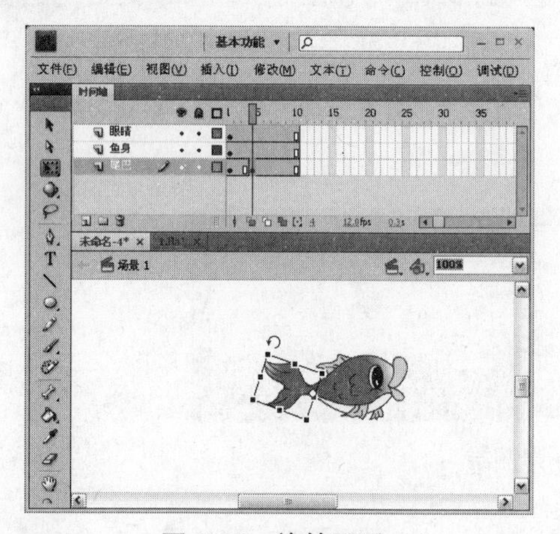

图 6-39　旋转图形

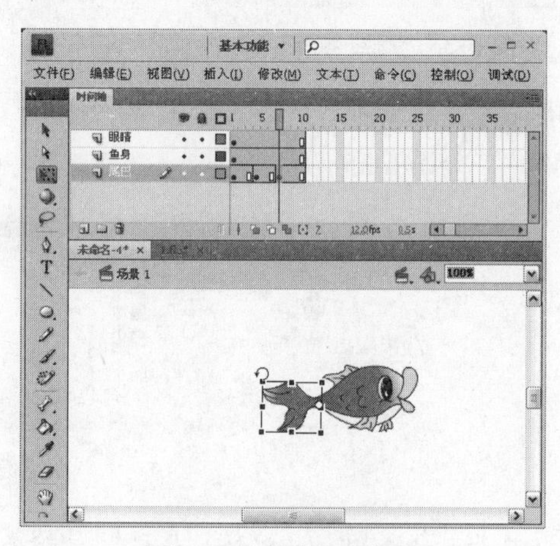

图 6-40　旋转图形

Step 8　绘制曲线。在“眼睛”层的第 4 帧处插入空白关键帧。然后使用铅笔工具 在鱼眼的位置绘制一条黑色的曲线，如图 6-41 所示。

Step 9　拷贝眼睛。在“眼睛”层的第 7 帧处插入空白关键帧。然后将“眼睛”层第 1 帧中的眼睛拷贝到第 7 帧中来，如图 6-42 所示。

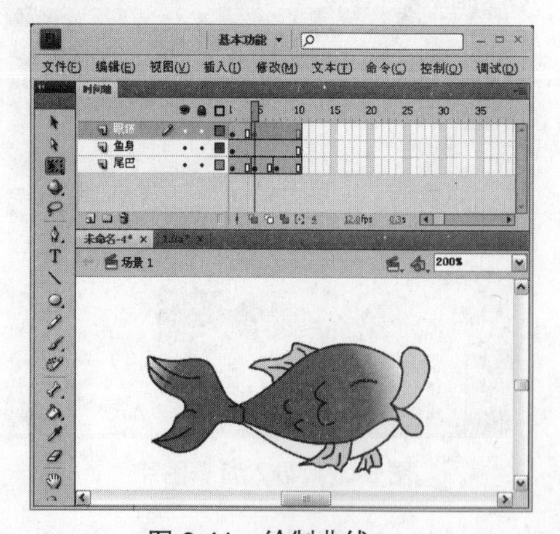

图 6-41　绘制曲线

图 6-42　拷贝眼睛

Step 10　导入图片。新建一个图层 4，将其移动到“尾巴”层的下方，然后执行“文件”→“导入”→“导入到舞台”命令，将一幅背景图片导入到舞台上，如图 6-43 所示。

图 6-43　导入图片

Step 11　欣赏最终效果。保存动画文件，然后按下“Ctrl+Enter”组合键，欣赏本例的完成效果，如图 6-44 所示。

图 6-44　完成效果

归纳总结

本例是运用图层制作可爱的小鱼儿动画，小鱼儿身体的各部分要分开放置到不同的图层中，这样各个图层中的动画元素不会互相打扰，形成独立的动画元素。将各个动画元素放置到不同图层中在制作一些大型的动画中特别有用。

6.5 知识拓展

6.5.1　图层文件夹

在 Flash CS4 中，可以插入图层文件夹，所有的图层都可以被收拢到图层文件夹中，方便用户管理。

1. 插入图层文件夹

插入图层文件夹的操作步骤如下：

Step 1 单击图层区左下角的“新建文件夹”按钮，即可在当前图层上建立一个图层文件夹，如图 6-45 所示。

Step 2 选中将要放入图层文件夹的所有图层，将其拖动到文件夹中，即可将图层放置于图层文件夹，如图 6-46 所示。

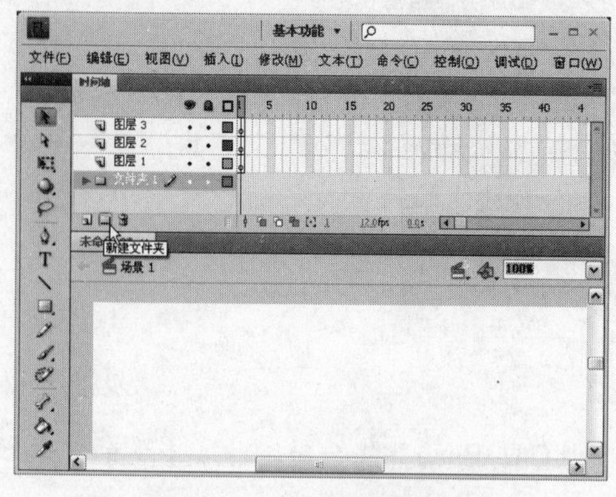

图 6-45 插入图层文件夹

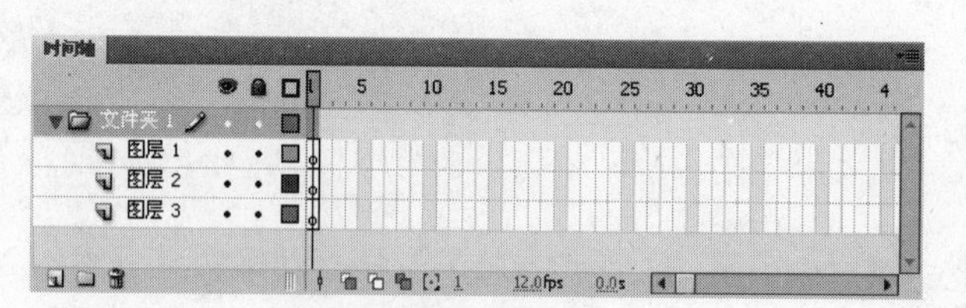

图 6-46 拖动图层

当文件夹的数量增多后，可以为文件夹再添加一个上级文件夹，就像 Windows 系统中的目录和子目录的关系，文件夹的层数没有限制，如图 6-47 所示。

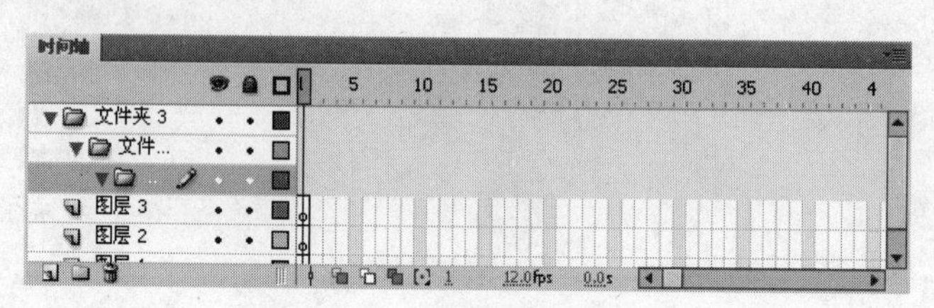

图 6-47 多级图层文件夹

2. 将图层文件夹中的图层取出

将图层文件夹中的图层取出的具体操作步骤如下。

Step 1 在图层区中选择要取出的图层。

Step 2 按下鼠标左键不放，拖动光标到图层文件夹上方后，释放鼠标，图层从图层文件夹中取出，如图 6-48 所示。

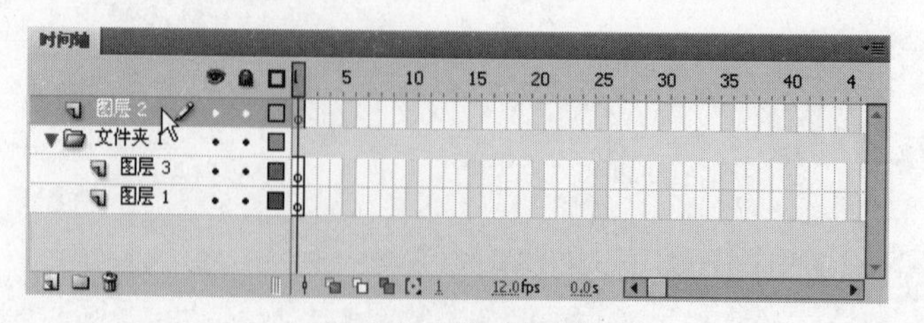

图 6-48 取出图层

6.5.2　隐藏图层

在编辑对象时为了防止影响其他图层，可通过隐藏图层来进行控制。处于隐藏状态的图层不能对其进行编辑。图层的隐藏方法有以下两种。

- 单击图层区的 按钮下方要隐藏图层上的 • 图标，当 • 图标变为 ✕ 图标时该图层就处于隐藏状态。并且当选取该图层时，图层上出现 图标表示不可编辑。如图 6-49 所示。如要恢复显示该图层，则再次单击 ✕ 图标即可。

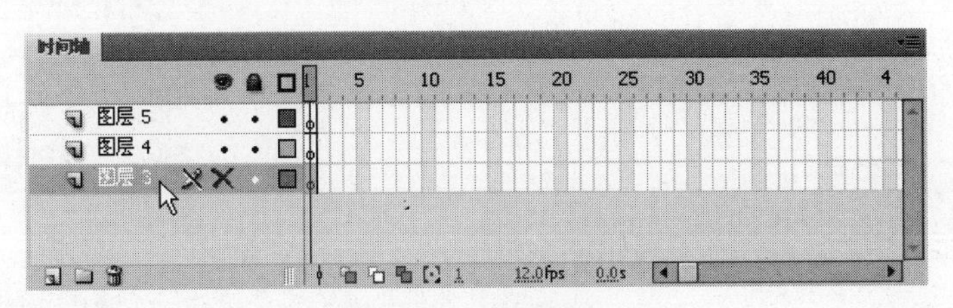

图 6-49　隐藏图层

- 单击图层区的 按钮，则图层区的所有图层都被隐藏，如图 6-50 所示。如要恢复显示所有图层，可以再次单击 按钮。

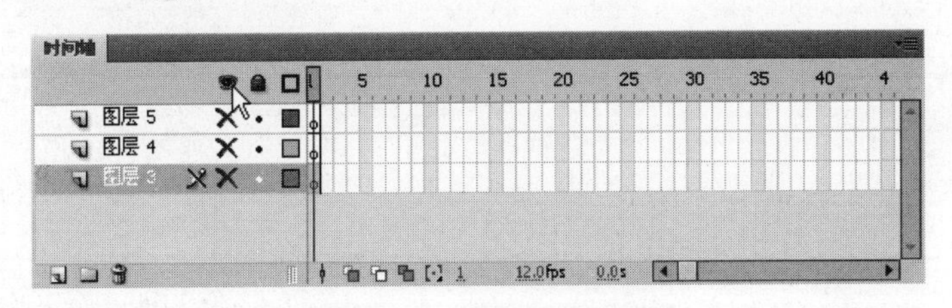

图 6-50　隐藏所有图层

隐藏图层后，编辑区中该图层的对象也随之隐藏。如果隐藏图层文件夹，文件夹里的所有图层都自动隐藏。

6.5.3　图层的锁定和解锁

在编辑对象时，要使其他图层中的对象正常显示在编辑区中，又要防止不小心修改到其中的对象，此时可以将该图层锁定。若要编辑锁定的图层，则要对图层解锁。

单击锁定图标 正下方要锁定的图层上的 • 图标，当 • 图标变为 图标时，表示该图层已被锁定。再次单击 图标即可解锁。

6.6　自我检测

1. 填空题

（1）新建 Flash 影片后，系统自动生成一个图层，并将其命名为______。

（2）图层的显示、锁定、线框模式颜色等设置都可在______对话框中进行编辑。

（3）单击图层区左下角的 按钮，即建立一个______。

2. 判断题

（1）选中某个图层，图层名称右边会出现铅笔图标 ，表示该图层被激活。（　　）

（2）按住“Shift”键，再单击需要选取的其他图层即可选取不相邻图层。（　　）

（3）单击图层区中的 按钮可以将所有图层隐藏。（　　）

3. 上机题

（1）在 Flash CS4 中新建 5 个图层，并分别为图层设置不同的名称，然后删除其中的 3 个图层。

（2）应用本章所讲述的知识，为文字“SPING”制作浮雕文字效果。

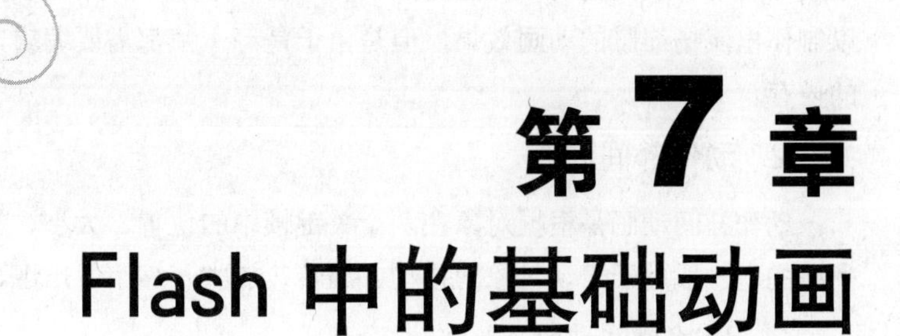

第7章 Flash 中的基础动画

📖 学习目标

一个完整、精彩的 Flash 动画作品是由一种或几种动画类型结合而成的。本章通过对实例的详细讲解，介绍了 Flash 中几种基础动画的创建方法。希望读者通过本章内容的学习，能了解逐帧动画和补间动画的原理，并且能够灵活运用这几种动画的创建方式，编辑出更多的 Flash 动画效果。

📖 主要内容

- 动画的基本类型
- 逐帧动画
- 动作补间动画
- 形状补间动画
- 引导动画
- 遮罩动画
- 运用逐帧动画制作小孩跳舞
- 运用引导动画制作夏夜的萤火虫

7.1 动画的基本类型

在 Flash CS4 中，Flash 动画的基本类型包括以下几种。

1. 逐帧动画

逐帧动画是指依次在每一个关键帧上安排图形或元件而形成的动画类型。它通常是由多个关键帧组成，用于表现其他动画类型无法实现的动画效果，如人物或动物的行为动作。逐帧动画的特点是可以制作出流畅细腻的动画效果，但是由于是每一帧都需要编辑，所需工作量比较大，而且会用到较多的内存。

2. 动作补间动画

动作补间动画是根据对象在两个关键帧中的位置、大小、旋转、倾斜、透明度等属性的差别计算生成的，一般用于表现对象的移动、旋转、放大、缩小、出现、隐藏等变化。

3. 形状补间动画

形状补间动画是指 Flash 中的矢量图形或线条之间互相转化而形成的动画。形状补间动画的对象只能是矢量图形或线条，不能是组或元件。通常用于表现图形之间的互相转化。

4. 引导动画

引导动画是指使用 Flash 里的运动引导层控制元件的运动而形成的动画。

5. 遮罩动画

遮罩动画是指使用 Flash 中遮罩层的作用而形成的一种动画效果。遮罩动画的原理就在于被遮盖的就能被看到，没被遮盖的反而看不到。遮罩效果在 Flash 动画中的使用频率很高，常会做出一些意想不到的效果。理解遮罩的原理后，通过读者的想象和创造，相信一定可以做出更多惊喜的效果。

7.2 逐帧动画

逐帧动画技术利用人的视觉暂留原理，快速地播放连续的、具有细微差别的图像，使原来静止的图形运动起来。人眼所看到的图像大约可以暂存在视网膜上 1/16 秒，如果在暂存的影像消失之前观看另一张有细微差异的图像，并且后面的图片也在相同的极短时间间隔后出现，所看到的将是连续的动画效果。电影的拍摄和播放速度为每秒 24 帧画面，比视觉暂存的 1/16 秒短。因此，我们看到的活动画面，实际上只是一系列静止的图像。

创建逐帧动画需要将每个帧都定义为关键帧，然后给每个帧创建不同的图像。每个新关键帧最初包含的内容和它前面的关键帧是一样的，因此可以递增地修改动画中的帧。制作逐帧动画的基本思想是把一系列相差甚微的图形或文字放置在一系列的关键帧中，播放时看起来就像一系列连续变化的动画。其不足就是制作过程较为复杂，尤其在制作大型的 Flash 动画时，它的制作效率是非常低的，在每一帧中都将旋转图形或文字，所以占用的空间会比制作渐变动画所耗费的空间大。但是，逐帧动画的每一帧都是独立的，它可以创建出许多依靠 Flash CS4 的渐变功能无法实现的动画，所以在许多优秀的动画设计中也用到了逐帧动画。

综上所述，在制作动画的时候，只有在渐变动画不能完成动画效果时才使用逐帧动画来完成制作。在逐帧动画中，Flash 会保存每个完整帧的值，这是最基本、也是取得效果最直接的动画形式。图 7-1 展示了一个小女孩的行为动作动画。

图 7-1　逐帧动画

7.3 动作补间动画

与逐帧动画的创建比较，补间动画的创建就简便多了。在一个图层的两个关键帧之间建立补间动画关系后，Flash 会在两个关键帧之间自动生成补充动画图形的显示变化，达到更流畅的动画效果，这就是补间动画。

动作补间动画则是指在时间轴的一个图层中，创建两个关键帧，分别为这两个关键帧设置不同的位置、大小、方向等参数，再在两关键帧之间创建动作补间动画效果。它是 Flash 中比较常用的动画类型。

用鼠标指针选取要创建动画的关键帧后，单击鼠标右键，在弹出的快捷菜单中选择“创建传统补间”命令，或者执行“插入”→“传统补间”命令，如图 7-2 所示。即可快速地完成补间动画的创建。

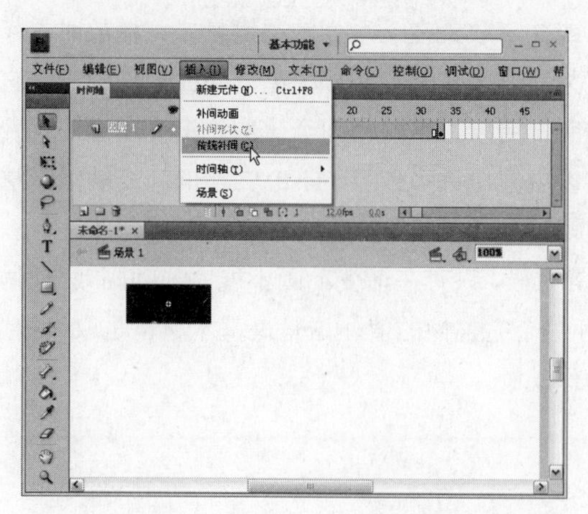

图 7-2　执行"插入"→"传统补间"命令

下面就来制作一个简单的动作补间动画。这是一辆小汽车由慢到快、由西向东行驶的动画。

Step 1　新建一个空白 Flash 文档。执行"修改"→"文档"命令，打开"文档属性"对话框，在对话框中将"尺寸"设置为 800 像素（宽）×400 像素（高）。设置完成后单击 确定 按钮。

Step 2　执行"文件"→"导入"→"导入到舞台"命令，将一幅背景图片导入到舞台上，如图 7-3 所示。

Step 3　新建一个图层 2，执行"文件"→"导入"→"导入到舞台"命令，将一幅小汽车图片导入到舞台上，并将其移动到背景图片的左侧，如图 7-4 所示。

图 7-3　导入背景图片

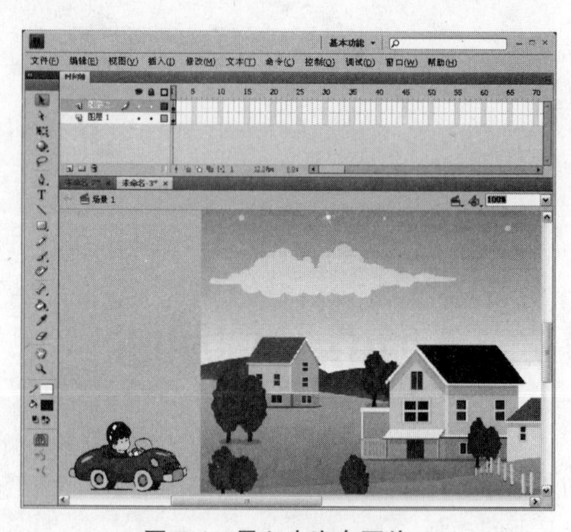

图 7-4　导入小汽车图片

Step 4　在图层 1 的第 65 帧处插入帧，在图层 2 的第 65 帧处插入关键帧，然后选择图层 2 的第 65 帧处的小汽车图片，将其移动到背景图片的右侧，如图 7-5 所示。

Step 5　保持第 65 帧处小汽车图片的选中状态，使用任意变形工具 将其缩小到原始大小的 60%，如图 7-6 所示。

Step 6　选择图层 2 的第 1 帧至第 65 帧之间的任意一帧，执行"插入"→"传统补间"命令，如图 7-7 所示，即可为第 1 帧到第 65 帧创建补间动画。

图 7-5 移动小汽车图片

图 7-6 缩小图片

Step 7 选择图层 2 的第 1 帧，打开“属性”面板，在“缓动”文本框中输入“-100”，如图 7-8 所示。

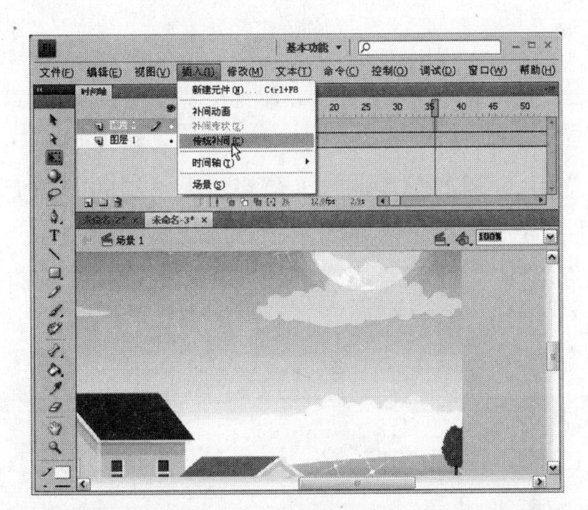

图 7-7 创建动画

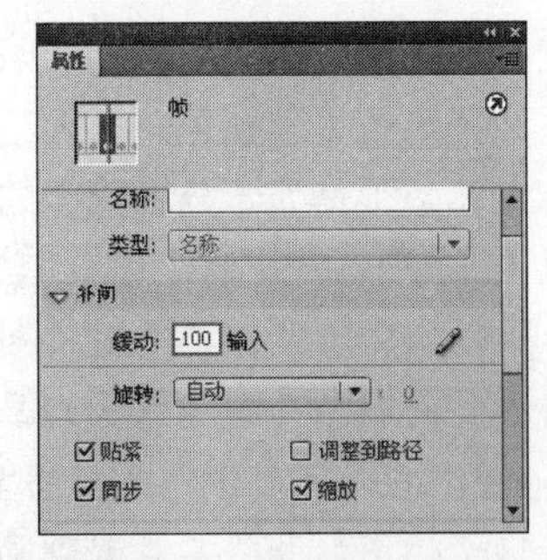

图 7-8 “属性”面板

> 提示：缓动用来设置动画的快慢速度，其值为-100 ~ 100，可以在文本框中直接输入数字。

Step 8 按下“Enter”键或拖动播放头，即可看见舞台中的小汽车由慢到快、由西向东行驶的动画了，如图 7-9 所示。

图 7-9 在舞台中测试动画

Step 9 保存文件，执行“控制”→“测试影片”命令或者按下“Ctrl+Enter”组合键，就可以

使用 Flash Player 观看动画效果，如图 7-10 所示。

图 7-10　动画的最终效果

在此动画中，我们对两个关键帧之间的小汽车图片进行了位置的变化、大小的缩放，从而得到了小汽车由慢到快，由西向东行驶的动画效果。

提示：在创建动作补间动画时，可以先为关键帧创建动画属性后，再移动关键帧中的图形，进行动画编辑。在实际的编辑工作中也可以根据需要，随时对关键帧中图形的位置、大小、方向进行修改。

7.4 形状补间动画

形状补间动画是基于所选择的两个关键帧中的矢量图形存在形状、色彩、大小等的差异而创建的动画关系，在两个关键帧之间插入逐渐变形的图形显示。和动作补间不同，形状补间动画中两个关键帧的内容主体必须是处于分离状态的图形，独立的图形元件不能创建形状补间的动画。下面来制作小羊在经过 15 个帧的变化后，逐渐变成一只狮子的动画过程。

Step 1　按下“Ctrl+N”组合键，新建一个空白的影片文件，配合使用绘图和填色工具，在舞台中绘制好小羊的图形并将其放置到画面的中间，如图 7-11 所示。

Step 2　在时间轴中，选择当前图层的第 15 帧，按下“F7”键，插入一个空白关键帧，在舞台中绘制好狮子的图形并将其放置到画面的中间，如图 7-12 所示。

图 7-11　绘制小羊

图 7-12　绘制狮子

Step 3　在时间轴中选择第 1 帧，执行“插入”→“补间形状”命令，即可以为选择的关键帧创建形状补间动画，如图 7-13 所示。

在“属性”面板中，可以为创建的形状补间动画选择两种不同的图形混合方式，以产生不同变化过程的效果，如图 7-14 所示。

图 7-13　创建形状补间动画

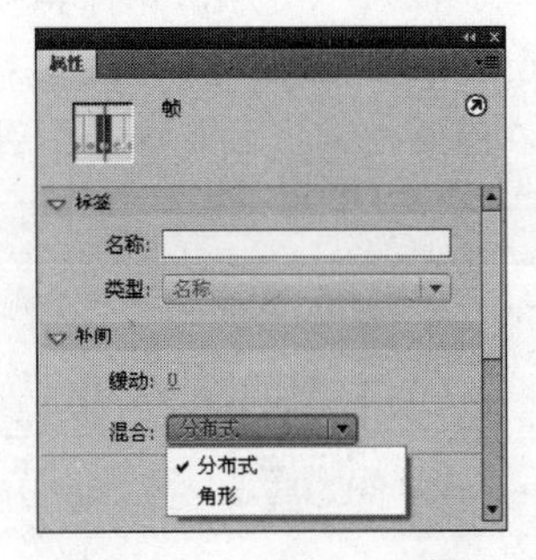

图 7-14　“属性”面板

- 分布式：关键帧之间的动画形状会比较平滑，如图 7-15 所示。

图 7-15　分布式形状变化的过程

- 角形：关键帧之间的动画形状会保留有明显的角和直线，如图 7-16 所示。

图 7-16　混合方式形状变化的过程

7.5 引导动画

引导层作为一个特殊的图层，在 Flash 动画设计中的应用也十分广泛。在引导层的帮助下，可以实现对象沿着特定的路径运动。

Step 1 要创建引导层动画，需要两个图层：一个引导层一个被引导层。新建一个文档，在图层 1 中导入一幅树叶图片，并将其移动到舞台的左侧，如图 7-17 所示。

Step 2 选中图层 1，单击鼠标右键，在弹出的快捷菜单中选择“添加传统运动引导层”命令，这样就会在图层 1 的上方新建一个引导层，如图 7-18 所示。

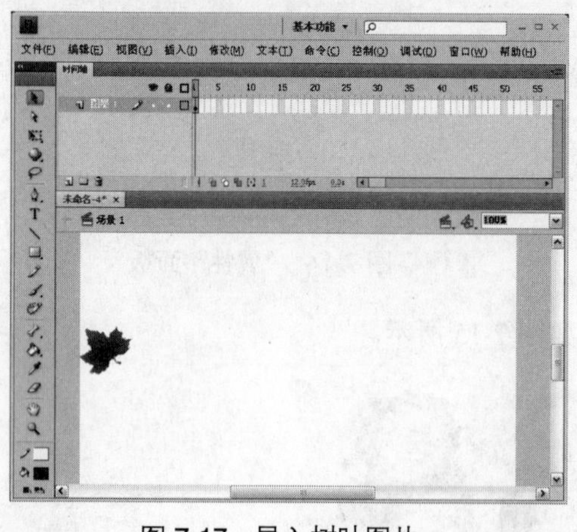

图 7-17 导入树叶图片

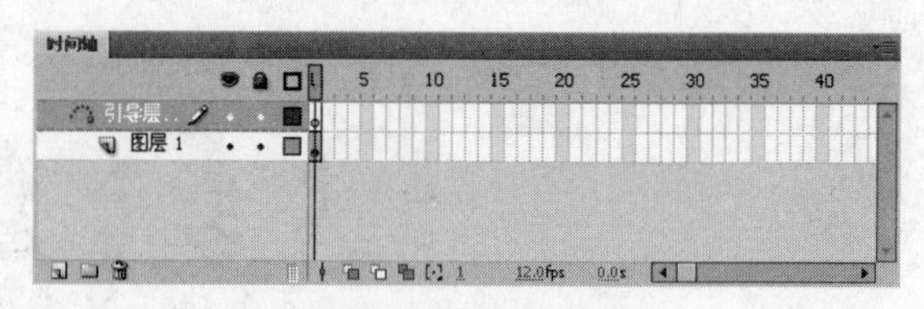

图 7-18 添加引导层

Step 3 选中引导层的第 1 帧，使用铅笔工具绘制一条曲线，如图 7-19 所示。这条曲线就是树叶运动的路径。

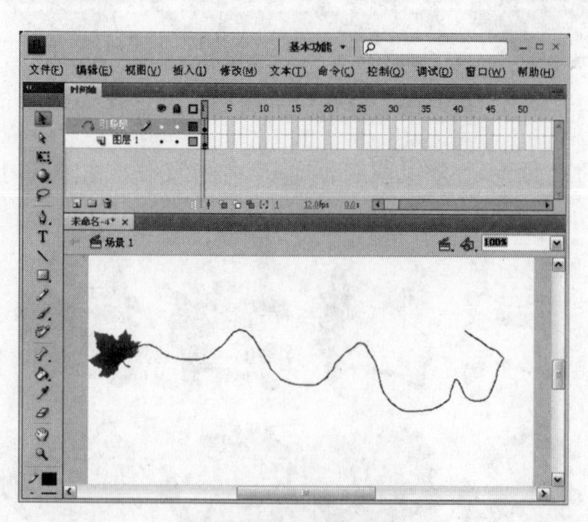

图 7-19 绘制曲线

Step 4 将曲线的起始端对准树叶的中心点，如图 7-20 所示。然后在引导层的第 80 帧处插入帧，在图层 1 的第 80 帧处插入关键帧。

Step 5　选中图层 1 第 80 帧处的树叶，将其沿着曲线拖曳到曲线的尾端处，并且中心点要与曲线的尾端对准，如图 7-21 所示。最后在图层 1 的第 1 帧与第 80 帧之间创建动作补间动画。

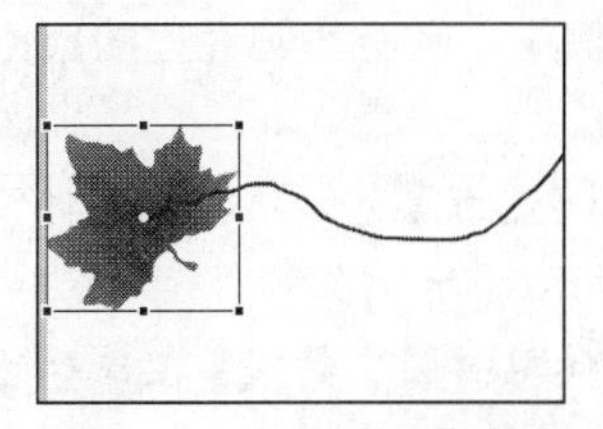

图 7-20　对准中心点

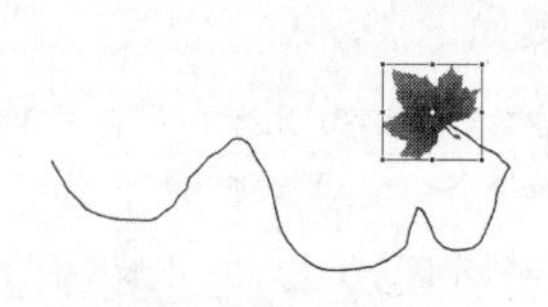

图 7-21　拖动树叶

Step 6　按下 “Enter” 键或拖动播放头，即可看见舞台中的树叶沿着这条曲线从左往右移动，如图 7-22 所示。

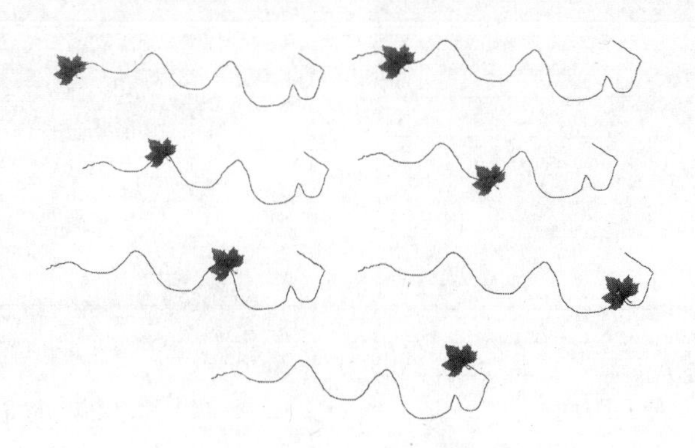

图 7-22　在舞台中测试动画

提示：导出动画后，舞台中的引导线并不会显示出来，引导线只是在制作动画时起一个辅助的作用。

7.6 遮罩动画

在制作动画的过程中，有些效果用通常的方法很难实现，如：手电筒、百叶窗、放大镜等效果，以及一些文字特效。这时，就要用到遮罩动画了。

创建遮罩动画需要有两个图层：一个遮罩层，一个被遮罩层。要创建动态效果，可以让遮罩层动起来。对于用作遮罩的填充形状，可以使用补间形状；对于文字对象、图形实例或影片剪辑，可以使用补间动画。

要创建遮罩层，可以将遮罩项目放在要用做遮罩的层上。和填充或笔触不同，遮罩项目像是个窗口，透过它可以看到位于它下面的链接层区域。除了透过遮罩项目显示的内容之外，其余的所有内容都被遮罩层的其余部分隐藏起来。一个遮罩层只能包含一个遮罩项目。按钮内部不能有遮罩层，也不能将一个遮罩应用于另一个遮罩。

在 Flash 中，使用遮罩层可以制作出特殊的遮罩动画效果，例如聚光灯效果。如果将遮罩层比作

聚光灯，那么当遮罩层移动时，它下面被遮罩的对象就像被灯光扫过一样，被灯光扫过的地方清晰可见，没有被扫过的地方将不可见。另外，一个遮罩层可以同时遮罩几个图层，从而产生出各种特殊的效果。下面通过实例介绍遮罩层的使用方法。在这个实例中，只有小圆经过的地方，图片的内容才显示出来，其操作步骤如下。

Step 1 新建一个Flash文档，将文档的背景颜色设置为黑色。执行“文件”→“导入”→“导入到舞台”命令，导入一幅图片到舞台中，如图7-23所示。

Step 2 新建一个图层2，选中图层2的第1帧，使用椭圆工具 在舞台的左侧绘制一个无边框，填充色随意的小圆，如图7-24所示。

图7-23 导入图片

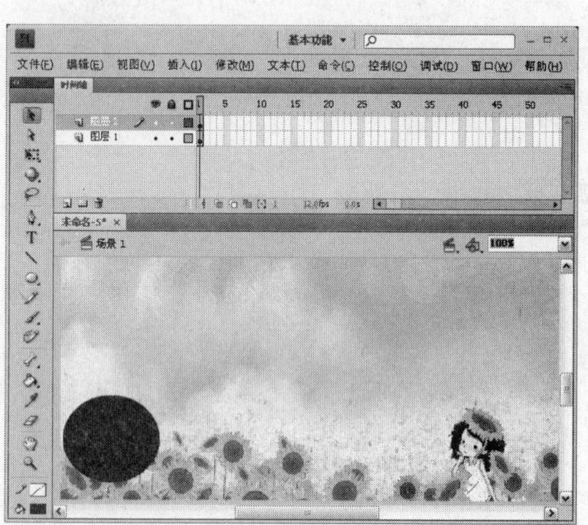

图7-24 绘制小圆

Step 3 在图层1的第30帧处插入帧，在图层2的第30帧处插入关键帧。然后选中图层2第30帧中的小圆，将其移动到舞台的右侧，如图7-25所示。

Step 4 选中图层2的第1帧，执行“插入”→“补间形状”命令，即可以为选择的关键帧创建形状补间动画。然后在图层2上单击鼠标右键，在弹出的快捷菜单中选择“遮罩层”命令，如图7-26所示。

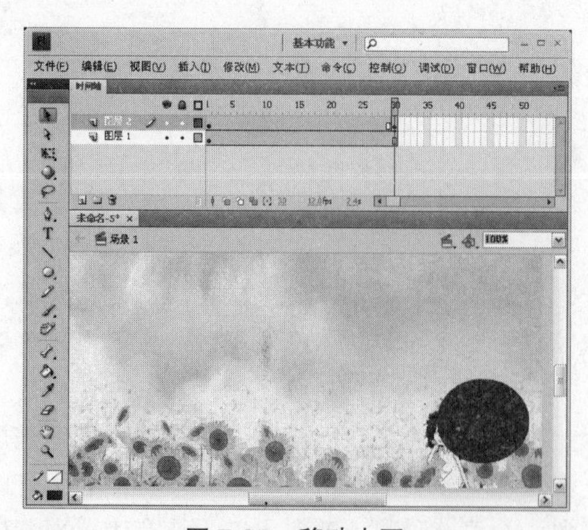

图7-25 移动小圆

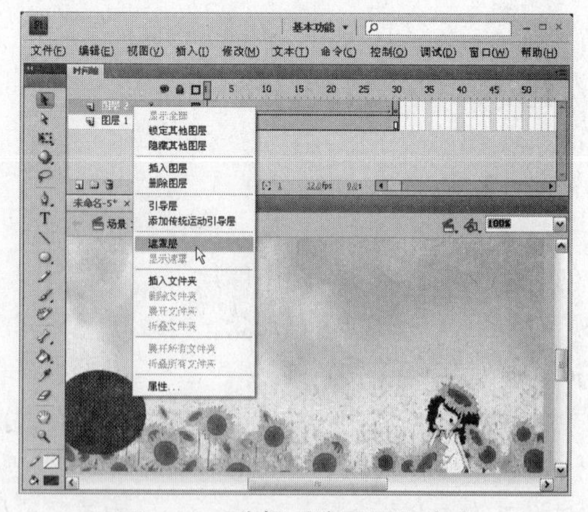

图7-26 选择“遮罩层”命令

Step 5 保存文件并按下“Ctrl+Enter”快捷键，欣赏最终效果，如图7-27所示。

从这个实例中我们可以看出，遮罩层就好像是一块不透明的布，它可以将自己下面的图层挡住。

只有在遮罩层填充色下才可以看到下面的图层，而遮罩层中的填充色是不可见的。

图 7-27　最终效果

7.7　应用实践

7.7.1　任务 1——运用逐帧动画制作小孩跳舞

任务要求

小笨熊动画公司要求为其制作一个小孩跳舞的动画场景，小孩的动作要连贯自然。

任务分析

为小笨熊动画公司制作一个小孩跳舞的动画场景，而且小孩跳舞的动作要连贯自然。使用动作补间动画无法实现这种动画效果，使用逐帧动画来制作则可以使小孩的动作不生硬，产生流畅细腻的动画效果。

任务设计

本例首先使用导入功能导入背景图像，然后创建多个帧，最后使用逐帧动画来制作小孩跳舞的动作。完成后的效果如图 7-28 所示。

图 7-28　最终效果

完成任务

Step 1　新建文档。新建一个 Flash 空白文档。执行“修改”→“文档”命令，打开“文档属性”对话框，在对话框中将“尺寸”设置为 680 像素（宽）×500 像素（高），如图 7-29 所示。设置完成

后单击 确定 按钮。

Step 2 导入图像。执行"文件"→"导入"→"导入到舞台"命令，将一幅图片导入到舞台上，如图 7-30 所示。

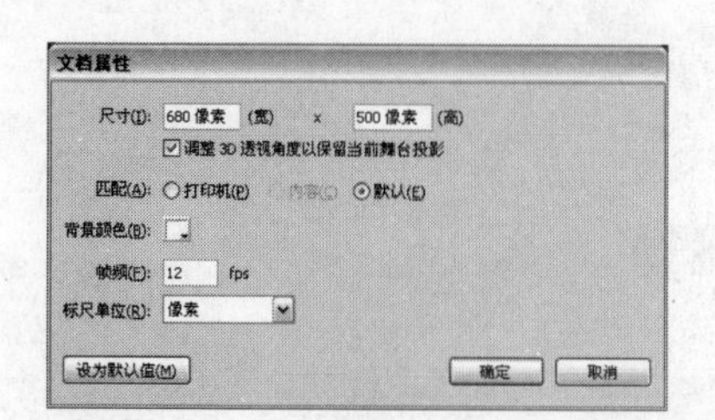

图 7-29 "文档属性"对话框

图 7-30 导入图像

Step 3 插入空白关键帧。单击时间轴面板上的"新建图层"按钮，插入图层 2，然后分别选中图层 2 的第 1～5 帧，插入空白关键帧。最后在图层 1 的第 5 帧处插入帧，如图 7-31 所示。

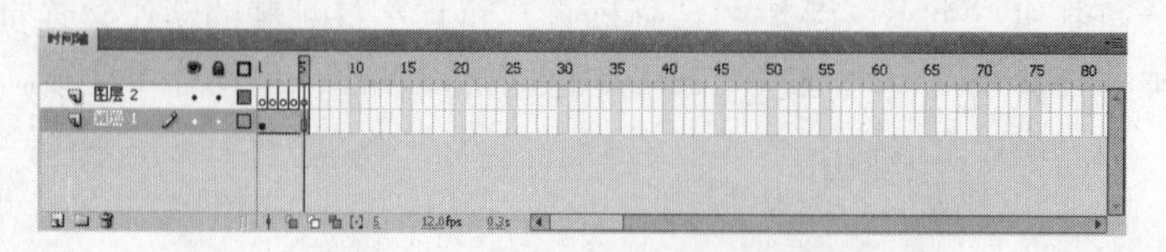

图 7-31 插入空白关键帧与帧

Step 4 导入图像。选中图层 2 的第 1 帧，执行"文件"→"导入"→"导入到舞台"命令，将一幅图像导入到舞台中。并按下"Ctrl+K"组合键打开"对齐"面板，单击"水平中齐"按钮与"底部分布"按钮，如图 7-32 所示。

图 7-32 导入图像

Step 5　导入图像。选中图层 2 的第 2 帧，执行“文件”→“导入”→“导入到舞台”命令，将一幅图像导入到舞台中。然后在“对齐”面板中单击“水平中齐”按钮与“底部分布”按钮，如图 7-33 所示。

Step 6　导入图像。按照同样的方法，再导入 3 幅图像到图层 2 剩余的空白关键帧所在的舞台上。并在“对齐”面板中设置图像相对于舞台水平居中和底部分布，如图 7-34 所示。

图 7-33　导入图像

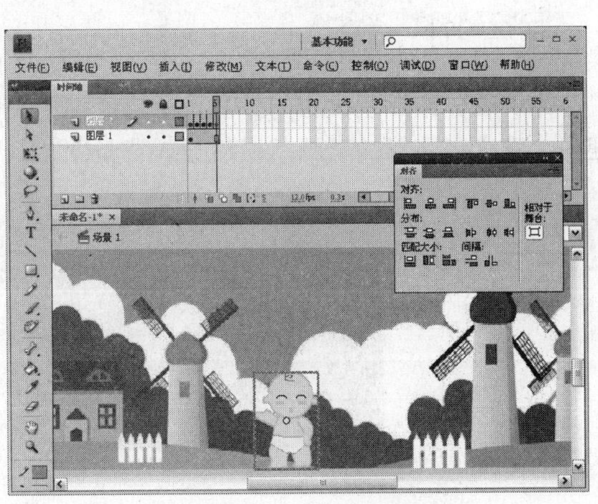

图 7-34　导入图像

Step 7　观看效果。按下“Ctrl+S”组合键保存文件，然后按下“Ctrl+Enter”组合键观看逐帧动画效果，即一个小孩在草地上跳舞，如图 7-35 所示。

图 7-35　完成效果

归纳总结

本例使用逐帧动画来制作一个小男孩跳舞的动画，逐帧动画的每一帧都是独立的动画内容，所以逐帧动画具有非常大的灵活性，几乎可以表现任何想表现的内容。由于逐帧动画的帧序列内容不一样，不仅增加制作负担而且最终输出的文件量也很大。但它的优势也很明显：它与电影播放模式相似，适合于表现非常细腻的动画，如 3D 效果、人物或动物动作等效果。

7.7.2　任务 2——运用引导动画制作夏夜的萤火虫

任务要求

七彩鸟动画公司要求为其制作一个夏夜的萤火虫动画，动画中要有多个萤火虫在不断的飞舞。

任务分析

为七彩鸟动画公司制作一个萤火虫动画，动画中要有多个萤火虫在不断的飞舞。这就需要多制作几个萤火虫飞舞的动画效果。可以添加引导线使萤火虫沿着一定的轨迹不断飞舞，而引导线在最后输出动画时不可见，不影响动画效果。

任务设计

本例首先绘制萤火虫的外形，然后添加引导层，并创建萤火虫飞舞的动画，再重复相同的步骤创建多个萤火虫飞舞的动画，最后导入背景图片。完成后的效果如图 7-36 所示。

图 7-36　最终效果

完成任务

Step 1　新建文档。新建一个 Flash 空白文档。执行“修改”→“文档”命令，打开“文档属性”对话框，在对话框中将“尺寸”设置为 600 像素（宽）×400 像素（高），背景颜色设置为黑色，如图 7-37 所示。设置完成后单击 确定 按钮。

Step 2　设置填充颜色。单击椭圆工具，打开“颜色”面板，设置填充样式为“放射状”，填充颜色为由“#99CC00”到“#99CC00”，Alpha 值（透明度）由“100%”到“0%”，如图 7-38 所示。

Step 3　绘制圆。在舞台中按住“Shift”键拖动鼠标绘制出一个圆，在“属性”面板中设置圆的宽度和高度都为“35”，如图 7-39 所示。

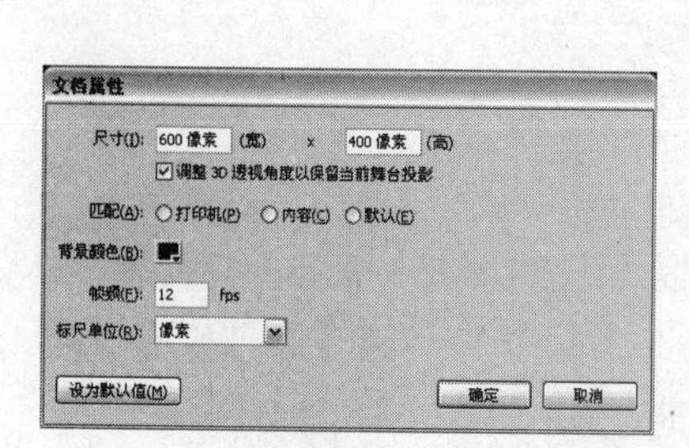

图 7-37　“文档属性”对话框

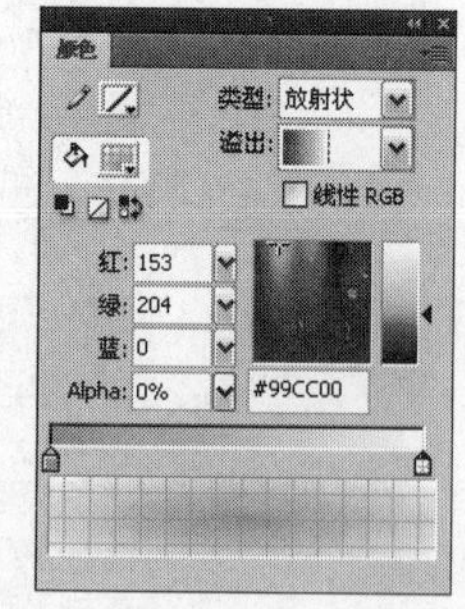

图 7-38　“颜色”面板

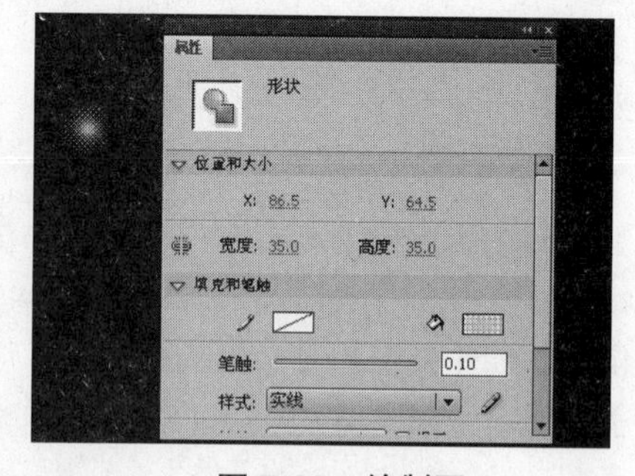

图 7-39　绘制圆

Step 4　添加引导层。选中“图层 1”，单击鼠标右键，在弹出的快捷菜单中选择“添加传统运动引导层”命令，如图 7-40 所示。这样就会在图层 1 的上方新建一个引导层。

Step 5　绘制路径。选中“引导层”的第 1 帧，使用铅笔工具在工作区中随意绘制一条不闭合的路径。然后在“图层 1”的第 200 帧处插入关键帧，在“引导层”的第 200 帧处插入帧，如图 7-41 所示。

图 7-40　添加引导层

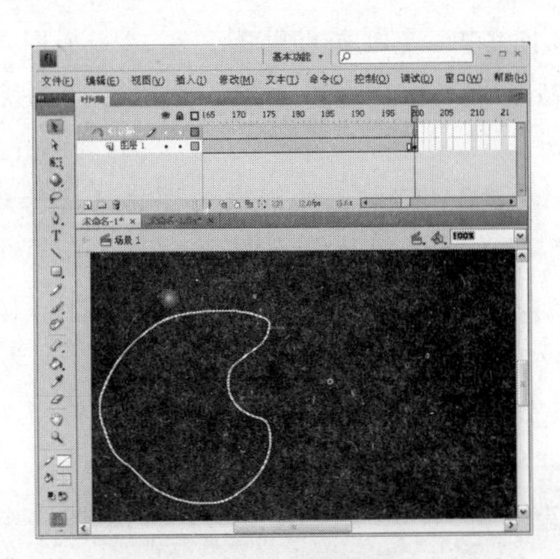

图 7-41　绘制路径

Step 6　对齐路径。拖动“图层 1”的第 1 帧处的圆，使其中心点对齐到路径的一端，如图 7-42 所示。

Step 7　对齐路径。拖动“图层 1”的第 200 帧处的圆，使其中心点对齐到路径的另一端，如图 7-43 所示。

Step 8　复制并粘贴圆。在“图层 1”的第 1 帧与第 200 帧之间创建补间动画，然后新建一个图层 3，将图层 1 第 1 帧的圆复制并粘贴到图层 3 的第 1 帧，如图 7-44 所示。

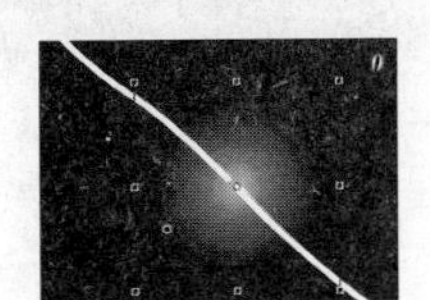

图 7-42　对齐路径

图 7-43　对齐路径

图 7-44　复制并粘贴圆

Step 9　绘制曲线。按照同样的方法为图层 3 也添加一个引导层，选中引导层的第 1 帧，使用铅笔工具 在舞台上绘制一条曲线。然后将曲线的顶端对准圆中心点，如图 7-45 所示。

Step 10　拖动圆。在图层 3 的第 200 帧处插入关键帧。然后选中图层 3 第 200 帧处的圆，将其沿着曲线拖曳到曲线的尾端处，并且中心点要与曲线的尾端对准，如图 7-46 所示。最后在图层 3 的第 1 帧与第 200 帧之间创建补间动画。

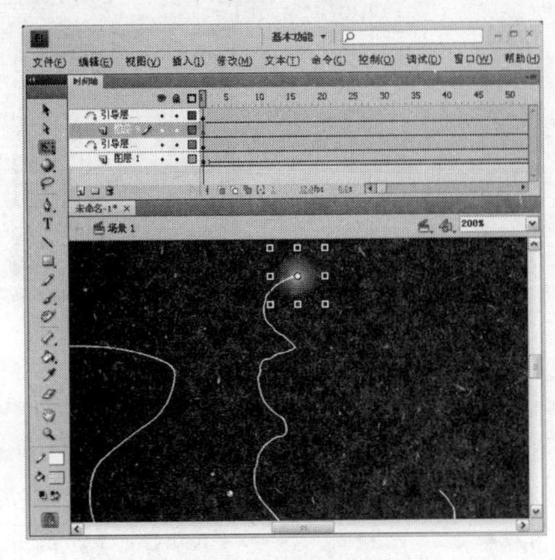

图 7-45　绘制曲线

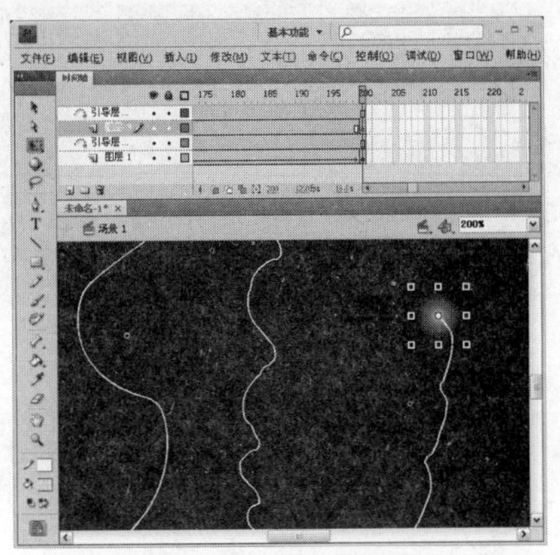

图 7-46　拖动圆

Step 11 复制并粘贴圆。新建一个图层5，并为图层5添加一个引导层。将图层3第1帧的圆复制并粘贴到图层5的第1帧，然后在"属性"面板上将图层5第1帧处的圆的宽度和高度都设置为30，如图7-47所示。

Step 12 绘制曲线。选中图层5上方引导层的第1帧，使用铅笔工具在舞台上绘制一条曲线。然后将曲线的顶端对准圆中心点，如图7-48所示。

Step 13 拖动圆。在图层5的第200帧处插入关键帧。然后选中图层5第200帧处的圆，将其沿着曲线拖曳到曲线的尾端处，并且中心点要与曲线的尾端对准，如图7-49所示。最后在图层5的第1帧与第200帧之间创建补间动画。

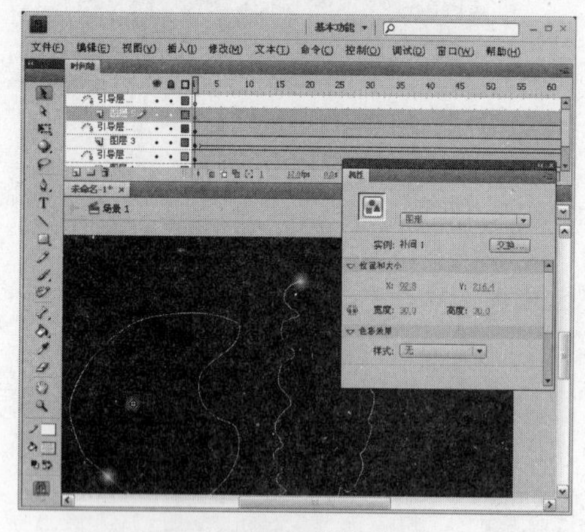

图7-47 复制并粘贴圆

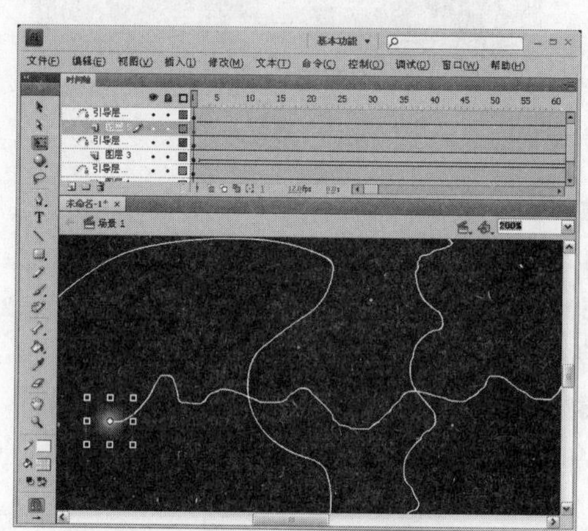

图7-48 绘制曲线

Step 14 复制并粘贴圆。新建一个图层7，并为图层7添加一个引导层。将图层5第1帧的圆复制并粘贴到图层7的第1帧，然后在"属性"面板上将图层7第1帧处的圆的宽度和高度都设置为25，如图7-50所示。

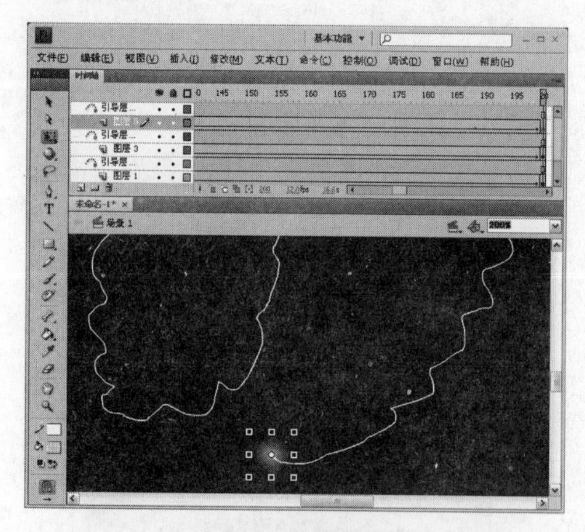

图7-49 拖动圆

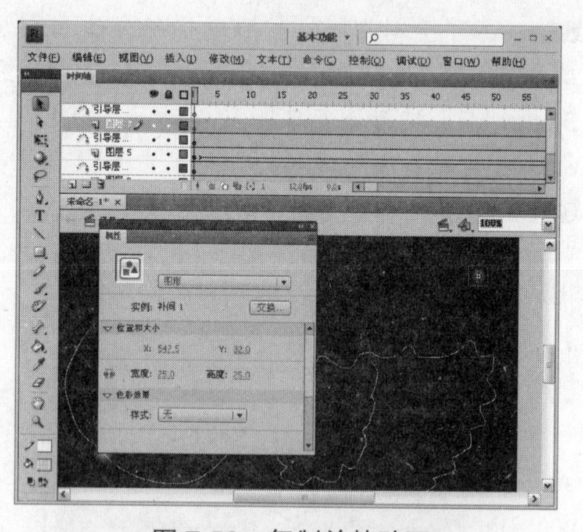

图7-50 复制并粘贴圆

Step 15 绘制曲线。选中图层7上方引导层的第1帧，使用铅笔工具在舞台上绘制一条曲线。然后将曲线的顶端对准圆中心点，如图7-51所示。

Step 16 拖动圆。在图层7的第200帧处插入关键帧。然后选中图层7第200帧处的圆，将其

沿着曲线拖曳到曲线的尾端处，并且中心点要与曲线的尾端对准，如图 7-52 所示。最后在图层 7 的第 1 帧与第 200 帧之间创建补间动画。

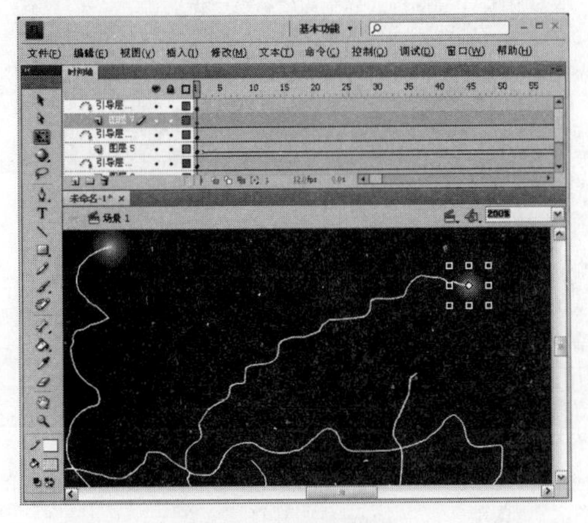

图 7-51　绘制曲线

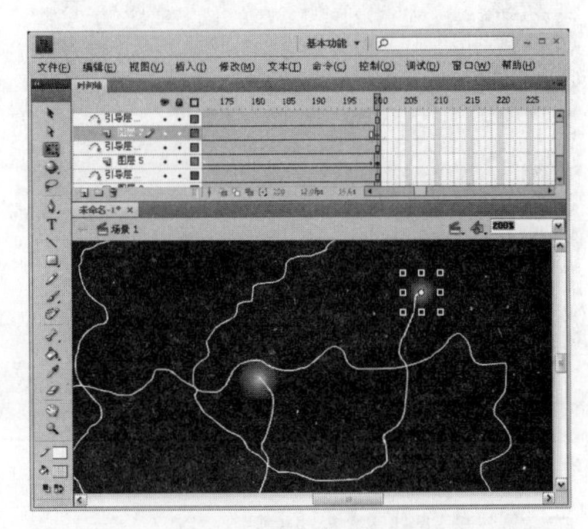

图 7-52　拖动圆

Step 17　设置图层属性。新建一个图层 9，将其拖动到图层 1 的下方，然后在图层 9 上单击鼠标右键，在弹出的快捷菜单中选择“属性”命令，打开“图层属性”对话框，在“类型”区域中选择“一般”单选项，如图 7-53 所示。完成后单击 确定 按钮。

Step 18　导入背景图片。选择图层 9 的第 1 帧，然后执行“文件”→“导入”→“导入到舞台”命令，将一幅背景图片导入到舞台中，如图 7-54 所示。

Step 19　欣赏最终效果。执行“文件”→“保存”命令保存文件，然后按下“Ctrl+Enter”组合键，欣赏本例最终效果，如图 7-55 所示。

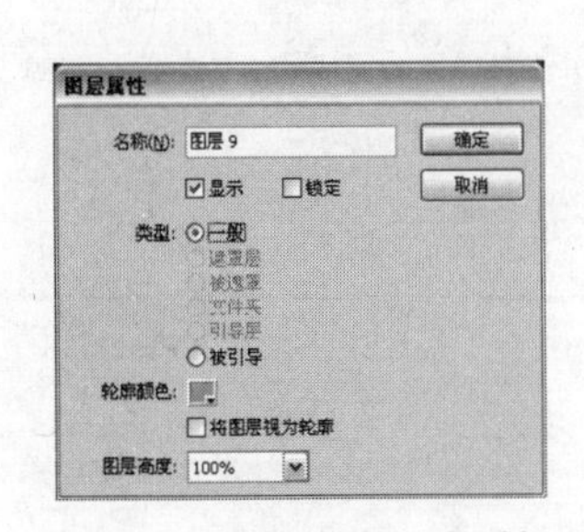

图 7-53　“图层属性”对话框

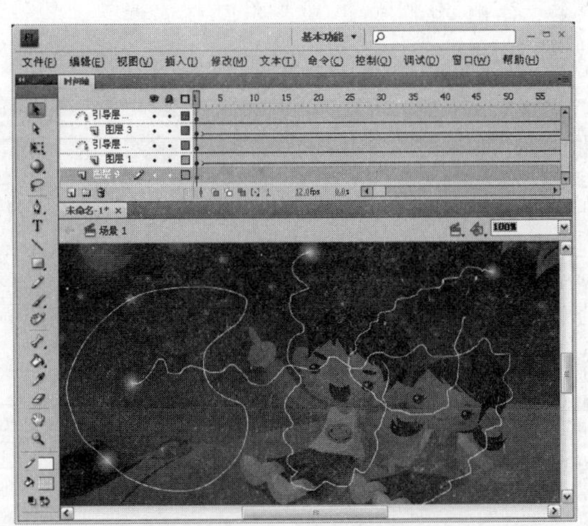

图 7-54　导入背景图片

归纳总结

本例运用引导动画制作夏夜的萤火虫动画，引导动画可以将一个物体的运动附着在一条引导线上，沿着固定的轨迹运动。引导动画可以实现很多补间动画不能实现的效果，可以完成复杂的运动动画。

图 7-55 完成效果

7.8 知识拓展

7.8.1 旋转动作补间

动作补间动画不仅可以得到图形的位置变化、大小缩放的效果，还可以得到图形方向变化及旋转的效果。

下面就制作一个空中翻转的动画来学习动作补间动画中旋转的设置，具体操作步骤如下。

Step 1 新建一个空白 Flash 文档，执行“文件”→“导入”→“导入到舞台”命令，将一幅图片导入到舞台上，并将图片移动到舞台的左侧，如图 7-56 所示。

Step 2 在第 30 帧与第 60 帧处插入关键帧，然后选中第 30 帧处的图片，将其向右移动到舞台的右侧，如图 7-57 所示。

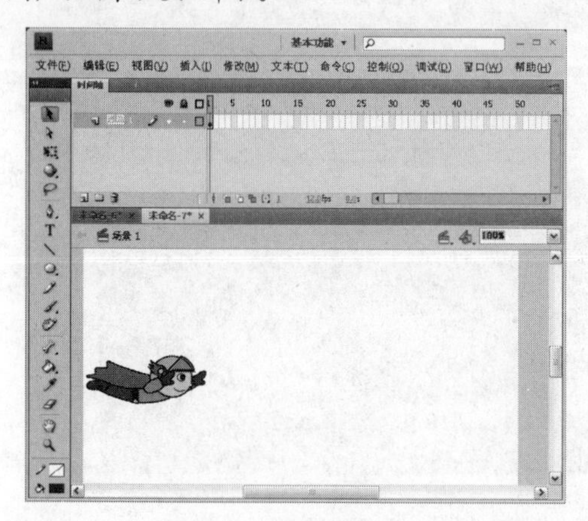

图 7-56 导入图片

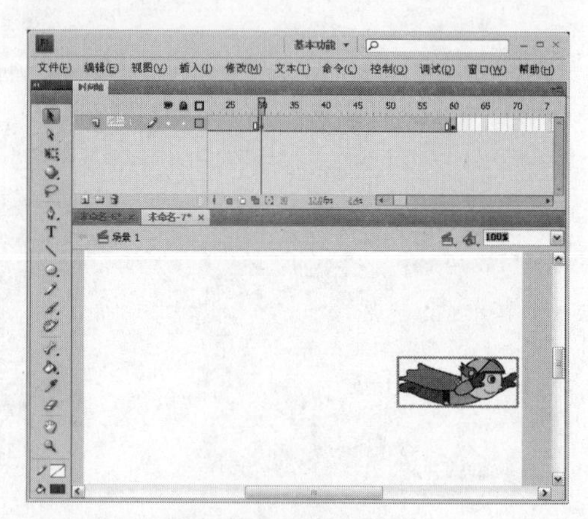

图 7-57 移动图片

Step 3 分别在第 1 帧与第 30 帧之间、第 30 帧与第 60 帧之间创建动作补间动画，然后选择第 30 帧，打开“属性”面板，在“旋转”下拉列表中选择“顺时针”选项，如图 7-58 所示。

Step 4 选择第 30 帧，打开“属性”面板，在“旋转”下拉列表中选择“逆时针”选项，如图 7-59 所示。

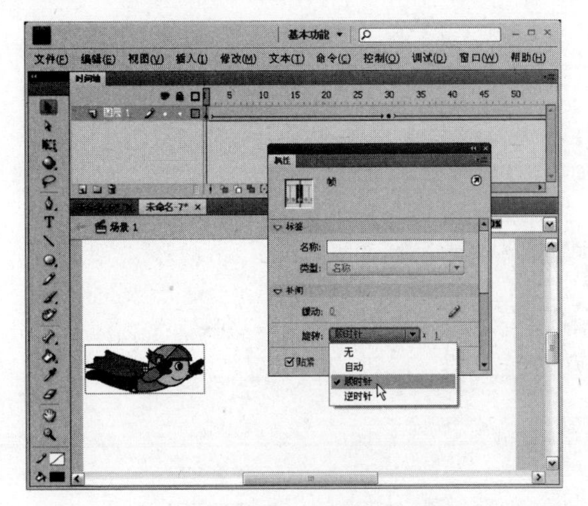

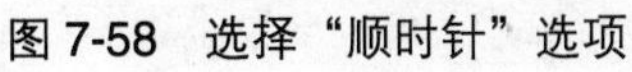
图 7-58　选择“顺时针”选项

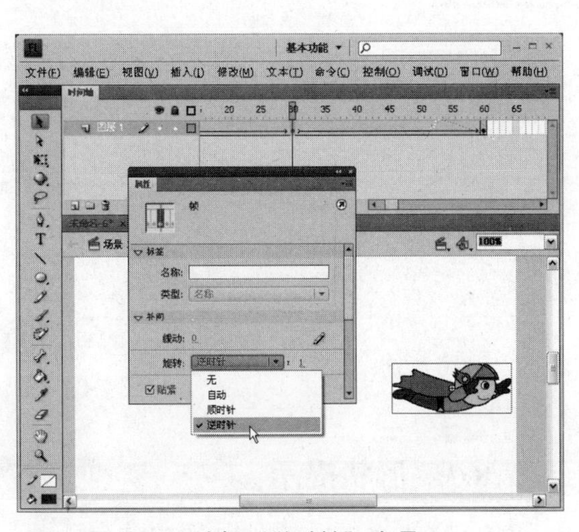

图 7-59　选择“逆时针”选项

Step 5　新建一个图层 2，并将其拖动到图层 1 的下方，然后执行“文件”→“导入”→“导入到舞台”命令，将一幅背景图片导入到舞台上，如图 7-60 所示。

图 7-60　导入背景图片

Step 6　保存文件，按下“Ctrl+Enter”组合键测试动画，即可看到动画中的人物先是在空中向右顺时针翻转一圈，然后向左逆时针翻转一圈回到原点，如图 7-61 所示。

图 7-61　测试动画顺时针翻转

7.8.2　形状提示

在使用形状补间动画制作变形动画的时候，如果动画比较复杂或特殊，一般不容易控制，系统自动生成的过渡动画不能令人满意。这时候，使用变形提示功能就可以让过渡动画按照自己设想的方式进行。其方法是分别在动画的起始帧和结束帧的图形上指定一些变形提示点。现在结合实例来介绍加入了变形提示的变形动画的制作。

1. 设置起始状态

Step 1　新建一个 Flash 文件，打开“属性”面板，选择工具箱中的文本工具 T，然后在“属性”面板中设置文字的字体为“Impact”，字号为“98”，如图 7-62 所示。

Step 2　在舞台中用文本工具输入文字“N”，如图 7-63 所示。

Step 3　用选择工具选择输入的文字对象，然后执行“修改”→“分离”命令，将该文字对象分离，如图 7-64 所示。

图 7-62　“属性”面板

图 7-63　输入文字

图 7-64　分离文字对象

2. 设置结束帧的状态

Step 1　在时间轴上的第 30 帧处单击鼠标右键，在弹出的快捷菜单中选择“插入空白关键帧”命令，在第 30 帧处插入一个空白关键帧。

Step 2　在时间轴上选择第 30 帧，在舞台中以同样的字体和字号输入文字“M”，然后执行“修改”→“分离”命令，将输入的文字对象分离，如图 7-65 所示。

Step 3　在时间轴上选择第 1 帧与第 30 帧之间的任意一帧，然后执行“插入”→“补间形状”命令。这样一个形状变形动画就基本制作完成了。

图 7-65　分离文字对象

3. 添加形状显示

Step 1　执行“修改”→“形状”→“添加形状提示”命令，或按下“Ctrl+Shift+H”组合键，这样就添加了一个形状提示符，在场景中会出现一个“●”，将其拖动至形体“N”的左上角。以同样的方法再添加一个形状提示符，相应地在场景中会增加一个形状提示符“●”，将其拖动至形体“N”的右下角，如图 7-66 所示。如果需要精确定义变形动画的变化还可以添加更多的形状提示符。

Step 2　在时间轴上选中第 30 帧，在舞台中多出了和在第 1 帧中添加的提示符一样的形状提示符。拖动提示符“●”于形体“M”的左上角，拖动提示符“●”至形体“M”的右下角。这时第 1 帧的提示符变为黄色，第 30 帧的提示符变为绿色，表示自定义的形状变形能够实现，如图 7-67 所示。

图 7-66　定位形状提示符

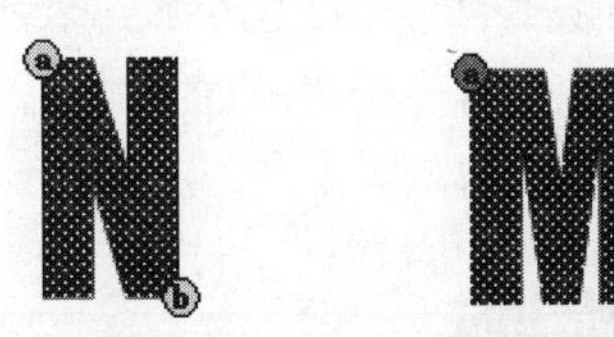

图 7-67　形状提示符

通过制作变形动画可以看到，变形动画的制作方法以及具体的操作步骤和移动动画的制作相似，都是通过设置关键帧的不同状态，然后由 Flash 根据两个关键帧的状态，在这两个关键帧之间自动生成形状变形动画的过渡帧。

4. 删除形状提示

（1）单个形状提示的删除

单个形状提示的删除方法有以下两种。

- 将形状提示拖到图形外即可。
- 在建立的形状提示符上单击鼠标右键，弹出如图 7-68 所示的菜单，选择“移除提示”命令即可。

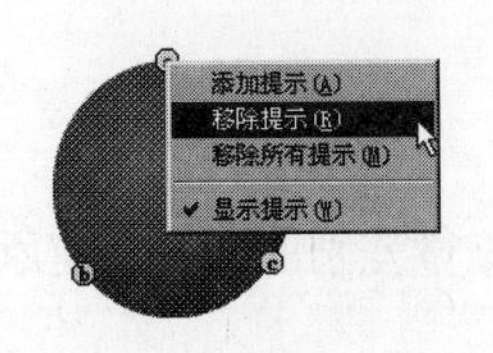

图 7-68　删除形状提示

（2）多个形状提示的删除

多个形状提示的删除方法有以下两种。

- 执行“修改”→“外形”→“移除所有提示”命令即可。
- 在建立的形状提示上单击鼠标右键，从弹出菜单中选择“移除所有提示”命令。

在制作加入了提示的形状变形动画时，应该注意以下 3 个方面的问题。

- 形状变形动画的对象如果是位图或文字对象，只有被完全分离后才能创建形状变形动画。否则，动画将不能被创建。
- 在添加形状提示后，只有当起始关键帧的形状提示符从红色变为黄色，结束关键帧的形状提示符从红色变为绿色时，才能使形状变形得到控制。否则，添加的形状提示将被视为无效。

7.8.3 帧标识

在 Flash CS4 中，不同的动画类型在时间轴中的帧标识也不相同。

常见的各种帧标识如下。

- ：两个关键帧之间有黑色箭头且背景为浅蓝色，表示两个关键帧之间创建了动画补间。
- ：两个关键帧之间有虚线且背景为浅蓝色，表示两个关键帧之间创建动画补间失败。
- ：两个关键帧之间有黑色箭头且背景为浅绿色，表示两个关键帧之间创建的是形状补间动画。
- ：两个关键帧之间是虚线且其背景为浅绿色，表示两个关键帧之间创建形状补间失败。
- ：连续的黑色关键帧，表示这是逐帧动画。
- star：在关键帧上有一个红色小旗，表示在该帧上设置了帧标签。
- a：在关键帧上有一个“a”的符号，表示在该帧上输入了 Action 代码。

7.9 自我检测

1. 填空题

（1）______是根据对象在两个关键帧中位置、大小、旋转、倾斜、透明度等属性的差别计算生成的。

（2）______是指 Flash 中的矢量图形或线条之间互相转化而形成的动画。

（3）使用______可以使 Flash 中的对象沿着固定的轨迹运动。

（4）需要设置动画快慢的时候，可以在“属性”面板的______文本框中设置数字来决定动画的速度。

2. 判断题

（1）动作补间动画技术利用人的视觉暂留原理，快速地播放连续的、具有细微差别的图像，使原来静止的图形运动起来。(　　)

（2）形状补间动画中两个关键帧中的内容主体必须是处于分离状态的图形。(　　)

（3）在制作动画的过程中，有些效果用通常的方法很难实现，如：手电筒、百叶窗、放大镜等效果，以及一些文字特效。这可以用引导动画来制作。(　　)

3. 上机题

（1）利用旋转动作补间动画功能，制作一个轮子顺时针滚动的动画。

（2）利用形状补间动画功能，制作文字颜色变化的动画，使字母“M”的颜色不停地变化，如图 7-69 所示。

M M M M M

图 7-69　动画效果

操作提示：

Step 1　新建一个动画文档，然后在舞台中输入字母“M”。

Step 2　分别在第 10 帧、第 20 帧、第 30 帧、第 40 帧处插入关键帧。

Step 3　分别将第 10 帧、第 20 帧、第 30 帧、第 40 帧处的字母“M”的颜色更改为其他的颜色，并将字母打散。

Step 4　分别在这些关键帧之间创建形状补间动画。

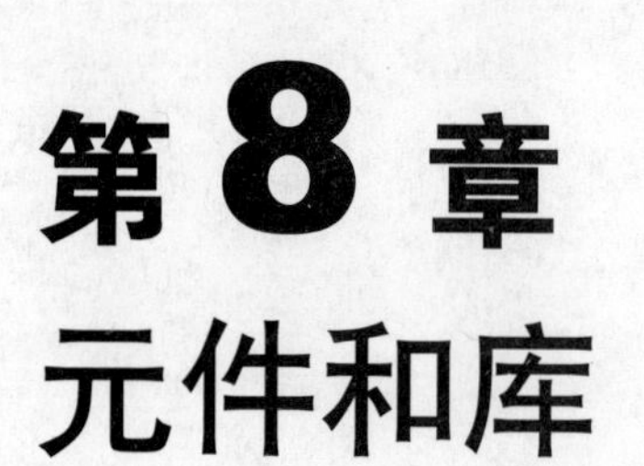

第 8 章 元件和库

📖 学习目标

在 Flash CS4 中，对于需要重复使用的资源可以将其制作成元件，然后从“库”面板中拖曳到舞台上使其成为实例。合理地利用元件、库和实例，对提高影片制作效率有很大的帮助。本章介绍了三大元件的创建和库的概念，以及实例的创建与编辑。希望读者通过本章内容的学习，能掌握元件的创建、库的管理与使用等知识。

📖 主要内容

- 元件
- 库
- 使用影片剪辑与图形元件创建旋转的风车
- 运用按钮元件创建人物按钮动画

8.1 元件

Flash 电影中的元件就像影视剧中的演员、道具，都是具有独立身份的元素。它们在影片中发挥着各自的作用，是 Flash 动画影片构成的主体。Flash 电影中的元件可以根据它们在影片中发挥作用的不同，分为图形、按钮和影片剪辑 3 种类型。

8.1.1 元件概述

元件包括图形、影片剪辑和按钮 3 种类型，且每个元件都有一个唯一的时间轴、舞台以及图层。在对动画影片进行编辑的过程中，可以通过以下几种方法创建新的元件。

- 执行“插入”→“新建元件”命令，即可在打开的“创建新元件”对话框中，为创建的元件进行命名和选择元件行为类型，如图 8-1 所示。
- 执行“窗口”→“库”命令，打开“库”面板，单击“库”面板下边的新建元件按钮 ，如图 8-2 所示。也可以打开“创建新元件”对话框，选择需要的元件行为类型进行创建。

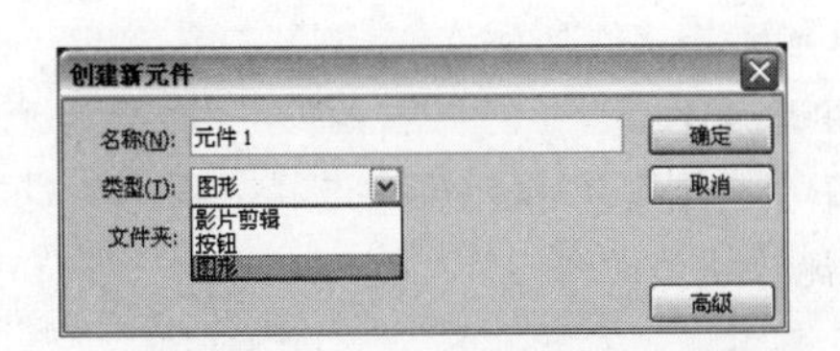

图 8-1　用命令创建元件

图 8-2　在“库”面板中创建元件

- 在动画的制作过程中，可以根据需要随时将新绘制的图形对象转换成需要的元件类型，使之具有影片角色的特殊属性。在绘图工作区中绘制好图形后，将其选取并按住鼠标左键拖曳到“库”面板中，即可弹出“转换为元件”对话框，将该图形直接应用到新的影片元件中。
- 选取需要转换为元件的图形对象，执行“修改”→“转换为元件”命令或按下“F8”键，即可在弹出的“转换为元件”对话框中选择需要的元件行为类型，如图 8-3 所示。

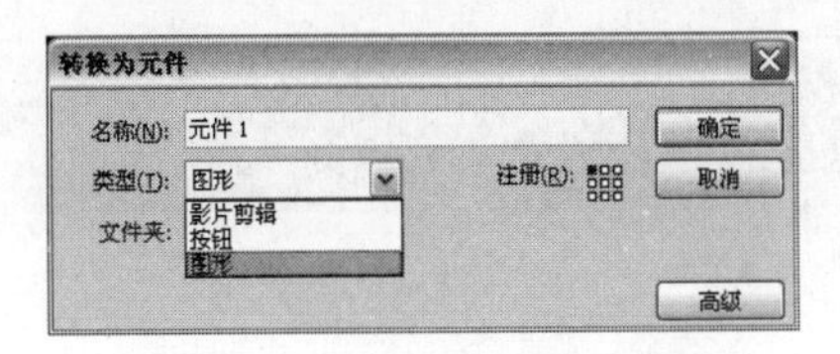

图 8-3　“转换为元件”对话框

- 选取需要的图形对象，单击鼠标右键，在弹出的快捷菜单中选择“转换为元件”命令，也可以在弹出转换为元件对话框进行转换。

使用元件进行动画设计主要有以下优点。

- 可以简化动画的制作过程。在动画的制作过程中，如果将频繁使用的设计元素做成元件，在多次使用的时候就不必每次都重新编辑该对象。使用元件的另一个好处是当库中的元件被修改后，在场景中该元件的所有实例就会随之发生改变，大大节省了设计时间。
- 减小文件大小。当创建了元件后，在以后的作品制作中，只需引用该元件即可。在场景中创建该元件的实例，所有的元件只需在文件中保存一次，这样可使文件体积大大减小，节省磁盘空间。
- 方便网络传输。当把 Flash 文件传输到网上时，虽然在影片中创建了一个元件的多个实例，但是无论其在影片中出现过多少次，该实例在被浏览时只需下载一次，用户不用在每次遇到该实例时都下载，这样便缩短了下载时间，加快了动画播放速度。

8.1.2 创建图形元件

在 Flash 电影中，一个元件可以在不同位置被多次使用。各个元件之间可以相互嵌套，不管元件的行为属于何种类型，都能以一个独立的部分存在于另一个元件中，使制作的 Flash 电影有更丰富的变化。图形元件是 Flash 电影中最基本的元件，主要用于建立和储存独立的图形内容，也可以用来制作动画。但是，当把图形元件拖曳到舞台中或其他元件中时，不能对其设置实例名称，也不能为其添加脚本。

在 Flash CS4 中，可将编辑好的对象转换为元件，也可以创建一个空白的元件，然后在元件编辑模式下制作和编辑元件。下面逐一介绍这两种方法。

1. 将对象转换为图形元件

在场景中，选中的任何对象都可以转换成为元件。下面就介绍转换的方法。

Step 1 使用选择工具 选中舞台中的对象，如图 8-4 所示。

Step 2 执行“修改”→“转换为元件”命令或者按下“F8”键，打开“转换为元件”对话框，在“名称”文本框中输入元件的名称“图形 1”，在“类型”下拉列表中选择“图形”选项，如图 8-5 所示。单击 确定 按钮后，位于舞台中的对象就转换为元件了。

图 8-4 选中对象

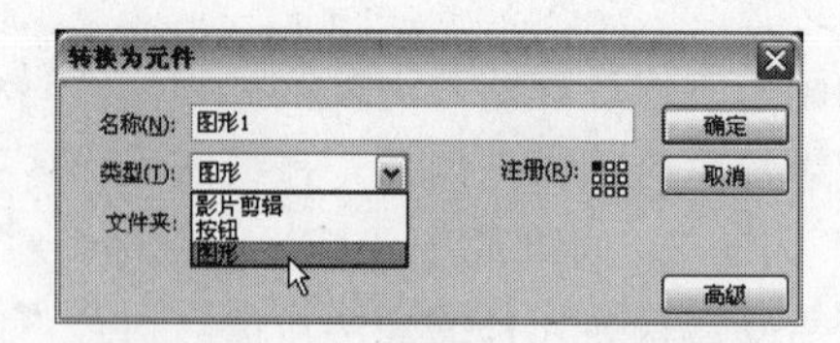

图 8-5 “转换为元件”对话框

提示：为元件起一个唯一的、便于记忆的名字是非常必要的，这样有助于在制作大型动画的时候，在众多的元件中找到自己需要的元件。

2. 创建新的图形元件

创建新的图形元件是指直接创建一个空白的图形元件，然后进入元件编辑模式创建和编辑图形元

件的内容。

Step 1　执行“插入”→“新建元件”命令，打开“创建新元件”对话框，在“名称”文本框中输入元件的名称“女孩”，在“类型”下拉列表中选择“图形”选项，如图8-6所示。

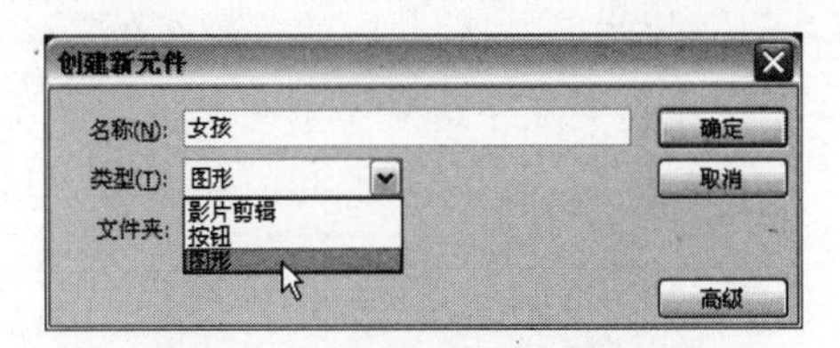

图8-6　“创建新元件”对话框

Step 2　单击 确定 按钮后，工作区会自动从影片的场景转换到元件编辑模式。在元件的编辑区中心处有一个“+”光标，如图8-7所示，现在就可以在这个编辑区中编辑图形元件了。

Step 3　在元件编辑区中可以自行绘制图形或导入图形，如图8-8所示。

Step 4　执行“编辑”→“编辑文档”命令或者直接点击元件编辑区左上角的场景名称 场景 1，即可回到场景编辑区。

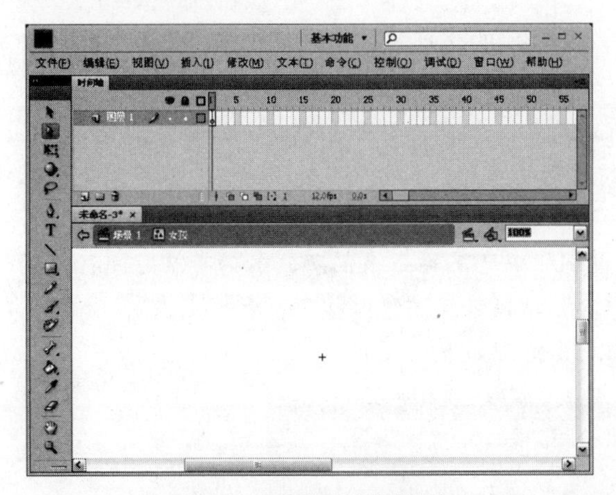

图8-7　图形元件编辑区

图8-8　导入图形

提示：图形元件被放入其他场景或元件中后，不能对其进行编辑。如果对某图形元件不满意，可以双击“库”面板的元件图标，或双击场景中的元件进入元件编辑区，对元件进行编辑。

8.1.3　创建影片剪辑

影片剪辑是Flash动画中常用的元件类型，是独立于影片时间线的动画元件，主要用于创建具有一段独立主题内容的动画片段。当影片剪辑所在图层的其他帧没有别的元件或空白关键帧时，它不受目前场景中帧长度的限制，做循环播放；如果有空白关键帧，并且空白关键帧所在位置比影片剪辑动画的结束帧靠前，影片会结束，同样也提前结束循环播放。

如果在一个Flash影片中，某一个动画片段会在多个地方使用，这时可以把该动画片段制作成影

片剪辑元件。和制作图形元件一样，在制作影片剪辑时，可以创建一个新的影片剪辑，也就是直接创建一个空白的影片剪辑，然后在影片剪辑编辑区中对影片剪辑进行编辑。

创建影片剪辑的操作步骤如下。

Step 1 执行“插入”→“新建元件”命令，打开“创建新元件”对话框。在“名称”文本框中输入影片剪辑的名称，在“类型”下拉列表中选中“影片剪辑”选项，如图 8-9 所示。

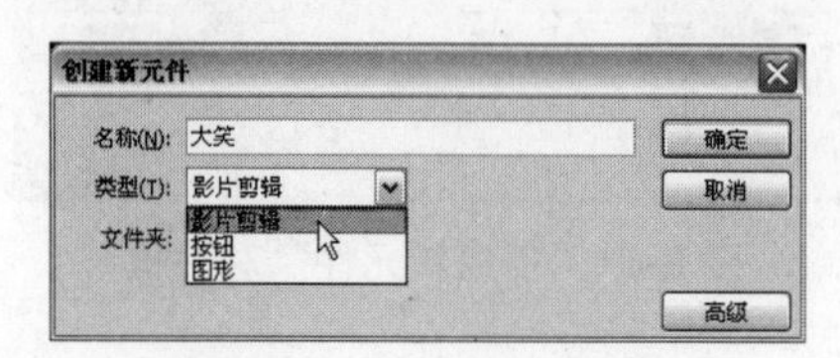

图 8-9 创建影片剪辑

Step 2 单击 确定 按钮，系统自动从影片的场景转换到影片剪辑编辑模式。此时在元件的编辑区的中心将会出现一个“+”光标，现在就可以在这个编辑区中编辑影片剪辑了。

8.1.4 创建按钮元件

按钮元件可以用于创建响应鼠标单击、滑过或其他动作的交互式按钮。可以定义与各种按钮状态关联的图形，然后将动作指定给按钮实例。

Step 1 在 Flash CS4 中执行“插入”→“新建元件”命令，打开“创建新元件”对话框。

Step 2 在对话框中的“名称”文本框中输入按钮的名称“按钮”，在“类型”下拉列表中选择“按钮”选项，完成后单击 确定 按钮。

Step 3 进入按钮编辑区，可以看到时间轴控制栏中已不再是我们所熟悉的带有时间标尺的时间栏，取代时间标尺的是 4 个空白帧，分别为“弹起”、“指针经过”、“按下”和“点击”，如图 8-10 所示。这 4 个状态分别代表了按钮的 4 个不同状态，其含义如下。

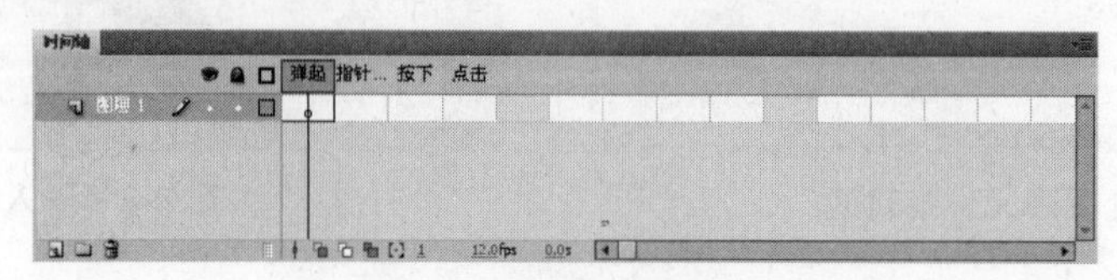

图 8-10 按钮层的状态

- 弹起：按钮在通常情况下呈现的状态，即鼠标指针没有在此按钮上或者未单击此按钮时的状态。
- 指针经过：鼠标指针指向状态，即当鼠标指针移动至该按钮上但没有按下此按钮时所处的状态。
- 按下：鼠标指针按下该按钮时，按钮所处的状态。
- 点击：这种状态下可以定义响应按钮事件的区域范围。只有当鼠标指针进入到这一区域时，按钮才开始响应鼠标的动作。另外，这一帧仅仅代表一个区域，并不会在动画选择时显示出来。通常，该范围不用特别设定，Flash 会自动依照按钮的“弹起”或“指针经过”状态时的面积作为鼠标指针的反应范围。

Step 4 在工作区中绘制图形或导入图形，如图 8-11 所示，即可制作按钮元件。

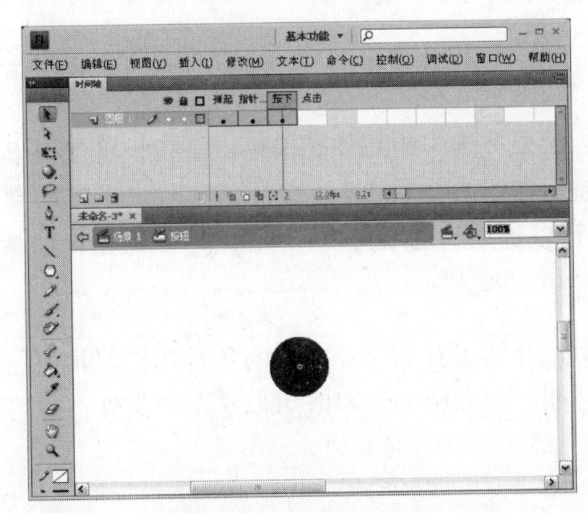

图 8-11　制作按钮

8.2 库

库是 Flash 动画中的一个重要设计工具，合理使用库进行设计可以简化设计过程，这也是进行复杂动画设计的重要设计技巧和手段。

8.2.1　库的界面

执行“窗口”→“库”命令或按下“F11”键，打开“库”面板，如图 8-12 所示。每个 Flash 文件都对应一个用于存放元件、位图、声音和视频文件的图库。利用“库”面板可以查看和组织库中的元件。当选取库中的一个元件时，“库”面板上部的小窗口中将显示出来。

下面对“库”面板中各按钮的功能说明如下。

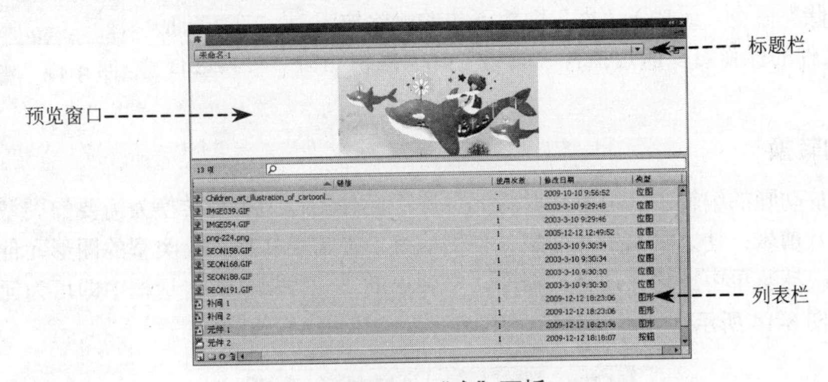

图 8-12 “库”面板

1. 标题栏

标题栏中显示当前 Flash 文件的名称。在标题栏的最右端有一个下拉菜单按钮，单击此按钮后，可以在下拉菜单中选择并执行相关命令。另外收起或展开“库”面板，可以通过单击标题栏上的

文件名称来完成。

2. 预览窗口

用于预览所选中的元件。如果被选中的元件是单帧，则在预览窗口中显示整个图形元件。如果被选中的元件是按钮元件，将显示按钮的普通状态。如果选定一个多帧动画文件，预览窗口右上角会出现 ■▶ 按钮，单击 ▶ 按钮可以播放动画或声音，单击 ■ 按钮停止动画或声音的播放。

3. 列表栏

在列表栏中，列出了库中包含的所有元素及它们的各种属性，其中包括：名次、文件类型、使用次数统计、链接情况、修改日期。列表中的内容既可以是单个文件，也可以是文件夹。

8.2.2 库的管理

在"库"面板中可以对文件进行重命名、删除文件，并可以对元件的类型进行转换。

1. 文件的重命名

对库中的文件或文件夹重命名的方法有以下几种。

- 双击要重命名的文件的名称。
- 在需要重命名的文件上单击右键，在弹出的菜单中选择"重命名"命令。
- 选择重命名的文件，点击在"库"面板标题栏右端的下拉菜单按钮，在弹出的快捷菜单中选择"重命名"命令。

执行上述操作中的一种后，会看到该元件名称处的光标闪动，如图 8-13 所示，输入名称即可。

图 8-13 重命名文件

2. 文件的删除

对库中多余的文件，可以选中该文件后按下鼠标右键，在弹出的快捷菜单中选择"删除"命令，或按下"库"面板下边的删除按钮 。在 Flash CS4 中，删除元件的操作可以通过执行"编辑"→"撤销"命令对其进行撤销。

3. 元件的转换

在 Flash 影片动画的编辑中，可以随时将元件库中元件的行为类型转换为需要的类型。例如将图形元件转换成影片剪辑，使之具有影片剪辑元件的属性。在需要转换行为类型的图形元件上单击鼠标右键，在弹出的快捷菜单中选择"属性"命令，在弹出的"元件属性"对话框中即可为元件选择新的行为类型了，如图 8-14 所示。

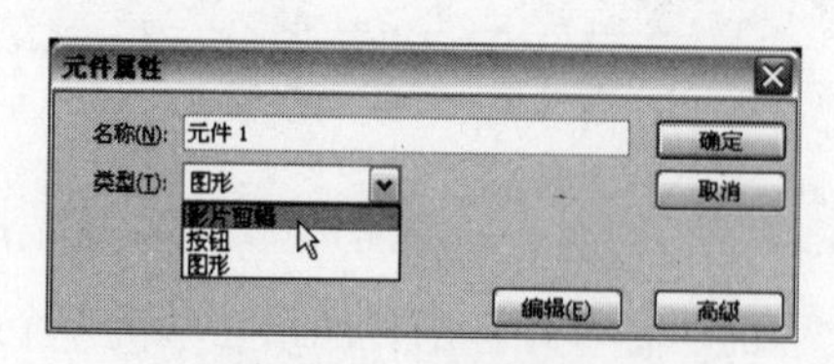

图 8-14 转换元件

8.2.3　公用库

“公用库”面板中的元件是系统自带的，不能在“公用库”面板中编辑元件。只有当调用到当前动画后才能进行编辑。调用公用库中元件的方法与调用“库”面板中元件的方法相同。公用库共分为 3 种：声音、按钮和类。

1. 声音库

执行“窗口”→“公用库”→“声音”命令，打开“声音”库，如图 8-15 所示，其中包括了多个声音文件。用户可以从列表中选取所需的声音文件，这为制作影片带来了极大的方便，省去了很多用户到处去找声音文件的烦恼。

2. 按钮库

执行“窗口”→“公用库”→“按钮”命令，打开“按钮”库，如图 8-16 所示，按钮库中提供了内容丰富且形式各异的按钮标本，用户可以根据自己的具体需要在“按钮”库里选择合适的按钮。

3. 类库

执行“窗口”→“公用库”→“类”命令，打开类库，如图 8-17 所示。该库中共有 3 个元件，分别是数据绑定组件、应用组件和网络服务组件。

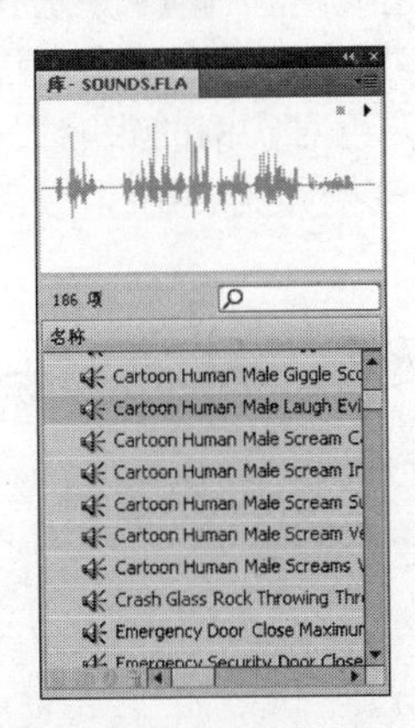

图 8-15　“声音”库

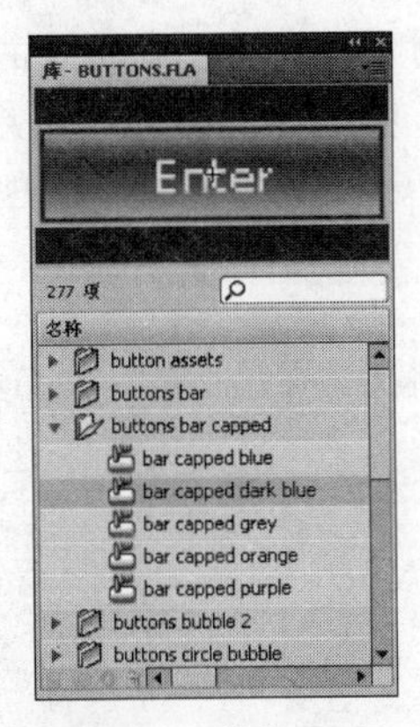

图 8-16　“按钮”库

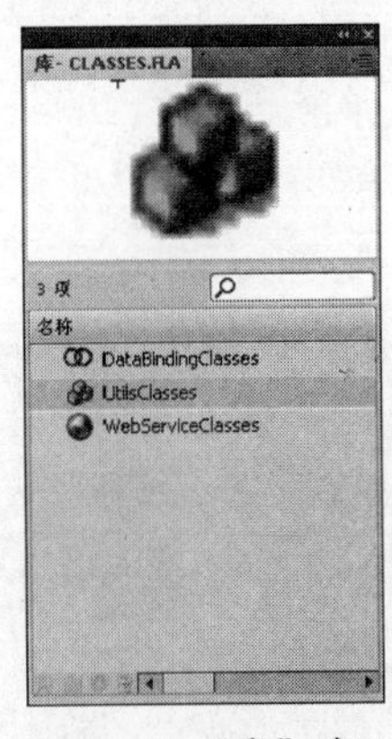

图 8-17　“类”库

8.3　实例

将“库”面板中的元件拖曳到场景或其他元件中，实例便创建成功，也就是说，在场景中或元件中的元件被称为实例。一个元件可以创建多个实例，并且对某个实例进行修改不会影响元件，也不会影响到其他实例。

8.3.1　创建实例

创建实例的方法很简单，只需在“库”面板中选中元件，按下鼠标左键不放，将其拖曳到场景中，松开鼠标，实例便创建成功。

创建实例时需要注意场景中帧数的设置。当多帧的影片剪辑和多帧的图形元件创建实例时，在舞台中影片剪辑设置一个关键帧即可，图形元件则需要设置与该元件完全相同的帧数，动画才能完整地播放。

8.3.2 编辑实例

编辑实例一般指的是改变实例颜色样式、实例名设置等。要对实例的内容进行改变只有进入到元件中才能操作，并且这样的操作会改变所有用该元件创建的实例。

1. 颜色样式

选择舞台中的元件，也就是实例后，打开“属性”面板，在“样式”下拉列表中有 5 个可选操作：“无”、“亮度”、“色调”、“高级”、“Alpha”。如图 8-18 所示，选择“无”表示不作任何修改，其他 4 个选项的功能如下。

图 8-18 “样式”下拉列表

（1）亮度

调节图像的相对亮度或暗度，度量范围是从黑(-100%)到白(100%)。若要调整亮度，单击“亮度”后面的三角形并拖动滑块，或者在框中输入一个值即可。调整实例的亮度值为-50%时，效果如图 8-19 所示。

（2）色调

使用一种颜色对实例进行着色操作。可以在颜色框 ■ 中选择一种颜色，或调整红、绿、蓝的数字来选定颜色。颜色选定后，在右边的色彩数量调节框中输入数字，该数字表示此种颜色对实例的影响大小，0 表示没有影响，100%表示实例完全变为选定的颜色。调整色调为黄色，色彩数量为 70%，效果如图 8-20 所示。

图 8-19 调整亮度后的效果

图 8-20 调整色调

（3）高级

选择高级选项，可以调节实例的颜色和透明度。这在制作颜色变化非常精细的动画时最有用。每一项都有左右两个调节框，左边的调节框用来输入减少相应颜色分量或透明度的比例，右边的调节框通过具体数值来增加或减少相应颜色和透明度的值。如图 8-21 所示。将左边的值乘以百分比值，然后加上右列中的常数，就会得到新颜色。例如，当前红色值为 100，左边为 30%，右边为 200，新的红色值为 100×30%+200。

- Alpha：调整实例的透明程度。数值在 0%～100%之间，0%表示完全透明，100%表示完全不透明。当 Alpha 值设为 50%时，效果如图 8-22 所示。

图 8-21　高级选项

图 8-22　调整 Alpha 值

2. 设置实例名

实例名的设置只针对影片剪辑和按钮元件，图形元件及其他的文件是没有实例名的。当实例创建成功后，在舞台中选择实例，打开“属性”面板，在实例名称文本框中输入的名字为该实例的名称，如图 8-23 所示。

实例名称用于脚本中对某个具体对象进行操作时，称呼该对象的代号。既可以使用中文，也可以使用英文和数字。在使用英文时注意大小写，因为 Action Script 是会识别大小写的。

3. 交换实例

当在舞台中创建实例后，也可以为实例指定另外的元件，舞台上的实例变为另一个实例，但是原来的实例属性不会改变。

交换实例的具体操作步骤如下：

Step 1　在“属性”面板中单击 交换... 按钮，弹出“交换元件”对话框，如图 8-24 所示。

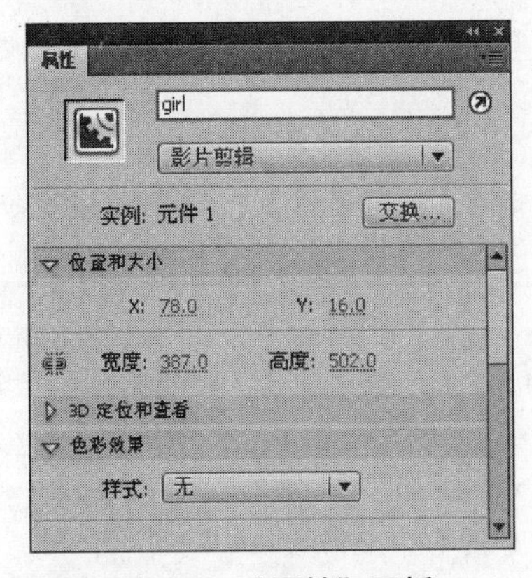

图 8-23　“属性”面板

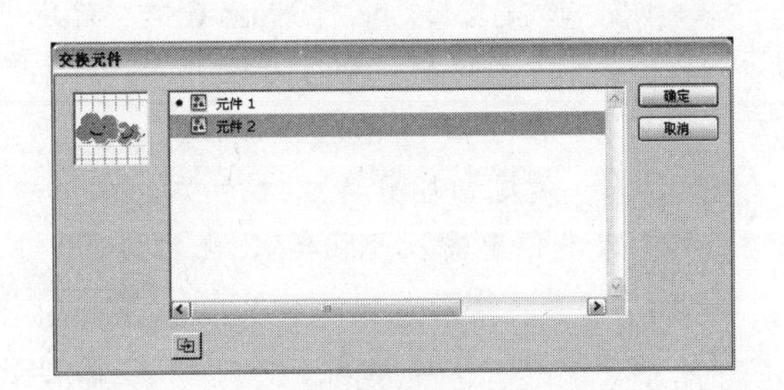

图 8-24　“交换元件”对话框

Step 2　在“交换元件”对话框中，选择想要交换的文件，单击 确定 按钮，交换成功。

8.4 应用实践

8.4.1 任务 1——使用影片剪辑与图形元件创建旋转的风车

任务要求

奇奇卡通公司要求为其制作一个旋转风车的动画场景，该动画场景中要有蓝天白云，小羊与 3 架风车。

任务分析

为奇奇卡通公司制作一个旋转风车的动画场景，场景中有 3 架旋转的风车。如果在舞台中制作一架架风车很麻烦，可以制作一个旋转的风车动画影片剪辑，拖入 3 次到舞台中即可。小羊可以制作成图形元件，拖入多个到舞台上。

任务设计

本例首先使用动作补间制作风车转动的动画影片剪辑与白云飘动的动画，然后制作一个图形元件，导入小羊的图片，最后回到主场景，导入背景图片并将影片剪辑与图形元件拖曳到舞台上。完成后的效果如图 8-25 所示。

图 8-25　最终效果

完成任务

Step 1　新建文档。运行 Flash CS4，新建一个 Flash 空白文档。执行“修改”→“文档”命令，打开“文档属性”对话框，在对话框中将“尺寸”设置为 700 像素（宽）× 500 像素（高），如图 8-26 所示。设置完成后单击 确定 按钮。

Step 2　新建影片剪辑。执行“插入”→“新建元件”命令，打开“创建新元件”对话框。在“名称”文本框中输入“风车”，在“类型”下拉列表中选中“影片剪辑”选项，如图 8-27 所示。

Step 3　导入图片。完成后单击 确定 按钮进入影片剪辑“风车”的编辑区中，导入一幅房屋图片，然后新建一个图层 2，将一幅风车图像导入到舞台中，如图 8-28 所示。

Step 4　创建补间动画。在图层 2 的第 130 帧处插入关键帧，在图层 1 的第 130 帧处插入帧，然后在图层 2 的第 1 帧处单击鼠标右键，在弹出的快捷菜单中选择“创建传统补间”命令，如图 8-29 所示。这样就为图层 2 的第 1 帧与第 130 帧之间创建了补间动画。

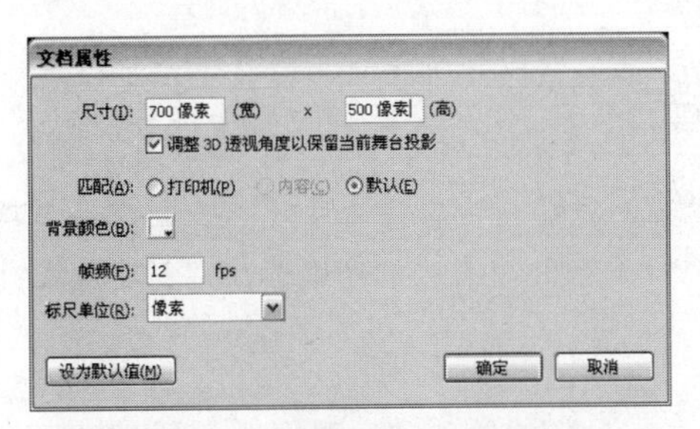

图 8-26 “文档属性”对话框

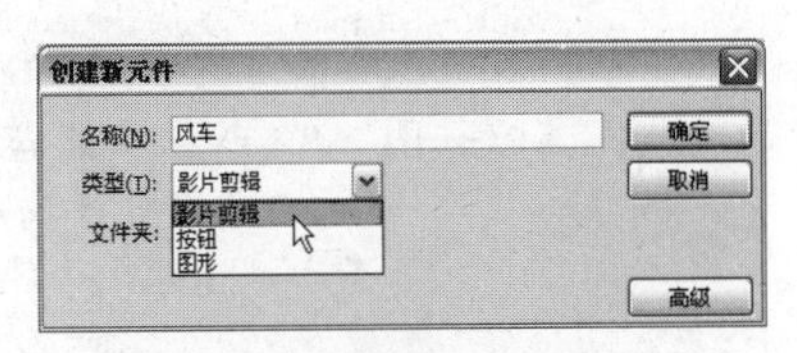

图 8-27 创建影片剪辑

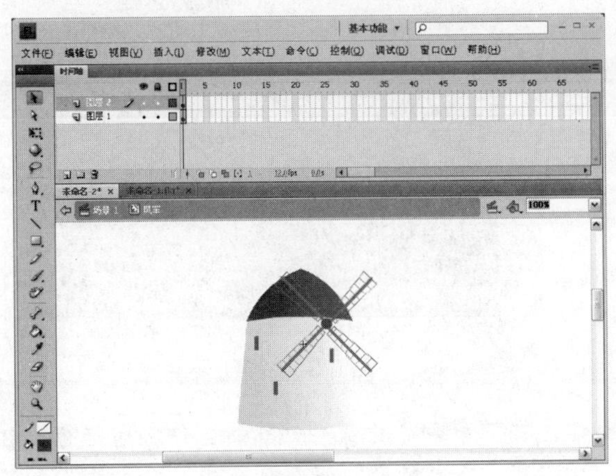

图 8-28 导入图片

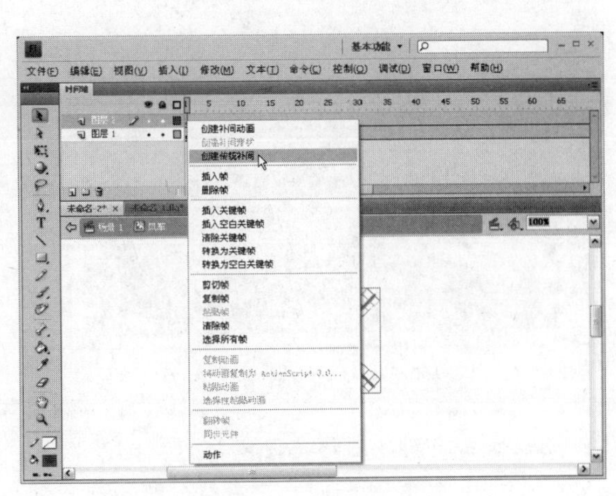

图 8-29 选择“创建传统补间”命令

Step 5 设置旋转。选择图层 2 的第 1 帧，打开“属性”面板，在“旋转”下拉列表中选择“顺时针”选项，如图 8-30 所示。

Step 6 新建影片剪辑。执行“插入”→“新建元件”命令，打开“创建新元件”对话框。在“名称”文本框中输入“白云”，在“类型”下拉列表中选中“影片剪辑”选项，如图 8-31 所示。

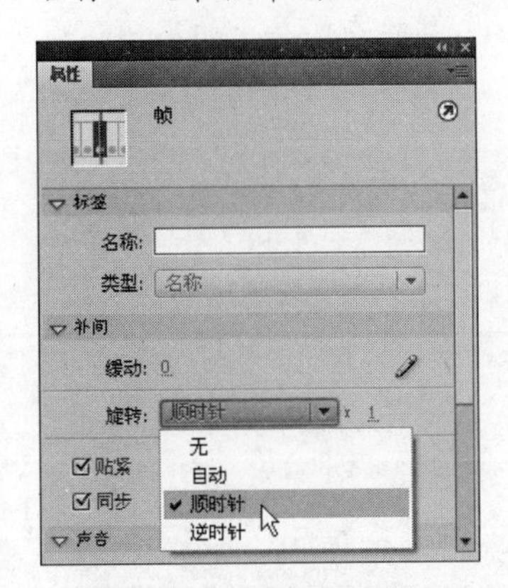

图 8-30 “属性”面板

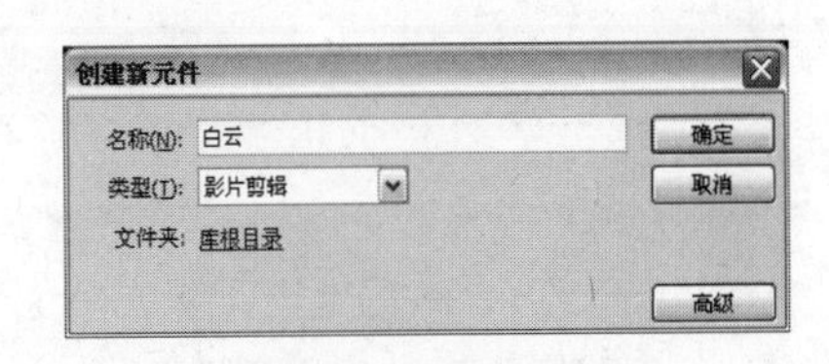

图 8-31 创建影片剪辑

Step 7 导入图片。完成后单击 确定 按钮进入影片剪辑“白云”的编辑区中，执行“文件”→“导入”→“导入到舞台”命令导入一幅云朵图片到工作区中，如图 8-32 所示。

提示：这里是为了让读者能清楚地看到白云的移动，所以暂时将文档的背景颜色设置为黑色，等“白云”影片剪辑中的动画制作完成后，就会将文档的背景颜色改回为白色。

Step 8 移动云朵。在第300帧处按下“F6”键，插入关键帧。然后将该帧处“云朵”向右移动一段距离，如图8-33所示。最后在第1帧处单击鼠标右键，在弹出的快捷菜单中选择“创建传统补间”命令。

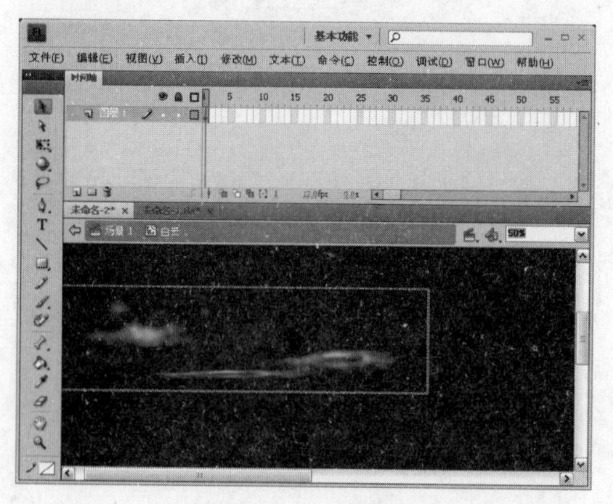

图8-32 导入图片

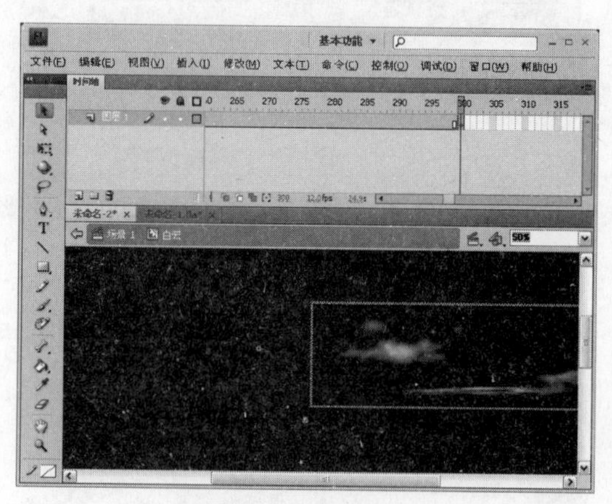

图8-33 移动云朵

Step 9 新建图形元件。执行“插入”→“新建元件”命令，打开“创建新元件”对话框，在“名称”文本框中输入“小羊”，在“类型”下拉列表中选择“图形”选项，如图8-34所示。

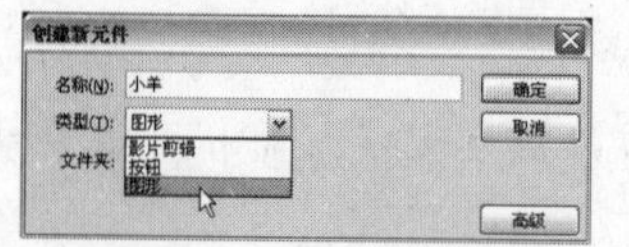

图8-34 创建图形元件

Step 10 导入图片。完成后单击 确定 按钮进入图形元件“小羊”的编辑区中，执行“文件”→“导入”→“导入到舞台”命令，将一幅小羊图片导入到工作区中，如图8-35所示。

Step 11 返回主场景并导入背景。单击 场景1 按钮，返回主场景，执行“文件”→“导入”→“导入到舞台”命令，将一幅背景图像导入到舞台中，如图8-36所示。然后在图层1的第300帧处插入帧。

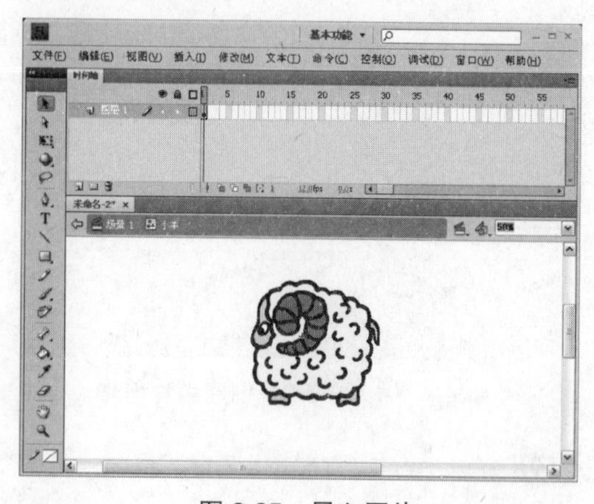

图8-35 导入图片

图8-36 返回主场景并导入背景

Step 12　拖入影片剪辑“白云”。新建一个图层 2，从“库”面板中将影片剪辑“白云”拖曳到舞台上，并将其移动到舞台的左侧，如图 8-37 所示。

Step 13　拖入影片剪辑“风车”。新建一个图层 3，从“库”面板中将影片剪辑“风车”拖曳到舞台上，如图 8-38 所示。

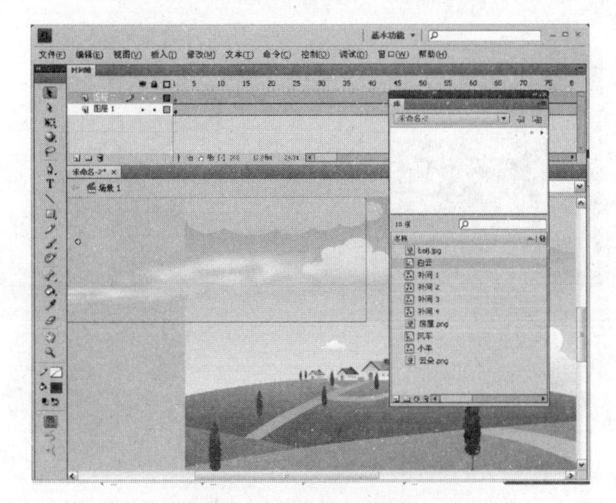

图 8-37　拖入影片剪辑

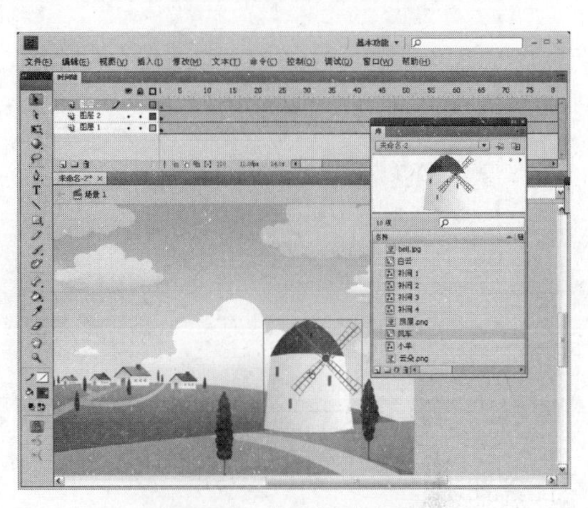

图 8-38　拖入影片剪辑

Step 14　拖入影片剪辑“风车”。从“库”面板中继续将影片剪辑“风车”拖入到舞台上两次，并使用任意变形工具将近处的风车放大一些，将远处的风车缩小一些，如图 8-39 所示。

Step 15　拖入图形元件。新建一个图层 4，从“库”面板中将图形元件“小羊”拖入多个到舞台上分布在草地的四周，然后使用任意变形工具将部分小羊缩小并水平翻转，最后将图层 4 拖曳到图层 2 的下方，如图 8-40 所示。

图 8-39　拖入影片剪辑

图 8-40　拖入图形元件

Step 16　测试动画。保存文件并按下“Ctrl+Enter”组合键，欣赏最终效果，如图 8-41 所示。

归纳总结

本例使用影片剪辑与图形元件创建了旋转的风车动画。对于需要重复使用的资源可以将其制作成影片剪辑与图形元件，然后从“库”面板中拖曳到舞台上使其成为实例。使用元件不但使编辑动画更

加方便，还可以大大减小 Flash 动画的尺寸。这也是进行复杂动画设计的重要设计技巧和手段。

图 8-41　完成效果

8.4.2　任务 2——运用按钮元件创建人物按钮动画

任务要求

童趣少儿网要求为其网站制作一个动画，该动画是童趣少儿网一个抽奖网页的入口，要吸引浏览者点击。

任务分析

为童趣少儿网制作一个抽奖网页入口动画，要吸引浏览者点击。童趣少儿网的用户大都是少年儿童，所以动画要卡通一些，并且浏览者的点击处要设置得巧妙一些。可以用一个可爱的小女孩作为点击的按钮，还可以伴随小女孩按钮设置一些有趣的文字，当浏览者没有点击时显示一段文字，当浏览者将鼠标移动到按钮上时又显示一段文字，当浏览者在按钮上单击时，显示另外的文字。

任务设计

本例首先将小女孩图片导入到库中，然后创建一个按钮元件，将小女孩图片分别放置到按钮元件的不同帧中，并输入不同的文字，接着回到主场景，导入背景图片并将按钮元件拖曳到舞台上，最后制作一个图形元件作为小女孩的影子。完成后的效果如图 8-42 所示。

图 8-42　最终效果

完成任务

Step 1　新建文档。新建一个 Flash 空白文档。执行"修改"→"文档"命令，打开"文档属性"对话框，在对话框中将"尺寸"设置为 600 像素（宽）× 500 像素（高），如图 8-43 所示。设置完成后单击 确定 按钮。

Step 2　导入图片到库。执行"文件"→"导入"→"导入到库"命令，将 3 幅图片导入到"库"面板中，如图 8-44 所示。

Step 3　创建按钮。执行"插入"→"新建元件"命令，打开"创建新元件"对话框，在对话框中的"名称"文本框中输入"小女孩"，在"类型"下拉列表中选择"按钮"选项，如图 8-45 所示。

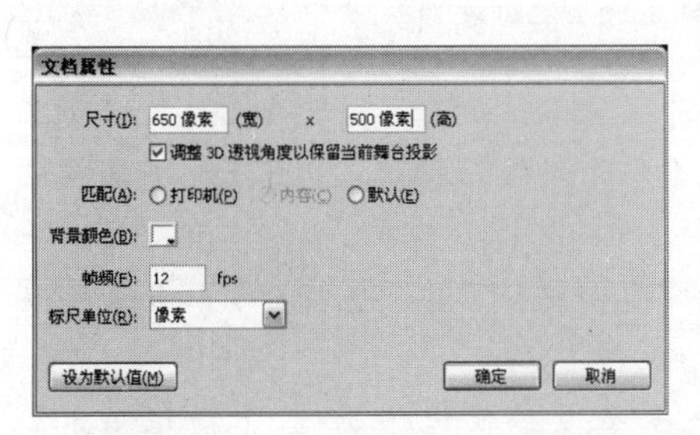

图 8-43　"文档属性"对话框

图 8-44　导入图片到库

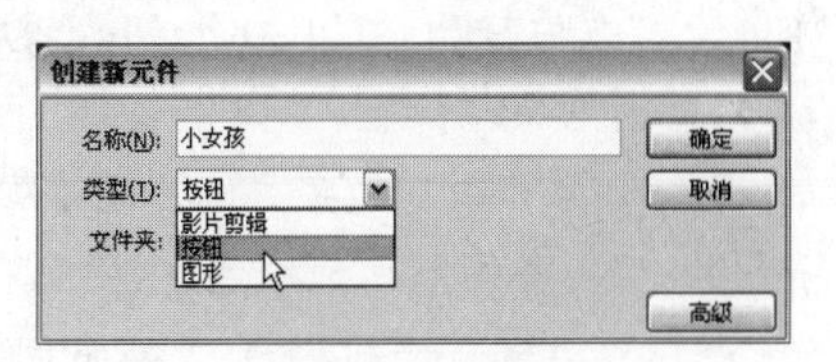

图 8-45　创建按钮

Step 4　拖入图片。完成后单击 确定 按钮进入按钮元件的编辑状态，从"库"面板里将一幅图片拖入到工作区中。然后按下"Ctrl+K"组合键打开"对齐"面板，单击水平中齐按钮与垂直居中分布按钮，如图 8-46 所示。

Step 5　输入文字。选择文本工具 T 输入文字"点击我试试吧，嘻嘻!"，字体选择"微软简中圆"，字号为 22，字体颜色为红色（#990000），如图 8-47 所示。

图 8-46　拖入图片

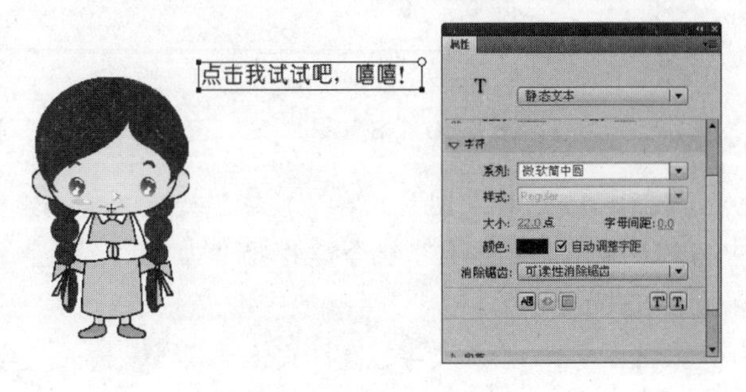

图 8-47　输入文字

Step 6 绘制椭圆。使用椭圆工具在工作区中绘制一个边框为灰色（#666666）、填充为无的椭圆。并分别用选择工具选中椭圆的上下边框，按住鼠标左键不放稍稍向上与向下拉一下，调整椭圆的形状。完成后将椭圆边框拖放到如图 8-48 所示的位置。

Step 7 绘制椭圆。使用椭圆工具在工作区中绘制 3 个边框为灰色（#666666）、填充为无的椭圆。再按照同样的方法用选择工具调整椭圆的形状。最后将这 3 个椭圆拖曳到如图 8-49 所示的位置。

图 8-48 绘制椭圆

图 8-49 绘制椭圆

Step 8 拖入图片。在“指针经过”处插入空白关键帧。从“库”面板里将一幅图片拖曳到工作区中。然后按下“Ctrl+K”组合键打开“对齐”面板，单击水平中齐按钮与垂直居中分布按钮，如图 8-50 所示。

Step 9 输入文字。选择文本工具输入文字“快点按下鼠标吧!”，字体选择“微软简中圆”，字号为 22，字体颜色为红色（#990000），如图 8-51 所示。

Step 10 绘制椭圆。按照同样的方法使用椭圆工具在工作区中绘制 4 个边框为灰色（#666666）、填充为无的椭圆，如图 8-52 所示。

图 8-50 拖入图片

图 8-51 输入文字

图 8-52 绘制椭圆

Step 11 拖入图片。在“按下”处插入空白关键帧。从“库”面板里将一幅图片拖曳到工作区中。然后按下“Ctrl+K”组合键打开“对齐”面板，单击水平中齐按钮与垂直居中分布按钮，如图 8-53 所示。

Step 12 输入文字。选择文本工具输入文字“希望你中大奖哦!”，字体选择“微软简中圆”，字号为 22，字体颜色为红色（#990000），如图 8-54 所示。

Step 13　绘制椭圆。按照同样的方法使用椭圆工具 在工作区中绘制 4 个边框为灰色(#666666)、填充为无的椭圆，如图 8-55 所示。

图 8-53　拖入图片

图 8-54　输入文字

图 8-55　绘制椭圆

Step 14　返回主场景并导入背景。单击 场景 1 按钮，返回主场景，执行"文件"→"导入"→"导入到舞台"命令，将一幅背景图像导入到舞台中，如图 8-56 所示。

Step 15　拖入按钮元件。新建一个图层 2，从"库"面板中将按钮元件"小女孩"拖曳到舞台上，如图 8-57 所示。

图 8-56　返回主场景并导入背景

图 8-57　拖入按钮元件

Step 16　绘制椭圆。新建一个图层 3，将其拖动到图层 2 的下方，使用椭圆工具 在小女孩的脚下绘制一个无边框颜色、填充颜色为灰色（#666666）的椭圆，如图 8-58 所示。

Step 17　转换为图形元件。选中绘制的椭圆，执行"修改"→"转换为元件"命令，打开"转换为元件"对话框，在"名称"文本框中输入"阴影"，在"类型"下拉列表中选择"图形"选项，如图 8-59 所示。完成后单击 确定 按钮。

Step 18　设置 Alpha 值。选择"阴影"图形元件，打开"属性"面板，将元件的 Alpha 值设置为 65%，如图 8-60 所示。

图 8-58　绘制椭圆

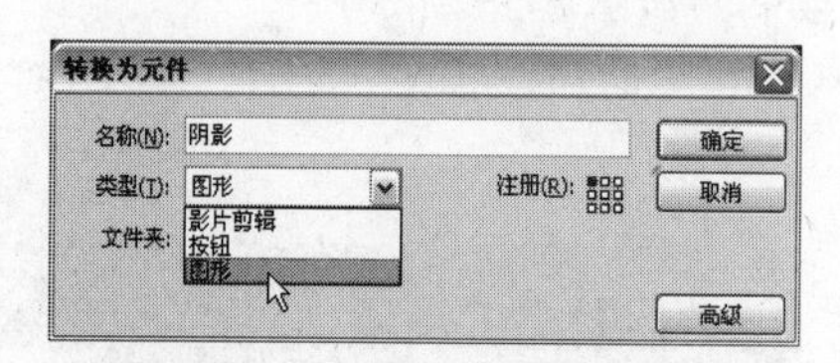

图 8-59　转换为图形元件

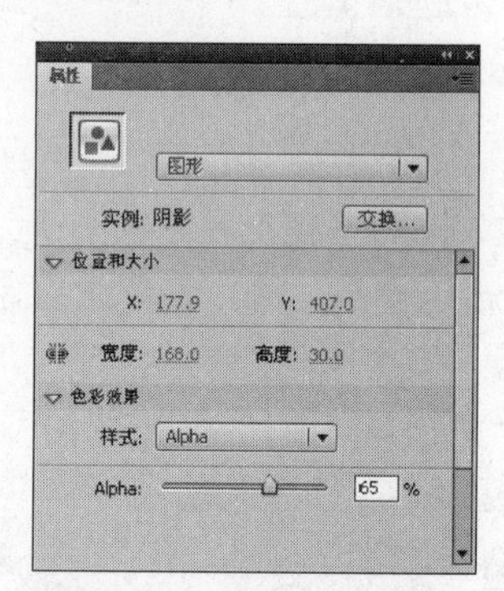

图 8-60　设置 Alpha 值

Step 19　测试动画。保存文件并按下“Ctrl+Enter”组合键，欣赏最终效果，如图 8-61 所示。

图 8-61　完成效果

归纳总结

本例使用影片剪辑与图形元件创建网页按钮入口动画。按钮是使用导入功能、文本工具与创建按钮元件功能来编辑制作的，其中创建按钮是最重要的一环，希望读者重点掌握。

8.5 知识拓展

8.5.1　设置元件的混合模式

在 Flash 动画制作中使用“混合”功能可以得到多层复合的图像效果。该模式将改变两个或两个以上重叠对象的透明度或者颜色相互关系，使结果显示重叠影片剪辑中的颜色，从而创造独特的视觉效果。用户可以通过“属性”面板中的混合选项为目标添加该模式，如图 8-62 所示。

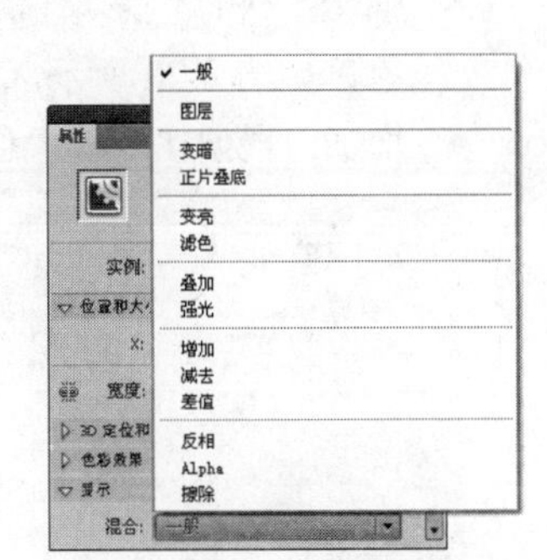

图 8-62　“混合”功能

由于混合模式的效果取决于混合对象的混合颜色和基准颜色，因此在使用时应测试不同的颜色，以得到理想的效果。Flash CS4 为用户提供了以下几种混合模式。

- 一般：正常应用颜色，不与基准颜色发生相互关系，如图 8-63 所示。
- 图层：可以层叠各个影片剪辑，而不影响其颜色，如图 8-64 所示。
- 变暗：只替换比混合颜色亮的区域，比混合颜色暗的区域不变，如图 8-65 所示。

图 8-63　一般混合模式

图 8-64　图层混合模式

图 8-65　变暗混合模式

- 正片叠底：将基准颜色复合为混合颜色，从而产生较暗的颜色，与变暗的效果相似，如图 8-66 所示。
- 变亮：只替换比混合颜色暗的像素，比混合颜色亮的区域不变，如图 8-67 所示。

图 8-66　色彩增值混合模式

图 8-67　变亮混合模式

- 滤色：将混合颜色的反色复合为基准颜色，从而产生漂白效果，如图 8-68 所示。
- 叠加：进行色彩增值或滤色，具体情况取决于基准颜色，如图 8-69 所示。

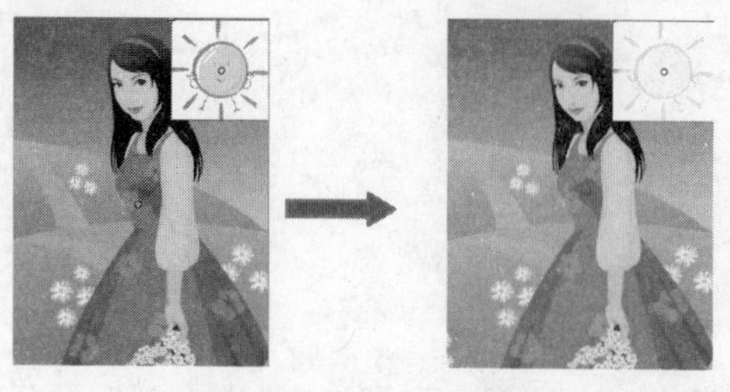

图 8-68 荧幕混合模式

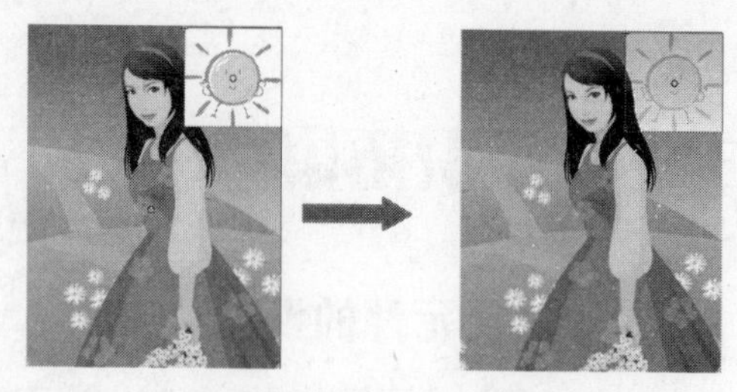

图 8-69 叠加混合模式

- 强光：进行色彩增值或滤色，具体情况取决于混合模式颜色。该效果类似于用点光源照射对象，如图 8-70 所示。
- 增加：根据比较颜色的亮度，从基准颜色增加混合颜色，有类似变亮的效果，如图 8-71 所示。

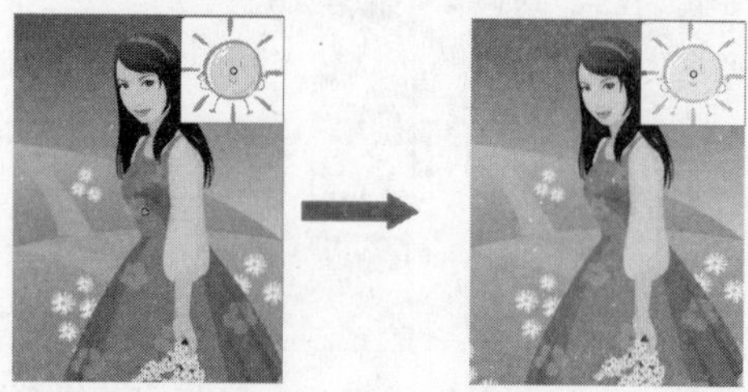

图 8-70 强光混合模式

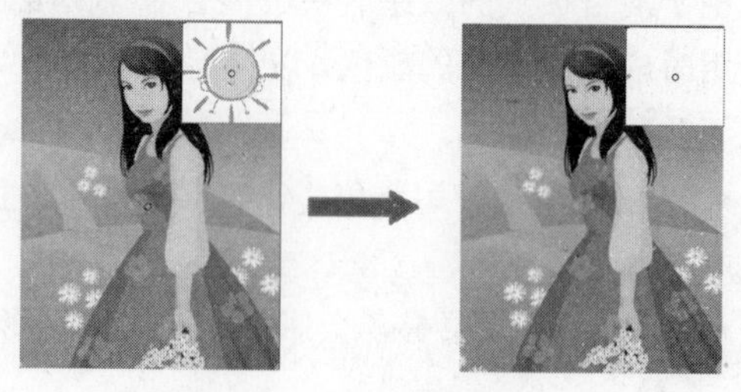

图 8-71 增加混合模式

- 减去：根据比较颜色的亮度，从基准颜色减去混合颜色，如图 8-72 所示。
- 差值：从基准颜色减去混合颜色，或者从混合颜色减去基准颜色，具体情况取决于哪个的亮度值较大，如图 8-73 所示。

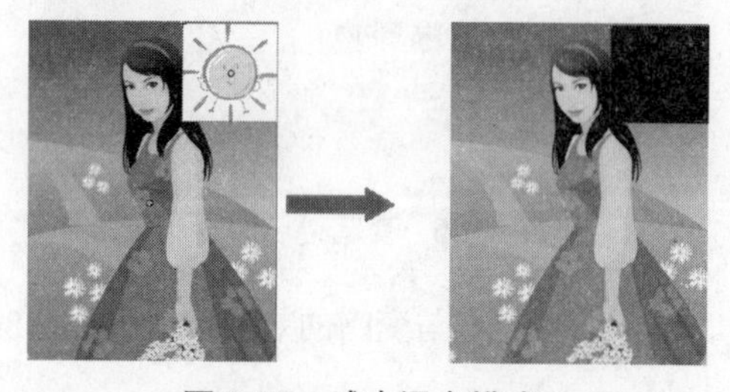

图 8-72 减去混合模式

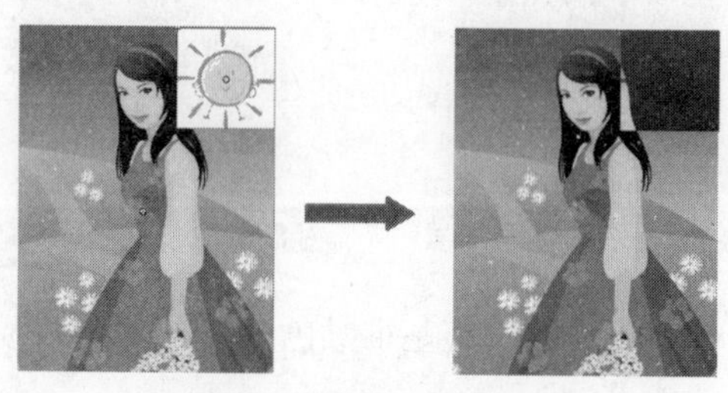

图 8-73 差异混合模式

- 反相：是取基准颜色的反色，该效果类似于彩色底片，如图 8-74 所示。
- Alpha：应用 Alpha 遮罩层。模式要求将图层混合模式应用于父级影片剪辑。不能将背景剪辑更改为“Alpha”并应用它，因为该对象将是不可见的，如图 8-75 所示。

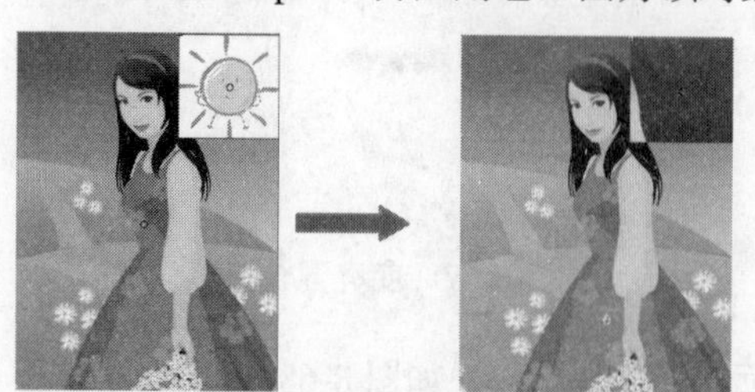

图 8-74 反转混合模式

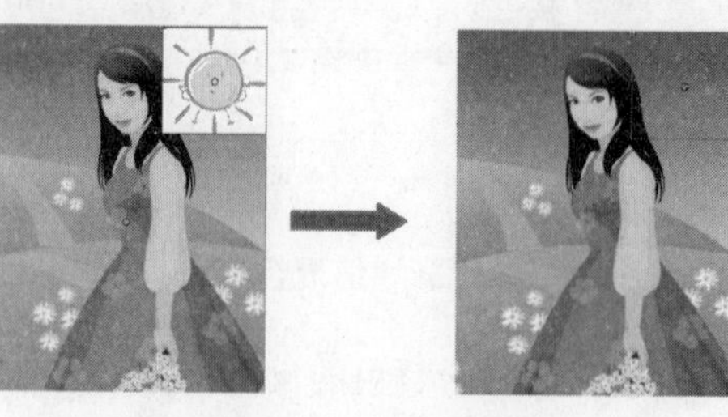

图 8-75 Alpha 混合模式

- 擦除：删除所有基准颜色像素，包括背景图像中的基准颜色像素。混合模式要求将图层混合模式应用于父级影片剪辑。不能将背景剪辑更改为“擦除”并应用它，因为该对象将是不可见的，如图 8-76 所示。

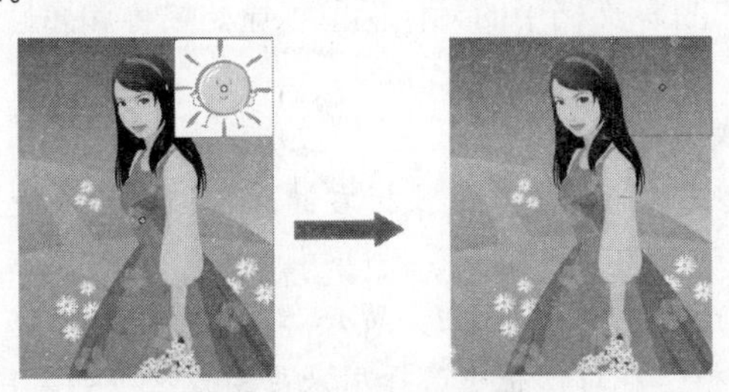

图 8-76 擦除混合模式

8.5.2 共享库资源

共享库资源可以在多个目标文档中使用源文档的资源并可以通过各种方式优化影片资源管理。可使用两种不同的方法来共享库资源。

1. 运行时共享库资源

源文档的资源是以外部文件的形式链接到目标文档中的。运行时资源在文档回放期间（即在运行时）加载到目标文档中。在制作目标文档时，包含共享资源的源文档并不需要在本地网络上使用。但是，为了让共享资源在运行时可供目标文档使用，源文档必须张贴到一个 URL 上。

设置对于运行时共享资源的步骤如下。

Step 1 选择库列表中的某个文件，在该文件上单击鼠标右键，在弹出的快捷菜单中选择“属性”命令，打开“元件属性”对话框，如图 8-77 所示。

Step 2 单击 高级 按钮，展开高级选项，选中“为运行时共享导出”复选框，使该资源可链接到目标影片。在“标识符”文本框中输入元件的标识符，如图 8-78 所示，注意不要包括空格，因为这是一个名称。标识符也将作为在脚本中对象的名称。

图 8-77 “元件属性”对话框

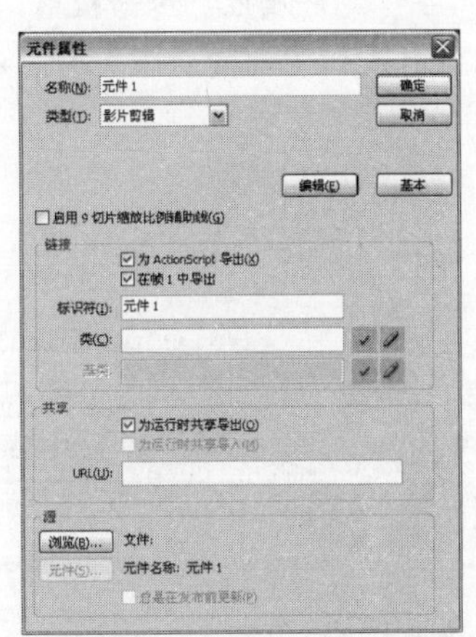

图 8-78 输入元件的标识符

Step 3 在“URL”文本框中输入所要链接的 SWF 文件在主机中的位置。完成后单击 确定 按钮即可。

2. 创作期间共享库资源

可以用本地网络上任何其他可用元件来更新或替换正在创作的文档中的任何元件。可以在创作文档时更新目标文档中的元件。目标文档中的元件保留了原始名称和属性，但其内容会被更新或替换为用户所选择元件的内容。

替换或更新元件，具体操作步骤如下。

Step 1 在库列表中选定的文件上单击鼠标右键，在弹出的快捷菜单中选择“属性”命令。打开“元件属性”对话框。

Step 2 单击对话框中的 高级 按钮，展开“元件属性”对话框，然后单击 浏览(B)... 按钮，打开“查找 FLA 文件”对话框。在对话框中选择用来更新或替换列表中选定文件的 FLA 文件，如图 8-79 所示，然后单击 打开(O) 按钮。

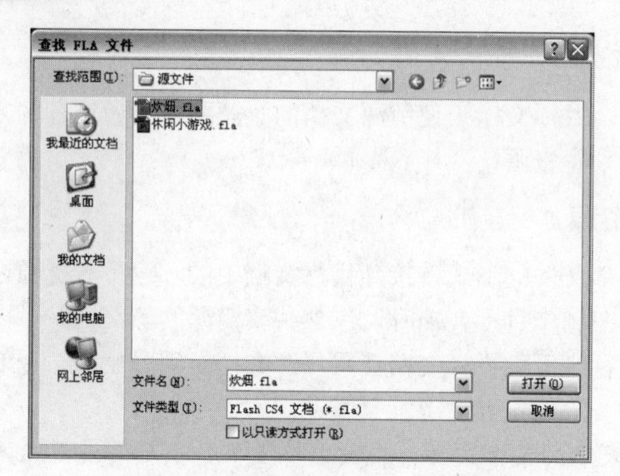

图 8-79 “查找 FLA 文件”对话框

Step 3 弹出“选择源元件”对话框，如图 8-80 所示，在该对话框中选择某一元件用来替换库中所选元件。然后单击 确定 按钮。

Step 4 在“元件属性”对话框中，勾选“总是在发布前更新”复选框，如图 8-81 所示，以便在指定的源位置找到该资源的新版本时自动更新，最后单击 确定 按钮。

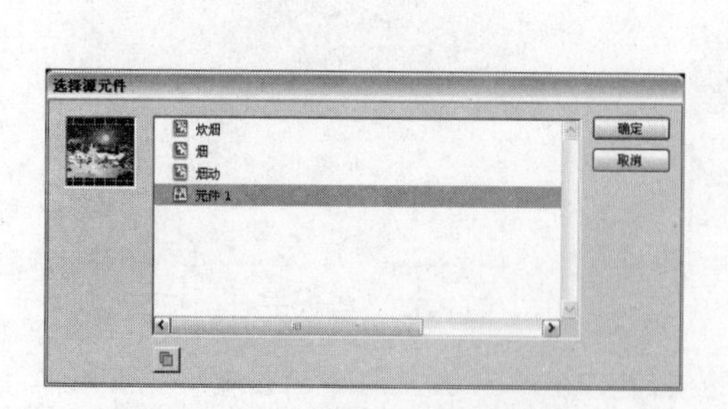

图 8-80 “选择源元件”对话框

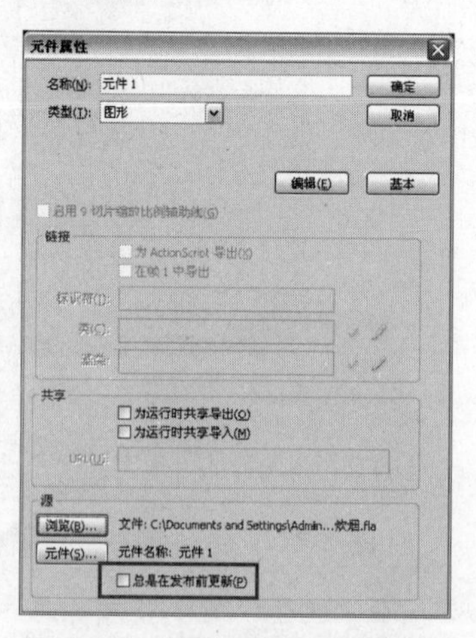

图 8-81 “元件属性”对话框

使用共享库资源可以通过各种方式优化工作流程和文档资源管理。例如，可以使用共享库资源在多个站点间共享一个字体元件，为多个场景或文档中使用的动画中的元素提供单一来源，或者创建一个中央资源库来跟踪和控制版本修订。

8.6 自我检测

1. 填空题

（1）Flash 中的 3 大元件分别是______、______、______。

（2）进入按钮编辑区后，时间轴上有 4 个空白帧，分别是______、______和______。

（3）打开______键能快速打开“库”面板。

2. 选择题

（1）将动画元素转换为元件的快捷键是（　　）。

A．Ctrl+V　　B．Ctrl+F8　　C．F8　　D．Ctrl+X

（2）在 Flash CS4 中只有（　　）才能设置实例名。

A．影片剪辑　　按钮元件

B．影片剪辑　　图形元件

C．图形元件　　按钮元件

D．影片剪辑

（3）“公用库”面板中系统自带的元件库包括（　　）。

A．学习交互、按钮、类　　B．学习交互、按钮、声音

C．图片、按钮、类　　D．声音、按钮、类

3. 上机题

（1）分别在 Flash CS4 中新建一个图形元件、一个按钮元件与一个影片剪辑元件。

（2）应用本章讲述的知识，创建一个如图 8-82 所示的动画效果。

图 8-82　动画效果

操作提示：

Step 1　新建一个动画文档，然后创建一个影片剪辑。

Step 2　在影片剪辑中利用逐帧动画创建风吹蜡烛的动画。

Step 3　回到主场景，导入一幅背景图片，然后将影片剪辑拖曳到舞台上即可。

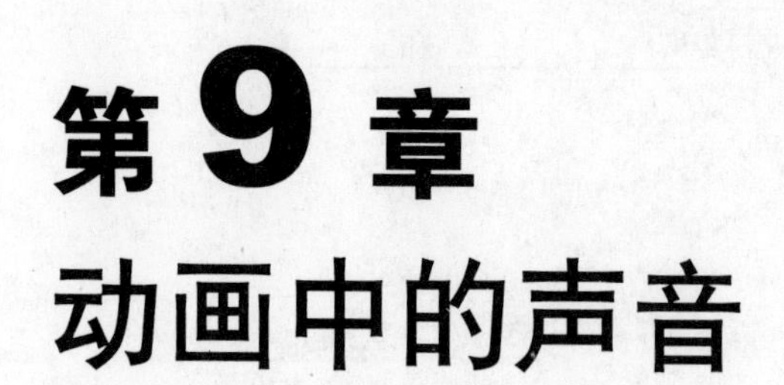

第9章 动画中的声音

📖 学习目标

要使 Flash 动画更加完善、更加引人入胜，只有漂亮的造型、精彩的情节是不够的，为 Flash 动画添加上生动的声音效果，除了可以使动画内容更加完整外，还有助于动画主题的表现。本章主要介绍了动画中声音的导入。希望读者通过对本章内容的学习，能了解声音的各种导入格式、掌握声音的导入及处理方法。

📖 主要内容

- 声音的导入及使用
- 声音的处理
- 运用动画与音乐功能制作化妆品广告
- 制作气球爆炸动画

9.1 声音的导入及使用

声音是多媒体作品中不可或缺的一种媒介手段。在动画设计中，为了追求丰富的、具有感染力的动画效果，恰当地使用声音是十分必要的。优美的背景音乐、动感的按钮音效以及适当的旁白可以更贴切地表达作品的深层内涵，使影片意境的表现得更加充分。

9.1.1　声音的类型

在 Flash 中，可以使用多种方法在影片中添加声音，例如给按钮添加声音后，鼠标光标经过按钮或按下按钮时将发出特定的声音。

在 Flash 中有两种类型的声音，即事件声音和流式声音。

1. 事件声音

事件声音在动画被完全下载之前，不能持续播放。只有下载结束后才可以播放，并且在没有得到明确的停止指令前，声音会不断地重复播放，播放是不会结束的。当选择了这种声音播放形式后，声音的播放就独立于帧播放，在播放过程中与帧无关。

2. 流式声音

Flash 将流式声音分成小片段，并将每一段声音结合到特定的帧上。对于流式声音，Flash 迫使动画与声音同步。在动画播放过程中，只需下载开始的几帧后就可以播放。

9.1.2　导入声音

Flash 影片中的声音是通过导入外部的声音文件而得到的。与导入位图的操作一样，执行“文件”→“导入”→“导入到舞台”命令，打开“导入”对话框，如图 9-1 所示。在对话框中选择声音文件，就可以进行对声音文件的导入。Flash CS4 可以直接导入 WAV 声音（*.wav）、MP3 声音（*.mp3）、AIFF 声音（*.aif）、Midi 格式（*.mid）等格式的声音文件。

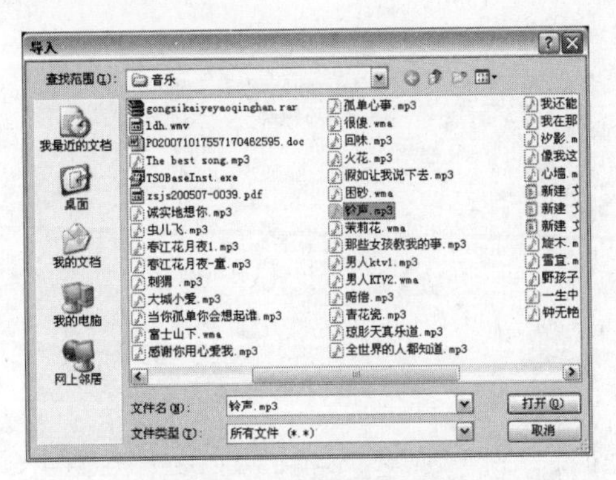

图 9-1 “导入”对话框

导入的声音文件作为一个独立的元件存在于“库”面板中，单击“库”面板预览窗格右上角的播放按钮 ▶，可以对其进行播放预览，如图 9-2 所示。

执行“文件”→“导入”→“导入到舞台”命令只能将声音导入到元件库中，而不是场景中，所以要使影片具有音效还要将声音加入到场景中。

选择需添加声音的关键帧或空白关键帧，从“库”面板中选择声音元件，按住鼠标左键不放直接将其拖曳到绘图工作区即可。或者，选择需添加声音的关键帧或空白关键帧，在“属性”面板中的“名称”下拉列表中可以选择需要的声音元件，如图 9-3 所示。

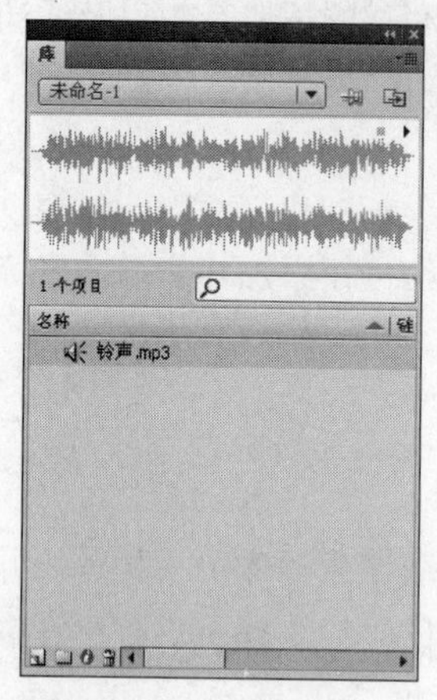

图 9-2 库中的声音文件

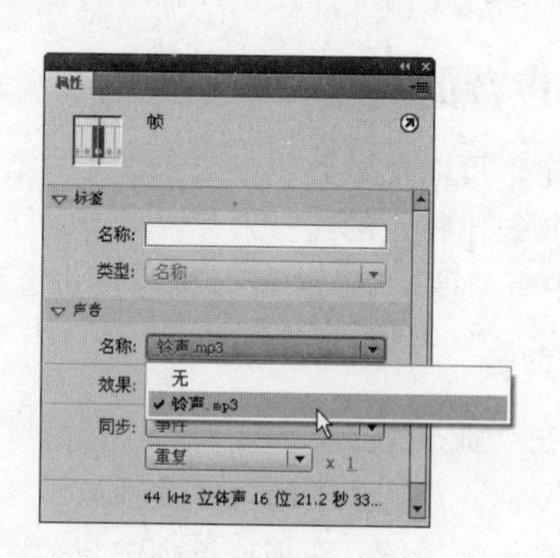

图 9-3 选择声音

9.1.3 声音的使用

在 Flash 中，可以使声音和按钮元件的各种状态相关联。当按钮元件关联了声音后，该按钮元件的所有实例中都有声音。

1. 为按钮添加声音

下面将介绍一个“有声音按钮”的制作过程，当用鼠标单击该按钮时会发出声音。

Step 1 新建一个 Flash 文档，执行“文件”→“导入”→“导入到舞台”命令，弹出“导入”对话框，在对话框中选择一个声音文件，如图 9-4 所示。完成后单击 打开(O) 按钮，声音就被导入到 Flash 中。

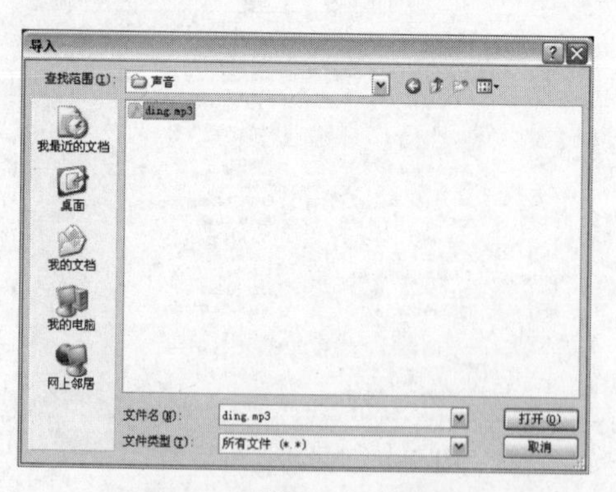

图 9-4 “导入”对话框

Step 2 执行“插入”→“新建元件”命令，打开“创建新元件”对话框，在对话框的“名称”

文本框中输入元件的名称“声音按钮”，在“类型”下拉列表中选择“按钮”选项，如图 9-5 所示。然后单击 确定 按钮，进入按钮元件编辑区。

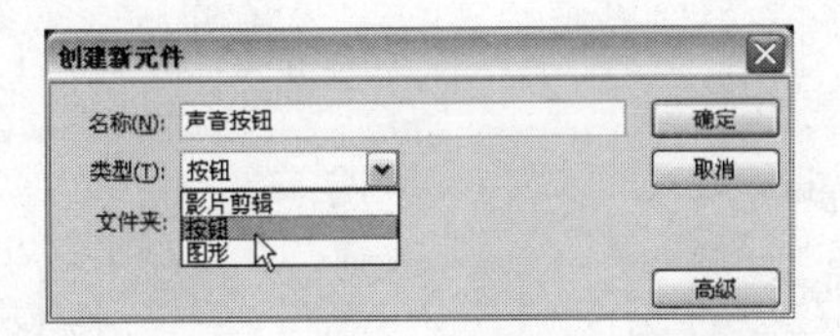

图 9-5 “创建新元件”对话框

Step 3 执行“窗口”→“颜色”命令，打开“颜色”面板，设置填充色为由蓝色到白色的线性渐变，如图 9-6 所示。

Step 4 在工具箱中单击椭圆工具，在按钮编辑状态下的“弹起”帧中绘制一个无边框的圆，如图 9-7 所示。

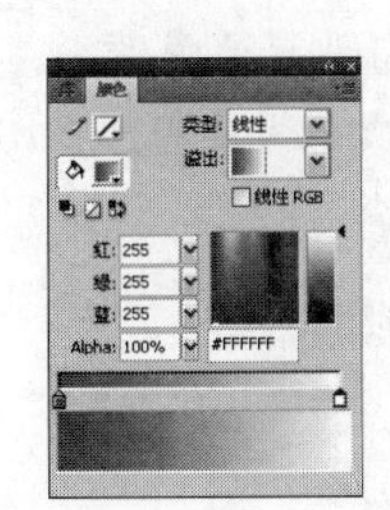

图 9-6 “颜色”面板

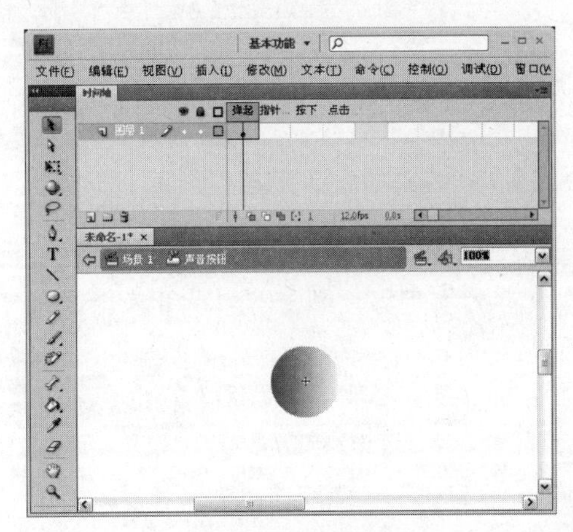

图 9-7 绘制圆

Step 5 复制此圆并将其粘贴到当前位置，然后执行“修改”→“变形”→“缩放与旋转”命令，打开“缩放和旋转”对话框，在对话框中将“缩放”设置为“80%”，将“旋转”设置为“180° ”，如图 9-8 所示。这时可以得到如图 9-9 所示的效果。

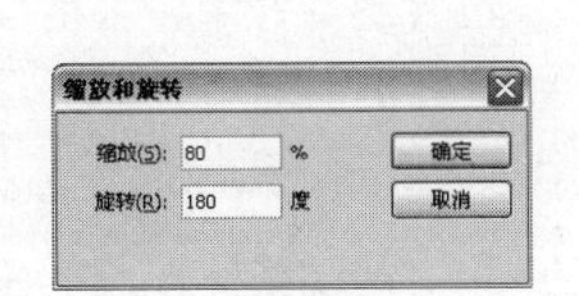

图 9-8 “缩放和旋转”对话框

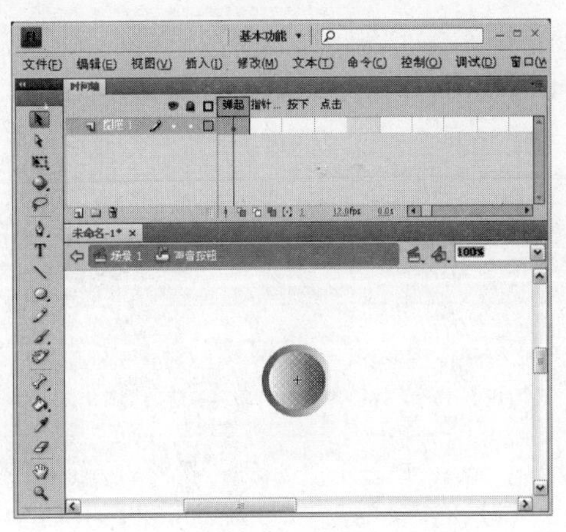

图 9-9 按钮“弹起”状态

Step 6 分别选择时间轴上的“指针经过”帧和“按下”帧，按下“F6”键，插入关键帧。在“指针经过”帧处，把小圆的填充色改为由黄色到白色的线性渐变填充，如图 9-10 所示。

Step 7 在“按下”帧中，将小圆的填充色设置成由紫红色到白色的线性渐变填充，如图 9-11 所示。

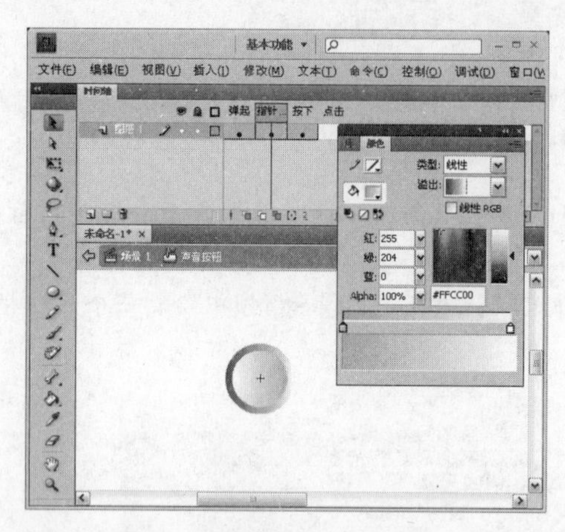

图 9-10 “指针经过”状态

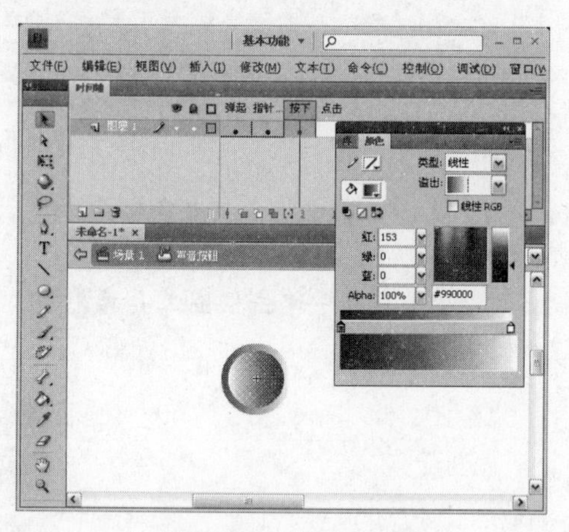

图 9-11 “按下”状态

Step 8 新建一个图层 2，单击图层 2 中的“指针经过”帧，将它设置为关键帧。将“属性”面板中的“名称”下拉列表中选择刚导入的声音文件，为“指针经过”帧添加声音，如图 9-12 所示。

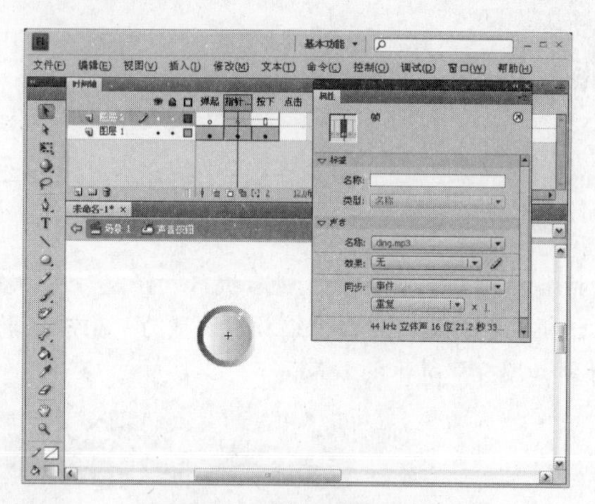

图 9-12 为按钮添加声音

提示：为“指针经过”帧添加声音，表示在浏览动画时，将鼠标指针移动到按钮上就会发出声音。

Step 9 返回到主场景中，将创建的按钮元件从“库”面板拖曳到舞台中，如图 9-13 所示。然后就可以按下“Ctrl+Enter”组合键预览影片了。

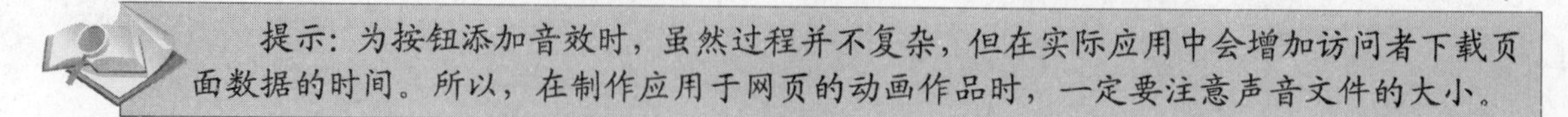

提示：为按钮添加音效时，虽然过程并不复杂，但在实际应用中会增加访问者下载页面数据的时间。所以，在制作应用于网页的动画作品时，一定要注意声音文件的大小。

在设计过程中，可以将声音放在一个独立的图层中，这样做有利于方便地管理不同类型的设计素材资源。

在制作声音按钮时，将音乐文件放在按钮的“按下”帧中。当用鼠标指针单击按钮时，会发出声音。当然，也可以设置按钮在其他状态时的声音，这时只需要在对应状态下的帧中拖入声音即可。

2. 为主时间轴使用声音

当把声音引入到“库”面板中后，就可以将它应用到动画中了。下面结合实例说明为 Flash 动画加入声音的操作步骤。

Step 1 打开一个已经完成了的简单动画，其时间轴的状态如图 9-14 所示。

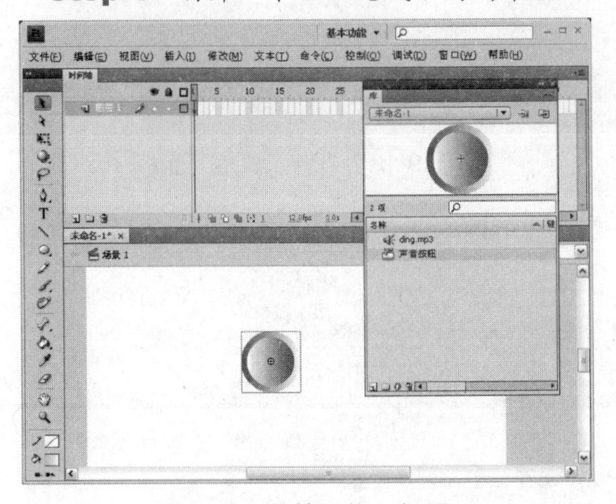

图 9-13 将按钮拖入场景

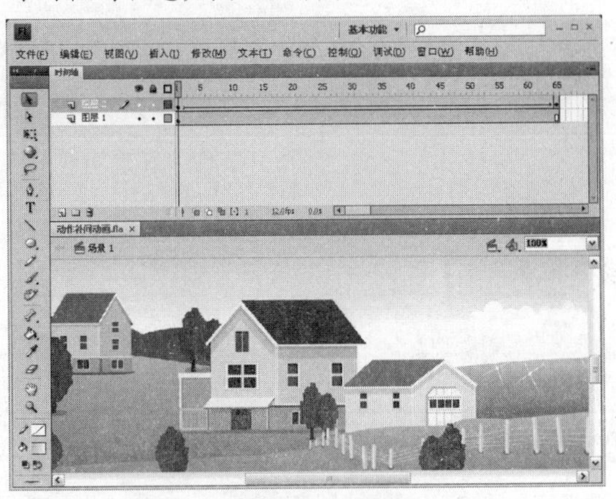

图 9-14 时间轴

Step 2 执行“文件”→“导入”→“导入到舞台”命令，打开“导入”对话框。在“导入”对话框中选择要导入的声音文件，然后单击 确定 按钮，导入声音文件，如图 9-15 所示。

Step 3 执行“窗口”→“库”命令，打开“库”面板。导入到 Flash 中的声音文件已经在“库”面板中了，如图 9-16 所示。

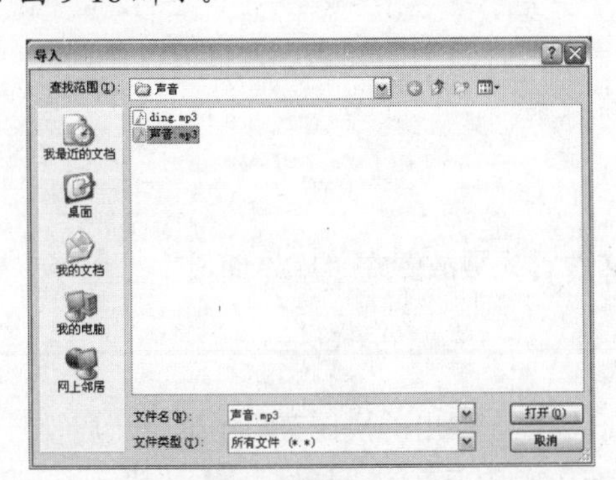

图 9-15 “导入”对话框

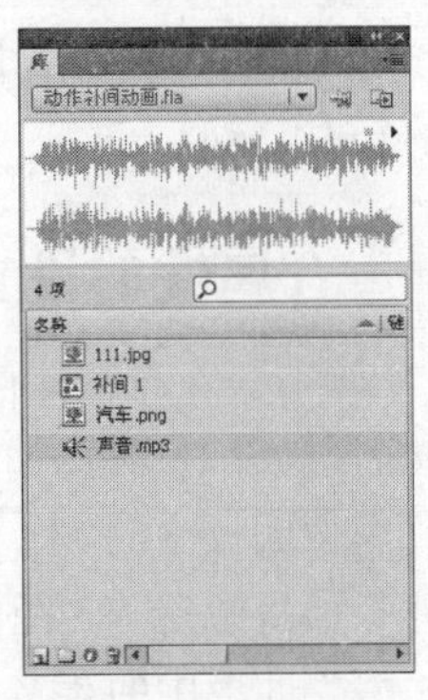

图 9-16 “库”面板

Step 4 新建一个图层来放置声音，并将该图层命名为“声音”，如图 9-17 所示。

提示：一个层中可以放置多个声音文件，声音与其他对象也可以放在同一个图层中。建议将声音对象单独地用于一个图层，这样便于管理。当播放动画时，所有图层中的声音都将被一起播放。

Step 5 在时间轴上选择需要加入声音的帧，这里选择“声音”层中的第 1 帧，然后在“属性”面板的“名称”下拉列表中选中刚刚导入到影片中的声音文件。在“同步”下拉列表中选择“数据流”选项，其他选项保持为默认设置，如图 9-18 所示。

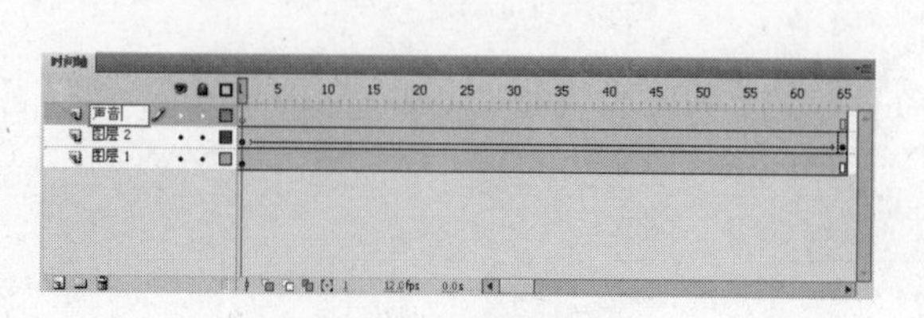

图 9-17 新建图层

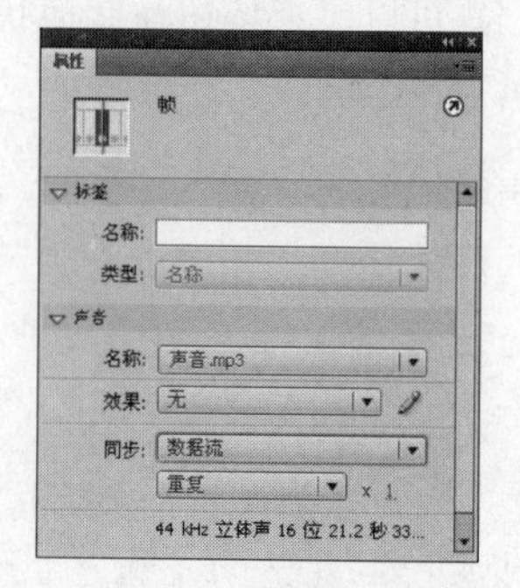

图 9-18 声音“属性”面板

Step 6 声音被导入 Flash 后，其时间轴的状态如图 9-19 所示。按下“Ctrl+Enter”组合键预览动画效果即可。

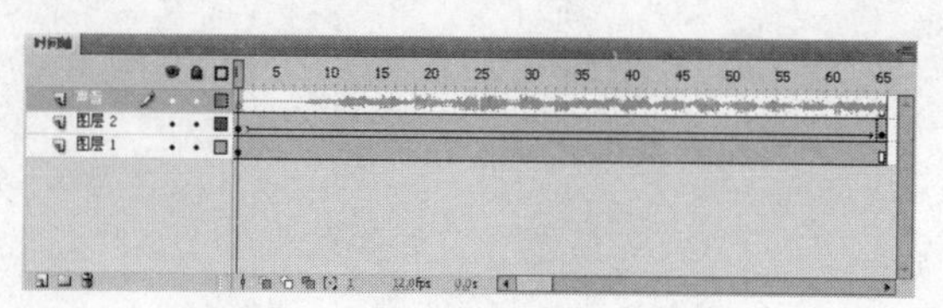

图 9-19 导入声音的时间轴

9.2 声音的处理

在使用导入的声音文件前，需要对导入的声音进行适当的处理。可以通过“属性”面板、“声音属性”对话框和“编辑封套”对话框来处理声音效果。

9.2.1 声音属性的设置

向 Flash 动画中引入声音文件后，该声音文件首先被放置在“库”面板中，执行下列操作之一都可以打开“声音属性”对话框。

- 双击“库”面板中的 图标。
- 在“库”面板中的 图标上单击鼠标右键，在弹出的快捷菜单中选择“属性”命令。
- 选中“库”面板中的声音文件，单击“库”面板下方的“属性” 按钮。

在如图 9-20 所示的“声音属性”对话框中，可以对当前声音的压缩方式进行调整，也可以更换导入文件的名称，还可以查看属性信息等。

“声音属性”对话框顶部文本框中将显示声音文件的名称，其下方是声音文件的基本信息，左侧是输入的声音的波形图，右方是一些按钮。

- 更新(U)：对声音的原始文件进行连接更新。

- 导入(I)...：导入新的声音内容。新的声音将在元件库中使用原来的名称并对其进行覆盖。
- 测试(T)：对目前的声音元件进行播放预览。
- 停止(S)：停止对声音的预览播放。

在“声音属性”对话框的“压缩”的下拉列表中共有 5 个选项，分别为“默认值”、“ADPCM（自适应音频脉冲编码）”、“MP3”、“原始”和“语音”。现将各选项的含义做简要说明。

- 默认值：使用全局压缩设置。
- ADPCM：自适应音频脉冲编码方式，用来设置 16 位声音数据的压缩，当导出较短小的事件声音时使用该选项。其中包括了 3 项设置，如图 9-21 所示。

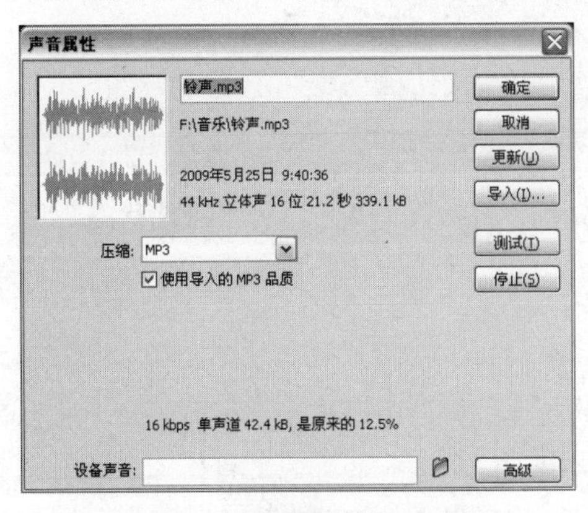

图 9-20 “声音属性”对话框

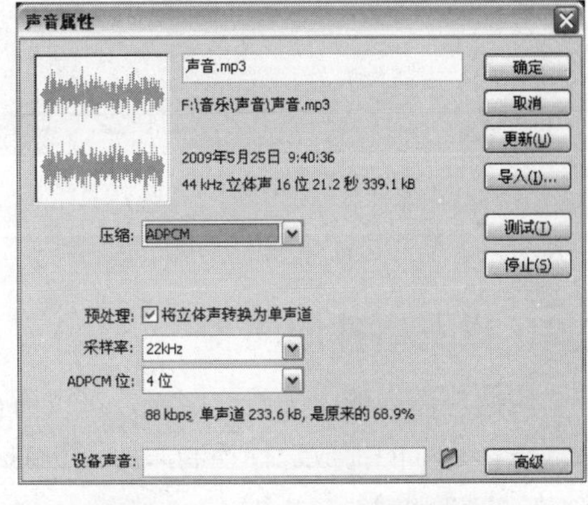

图 9-21 “声音属性”对话框

① 预处理：将立体声合成为单声道，对于本来就是单声道的声音不受该选项影响。

② 采样率：用于选择声音的采样频率。采样频率为 5kHz 是语音最低的可接受标准，低于这个频率，人的耳朵将听不见；11kHz 是电话音质；22kHz 是调频广播音质，也是 Web 回放的常用标准；44kHz 是标准 CD 音质。如果作品中要求的声音质量很高，要达到 CD 音乐的标准，必须使用 44kHz 的立体声方式，其每分钟长度的声音约占 10M 左右的磁盘空间，容量是相当大的。因此，既要保持较高的声音质量，又要减小文件的容量，常规的做法是选择 22kHz 的音频质量。

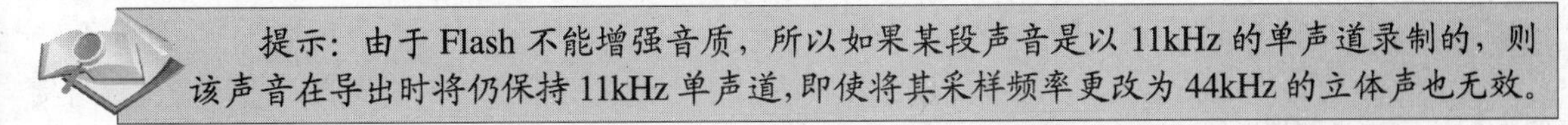

提示：由于 Flash 不能增强音质，所以如果某段声音是以 11kHz 的单声道录制的，则该声音在导出时将仍保持 11kHz 单声道，即使将其采样频率更改为 44kHz 的立体声也无效。

③ ADPCM 位：决定在 ADPCM 编辑中使用的位数，压缩比越高，声音文件的容量越小，音质越差。在此，系统提供了 4 个选项，分别为“2 位”、“3 位”、“4 位”和“5 位”。5 位为音质最好。

- MP3：如果选择了该选项，声音文件会以较小的比特率、较大的压缩比导出，达到近乎完美的 CD 音质。在需要导出较长的流式声音（例如音乐音轨）时，可使用该选项。
- 原始：如果选择了该选项，在导出声音的过程中将不进行任何加工。但是可以设置“预处理”中的“转换立体声成单声”选项和“采样频率”选项，如图 9-22 所示。

① 预处理：在“位比率”为 16kbit/s 或更低时，“预处理”的“转换立体声成单声”选项显示为灰色，表示不可用。只有在“位比率”高于 16kbit/s 时，该选项才有效。

② 采样率：决定由 MP3 编码器生成的声音的最大比特率。MP3 比特率参数只在选择了 MP3 编码作为压缩选项时才会显示。在导出音乐时，将比特率设置为 16kbit/s 或更高将获得最佳效果。该选项最低值为 8kbit/s，最高为 160kbit/s。

图 9-22　选择“原始”压缩格式

- 语音：如果选择了该选项，该选项中的“预处理”将始终为灰色，为不可选状态，“采样频率”的设置同 ADPCM 中采样频率的设置。

9.2.2　设置事件的同步

通过“属性”面板的“同步”区域，可以为目前所选关键帧中的声音进行播放同步的类型设置，对声音在输出影片中的播放进行控制，如图 9-23 所示。

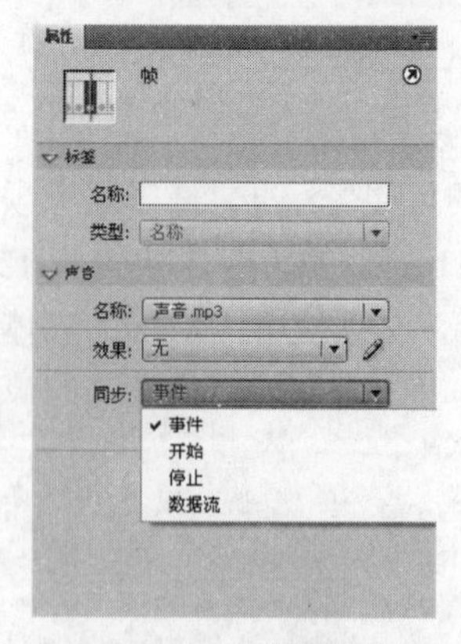

图 9-23　同步类型的设置

1. 同步类型

（1）事件

在声音所在的关键帧开始显示时播放，并独立于时间轴中帧的播放状态，即使影片停止也将继续播放，直至整个声音播放完毕。

（2）开始

和“事件”相似，只是如果目前的声音还没有播放完，即使时间轴中已经经过了有声音的其他关键帧，也不会播放新的声音内容。

（3）停止

时间轴播放到该帧后，停止该关键帧中指定的声音，通常在设置有播放跳转的互动影片中才使用。

（4）数据流

选择这种播放同步方式后，Flash 将强制动画与音频流的播放同步。如果 Flash Player 不能足够快地绘制影片中的帧内容，便跳过阻塞的帧，而声音的播放则继续进行，并随着影片的停止而停止。

2. 声音循环

如果要使声音在影片中重复播放，可以在“属性”面板“同步”区域对关键帧上的声音进行设置。

- 重复：设置该关键帧上的声音重复播放的次数，如图 9-24 所示。
- 循环：使该关键帧上的声音一直不停地循环播放，如图 9-25 所示。

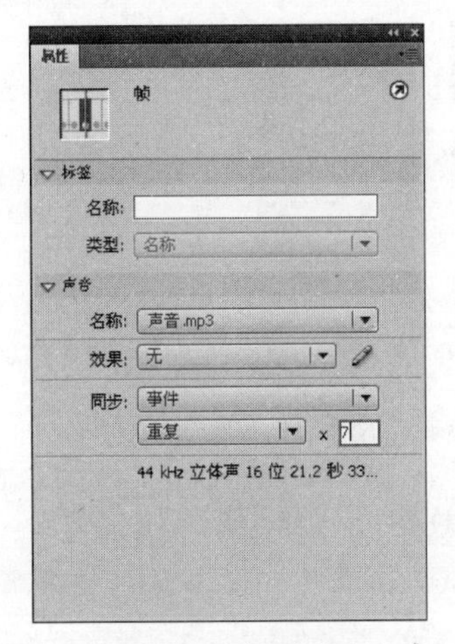

图 9-24　重复设置

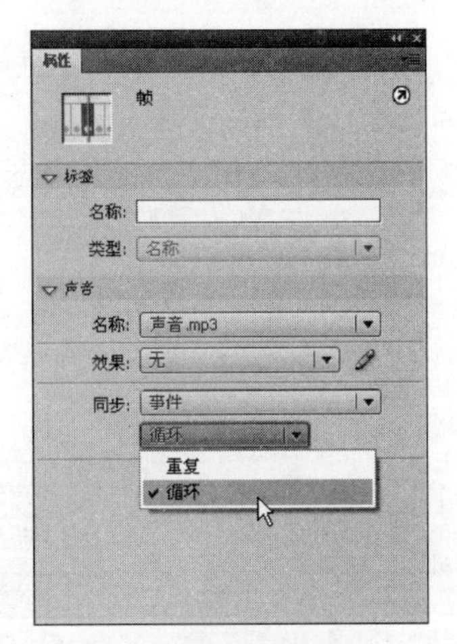

图 9-25　循环设置

提示：如果使用“数据流”的方式对关键帧中的声音进行同步设置，则不宜为声音设置重复或循环播放。因为音频流在被重复播放时，会在时间轴中添加同步播放的帧，文件大小就会随着声音重复播放的次数陡增。

9.3 应用实践

9.3.1　任务 1——运用动画与音乐功能制作化妆品广告

任务要求

爱靓化妆品公司要求为其制作一个竖条广告，竖条广告中使用该公司提供的音乐，以后投放到当地一家人气很高的网站上当作宣传广告。

任务分析

网站广告主要是定位在一些流量较大、人气较高的网站上，以吸引浏览者的点击。制作网络广告时，设计师必须考虑到目前 Internet 的制约因素，如网络传输速率、服务器性能指标以及客户端浏览模式等，切不可为了单纯追求页面的漂亮而加大网络传输图片的负荷。网络广告除了外观设计的要求外，广告语也非常重要。在广告语里，最好告知浏览者，他们点击的理由是什么，点击后他们将能看到什么。而且要激起浏览者点击的欲望，广告语的用词一定要想好。

任务设计

本例首先使用导入功能，将准备好的图片导入到舞台中，并调整图片的 Alpha 值，使图片产生深入浅出的效果；然后使用文本工具，在舞台上输入宣传的文字；运用遮罩技术，编辑出文本被遮罩的特效；最后导入爱靓化妆品公司提供的广告音乐。完成后的效果如图 9-26 所示。

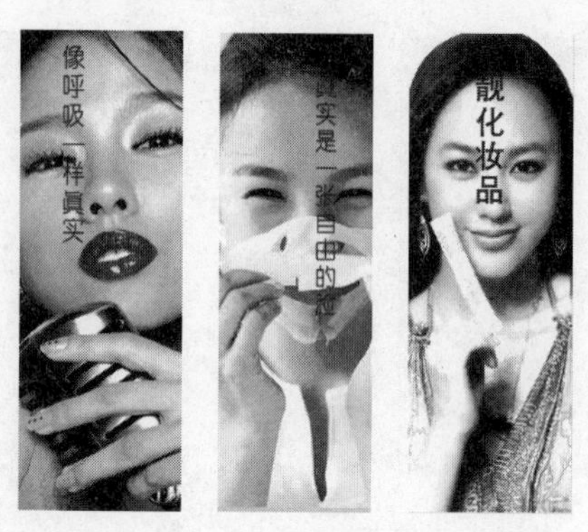

图 9-26　最终效果

完成任务

Step 1　新建文档。新建一个 Flash 空白文档，执行“修改”→“文档”命令，打开“文档属性”对话框，在对话框中将“尺寸”设置为 134 像素（宽）×402 像素（高），如图 9-27 所示。设置完成后单击 确定 按钮。

Step 2　导入图片。执行“文件”→“导入”→“导入到舞台”命令，将一幅图片导入到舞台上，如图 9-28 所示。

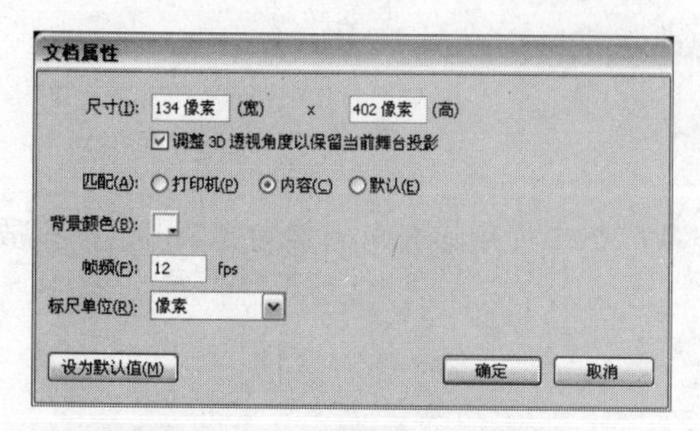

图 9-27　“文档属性”对话框

图 9-28　导入图片

Step 3　转换为图形元件。选中舞台上的图片，按下“F8”键，将其转换为图形元件，图形元件的名称保持默认。

Step 4　插入关键帧。分别在时间轴上的第 16 帧、第 25 帧与第 76 帧处按下“F6”键，插入关键帧，如图 9-29 所示。

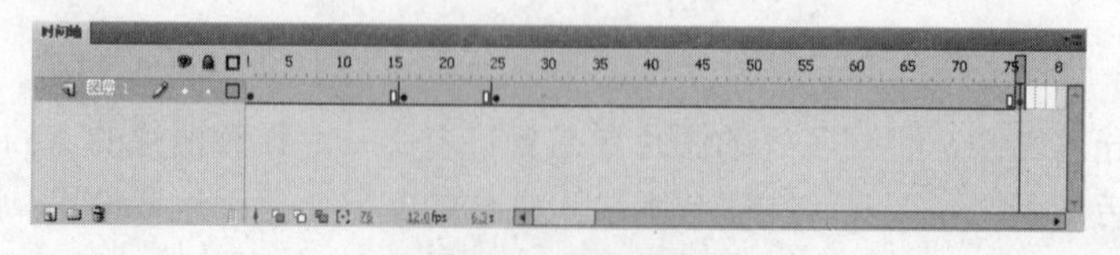

图 9-29　插入关键帧

Step 5 设置高级效果。选中第76帧处的图片，在“属性”面板上的“样式”下拉列表中选择“高级”选项，并进行如图9-30所示的设置。最后在第25帧与第76帧之间创建补间动画。

Step 6 设置Alpha值。选中第1帧处的图片，在“属性”面板上的“样式”下拉列表中选择“Alpha”选项，并将Alpha值设置为45%，如图9-31所示。最后在第1帧与第16帧之间创建补间动画。

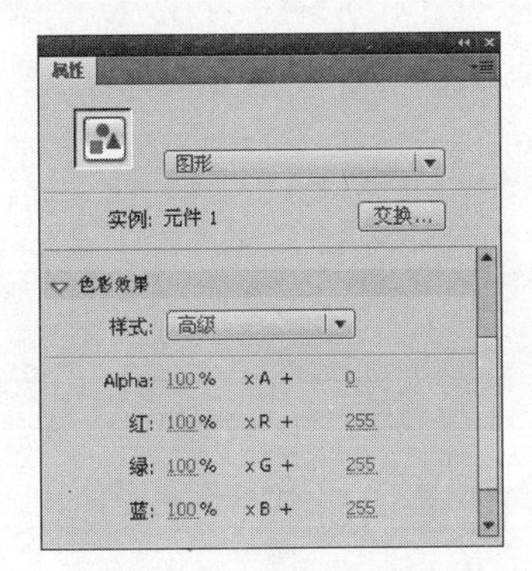

图9-30 设置高级效果

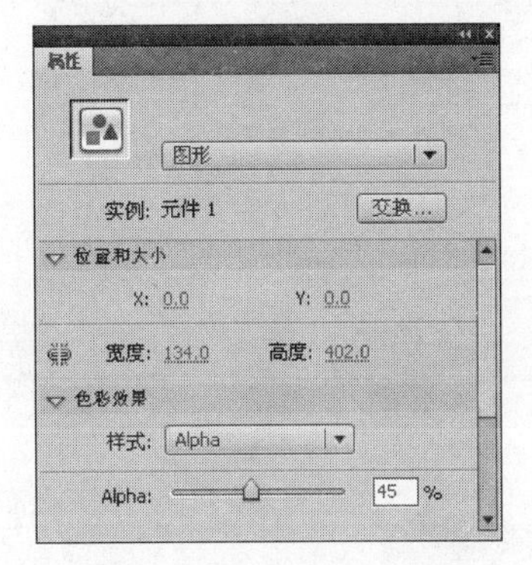

图9-31 设置Alpha值

Step 7 输入文字。新建一个图层，并把它命名为“字”。使用“文本工具” T 在舞台中输入文字“像呼吸一样真实”。文字字体为“微软简中圆”，字号为“20”，颜色为绿色（#174C3E），完成后将文字移动到舞台的左侧，如图9-32所示。

Step 8 移动文字。在“字”层的第15帧处插入关键帧，将该帧处的文字移动到如图9-33所示的位置。然后在第1帧与第15帧之间创建补间动画。最后在“文字”层的第61帧处插入空白关键帧。

图9-32 输入文字

图9-33 移动文字

Step 9 导入图片。新建一个图层，并把它命名为“图片2”。在“图片2”层的第62帧处插入关键帧。执行“文件”→“导入”→“导入到舞台”命令，将一幅图片导入到舞台中，如图9-34所示。

Step 10 转换为图形元件。选中舞台上的图片，按下“F8”键，将其转换为图形元件，图形元件的名称保持默认。

Step 11 设置Alpha值。在“图片2”层的第76帧处插入关键帧。然后选中“图片2”层第62帧处的图片，在“属性”面板中将它的Alpha值设置为0%，如图9-35所示。最后在第62帧与第76帧之间创建补间动画。

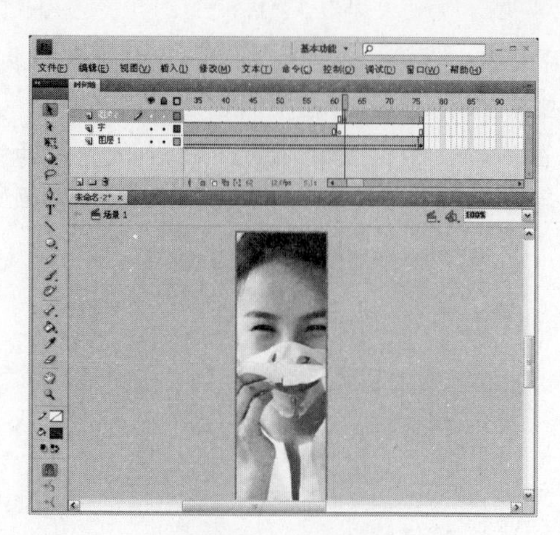

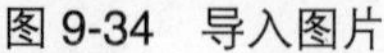

图 9-34　导入图片

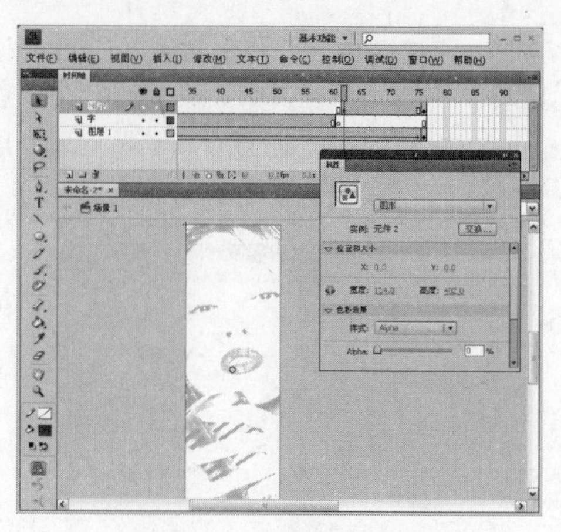

图 9-35　设置 Alpha 值

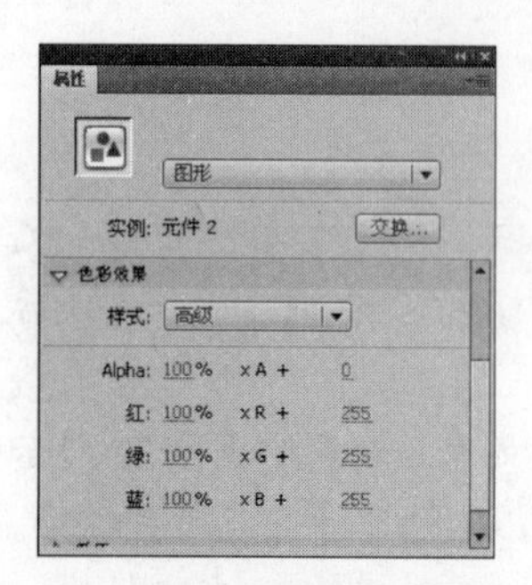

图 9-36　设置高级效果

Step 12　设置高级效果。在“图片 2”层的第 95 帧与第 146 帧处插入关键帧。选中第 146 帧处的图片，在“属性”面板上的“样式”下拉列表中选择“高级”选项，然后进行如图 9-36 所示的设置。最后在第 95 帧与第 146 帧之间创建补间动画。

Step 13　输入文字。将“图片 2”层拖曳到“字”层的下方。然后在“字”层的第 81 帧处插入关键帧，使用“文本工具” T 在舞台中输入文字“真实是一张自由的脸”。文字颜色设置为红色（#990000）。完成后将文字移动到舞台的右侧，如图 9-37 所示。

Step 14　移动文字。在“字”层的第 100 帧与第 130 帧处插入关键帧。选中第 100 帧处的文字，将其移动到舞台的中央位置。如图 9-38 所示。选中第 130 帧处的文字，将其移动到舞台的左侧。然后分别在第 80 帧与第 100 帧之间，第 100 帧与第 130 帧之间创建补间动画。最后在“字”层的第 131 帧处插入空白关键帧。

图 9-37　输入文字

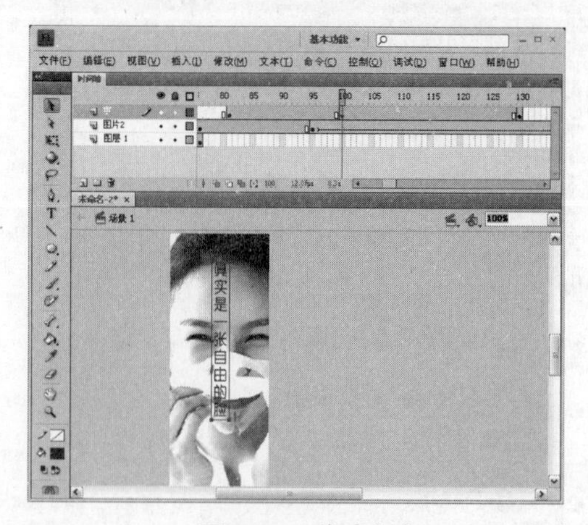

图 9-38　移动文字

Step 15　导入图片。新建一个图层，并把它命名为“图片 3”。在“图片 3”层的第 132 帧处插入关键帧。执行“文件”→“导入”→“导入到舞台”命令，将一幅图片导入到舞台中，如图 9-39 所示。

图 9-39　导入图片

Step 16　转换为图形元件。选中舞台上的图片，按下“F8”键，将其转换为图形元件，图形元件的名称保持默认。

Step 17　设置 Alpha 值。在“图片 3”层的第 145 帧、第 167 帧与第 225 帧处插入关键帧。然后选中“图片 3”层第 132 帧处的图片，在“属性”面板中将它的 Alpha 值设置为 0%，如图 9-40 所示。

Step 18　设置高级效果。选中“图片 3”层第 225 帧处的图片，在“属性”面板上的“样式”下拉列表中选择“高级”选项，然后进行如图 9-41 所示的设置。最后在第 132 帧与第 145 帧之间、第 167 帧与第 225 帧之间创建补间动画。

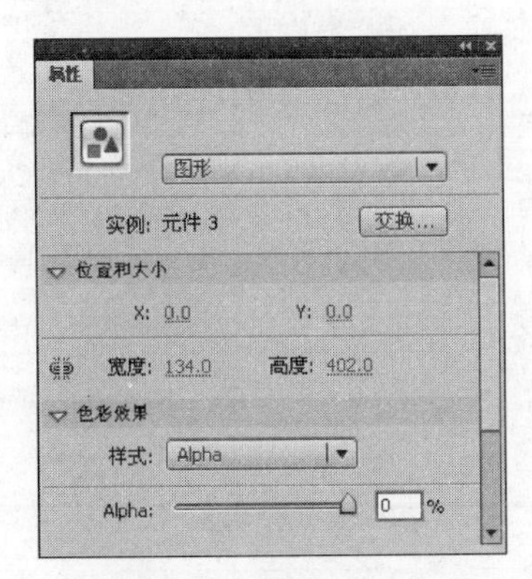

图 9-40　设置 Alpha 值

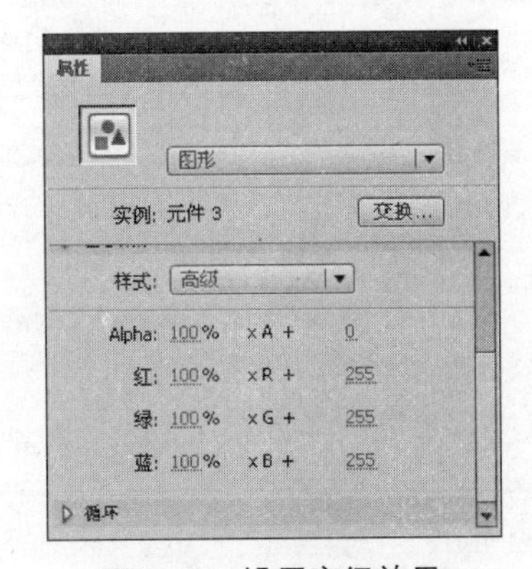

图 9-41　设置高级效果

Step 19　输入文字。新建一个图层，并把它命名为“字 1”。在该层的第 147 帧处插入关键帧。使用“文本工具” T 在舞台中输入文字“爱靓化妆品”。文字字体为“微软简粗黑”，字号为“24”，颜色为红色（#990000），完成后将文字移动到舞台的中央，如图 9-42 所示。

Step 20　绘制矩形。新建一个图层，并把它命名为“遮罩”。在“遮罩”层的第 147 帧处插入关键帧，使用矩形工具 在文字的上方绘制一个无边框、填充色为任意色的矩形，如图 9-43 所示。

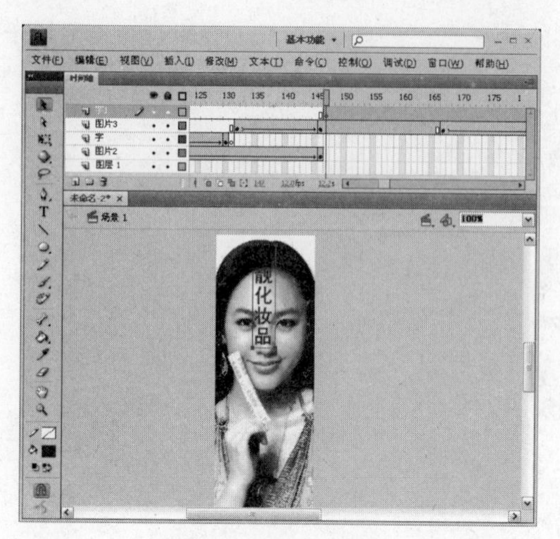

图9-42 输入文字

图9-43 绘制矩形

Step 21 移动矩形。在“遮罩”层的第157帧处插入关键帧，并将该帧处的矩形向下移动遮住文字，如图9-44所示。

Step 22 创建遮罩动画。然后在“遮罩”层的第147帧与第157帧之间创建形状补间动画。选中“遮罩”层，单击鼠标右键，在弹出的菜单中选择“遮罩层”命令，如图9-45所示。

Step 23 导入声音文件。新建一个图层，并将其命名为“音乐”，执行“文件”→“导入”→“导入到舞台”命令，打开“导入”对话框，在对话框中选择一个声音文件，如图9-46所示。完成后单击 打开(O) 按钮。

图9-44 移动矩形

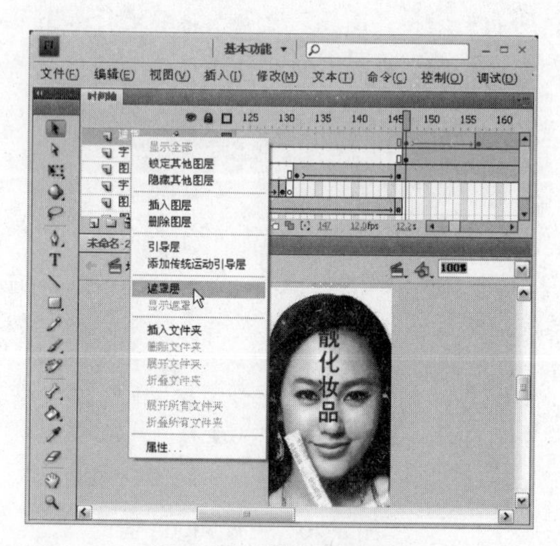

图9-45 创建遮罩动画

Step 24 选择声音文件。选择图层“音乐”上的第1帧，然后在“属性”面板中的“名称”下拉列表中选择刚导入的音乐文件，如图9-47所示。

Step 25 欣赏最终效果。执行“文件”→“保存”命令保存文件，然后按下“Ctrl+Enter”组合键，欣赏本例最终效果，如图9-48所示。

图 9-46　导入声音文件

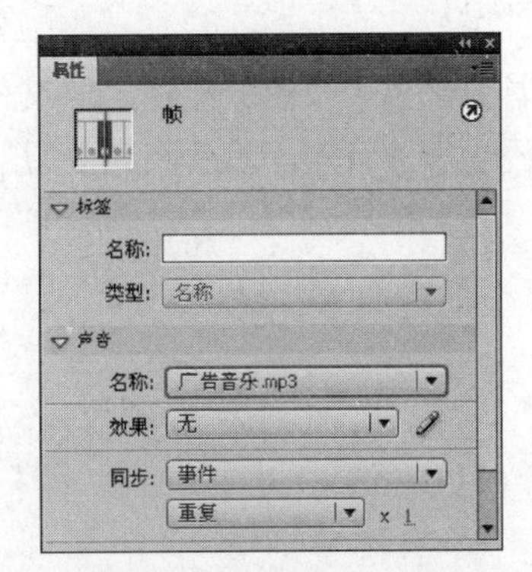

图 9-47　选择声音文件

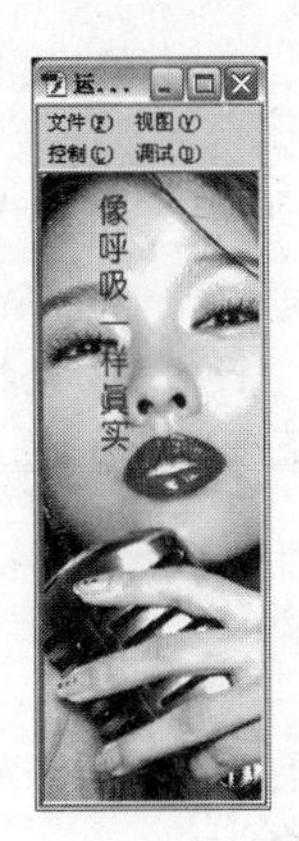

图 9-48　完成效果

归纳总结

本例运用动画与音乐功能制作化妆品广告，在制作过程中需要注意的是，不能直接调整导入的图片的 Alpha 值，如需要调整，必须先将其转换为元件。导入音乐后，需要先选择需要添加音乐的图层上的帧，然后在“属性”面板上选择音乐文件。

9.3.2　任务 2——制作气球爆炸动画

任务要求

七彩鸟动画公司要求为其制作一个气球爆炸的动画场景，该动画场景中要有多个气球。

任务分析

为七彩鸟动画公司制作一个气球爆炸的动画场景，动画场景中要有多个气球。如果在舞台中制作就要制作多个气球爆炸的动画，并一一为其添加爆炸音效，这样就很繁琐。使用影片剪辑来制作，只需要制作一个动画，并只添加一个爆炸音效即可。

任务设计

本例首先新建一个图形元件，导入气球图片，再新建影片剪辑，然后在影片剪辑中制作气球爆炸的动画并添加爆炸音效，最后回到主场景并将影片剪辑拖入。完成后的效果如图 9-49 所示。

图 9-49　最终效果

完成任务

Step 1　新建文档。运行 Flash CS4，新建一个 Flash 空白文档。执行“修改”→“文档”命令，打开“文档属性”对话框，在对话框中将“尺寸”设置为 650 像素（宽）× 500 像素（高），背景颜色设置为黑色，如图 9-50 所示。设置完成后单击 确定 按钮。

Step 2　创建图形元件。执行“插入”→“新建元件”命令，打开“创建新元件”对话框，在“名称”文本框中输入“气球”，在“类型”下拉列表中选择“图形”选项，如图 9-51 所示。

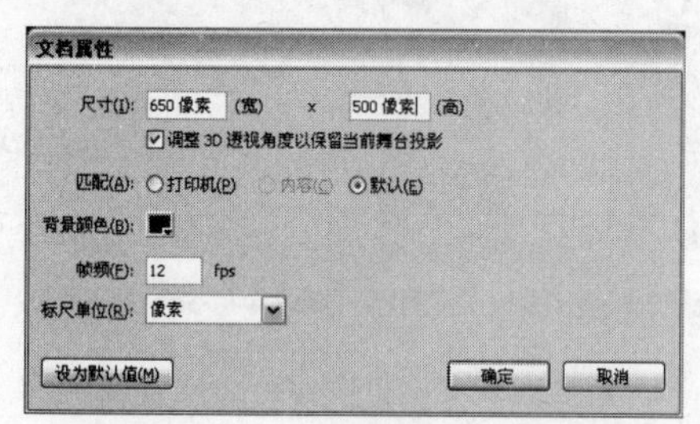

图 9-50　“文档属性”对话框

图 9-51　创建图形元件

Step 3　导入图片。完成后单击 确定 按钮进入图形元件“气球”的编辑区中，执行“文件”→“导入”→“导入到舞台”命令导入一幅气球图片到工作区中，如图 9-52 所示。

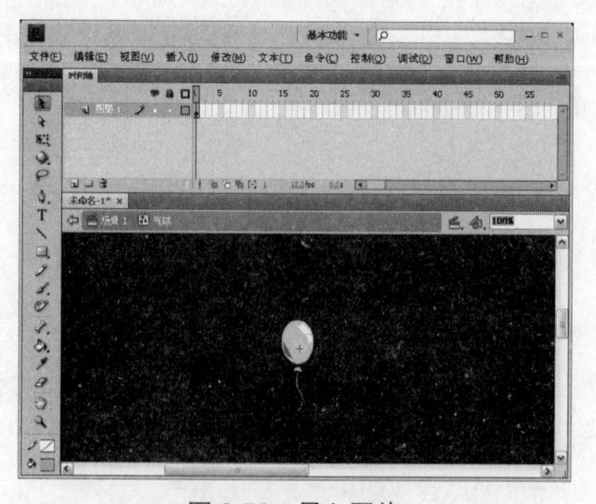

图 9-52　导入图片

Step 4　新建影片剪辑。执行“插入”→“新建元件”命令，打开“创建新元件”对话框。在“名称”文本框中输入“爆炸”，在“类型”下拉列表中选中“影片剪辑”选项，如图 9-53 所示。

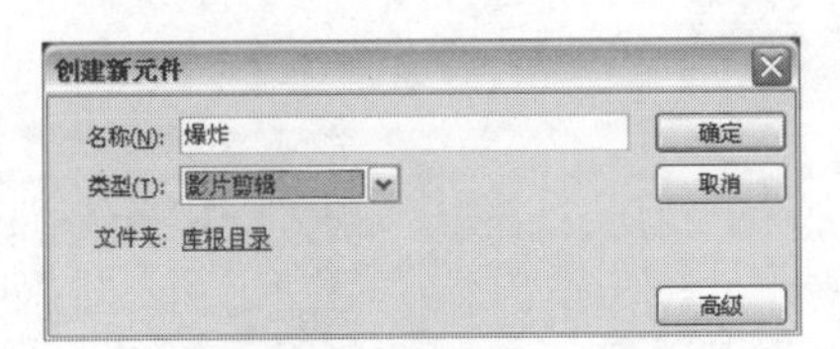

图 9-53　创建影片剪辑

Step 5　拖入图形元件。完成后单击 确定 按钮进入影片剪辑“爆炸”的编辑区中，打开“库”面板，将图形元件“气球”拖曳到工作区中，如图 9-54 所示。

Step 6　添加引导层。选中“图层 1”，单击鼠标右键，在弹出的快捷菜单中选择“添加传统运动引导层”命令，这样就会在图层 1 的上方新建一个引导层。如图 9-55 所示。

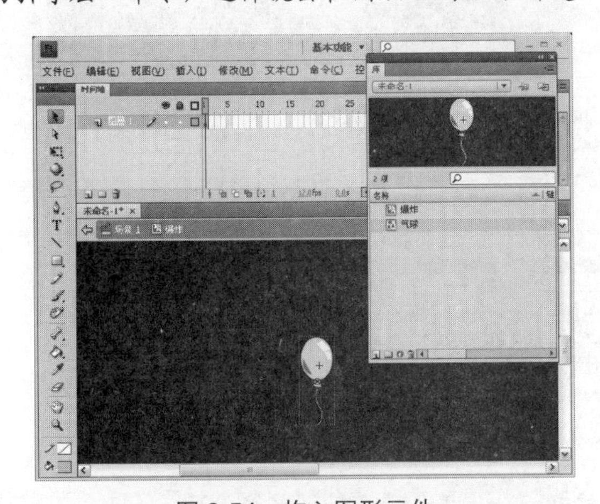

图 9-54　拖入图形元件

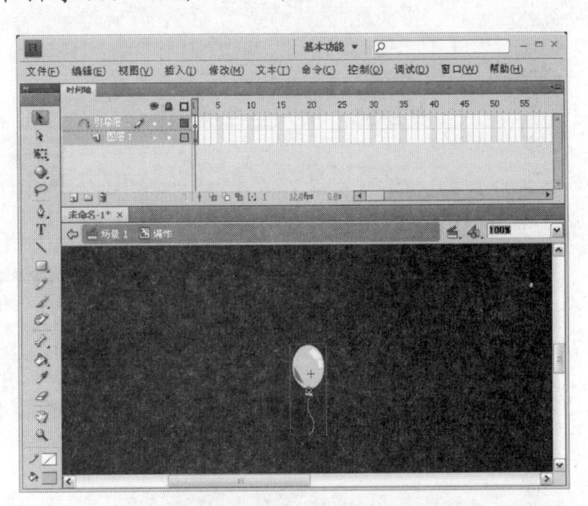

图 9-55　添加引导层

Step 7　绘制曲线。选中引导层的第 1 帧，使用铅笔工具 在舞台上绘制一条曲线。然后将曲线的底端对准气球的中心点，如图 9-56 所示。

Step 8　拖动气球。在图层 1 的第 80 帧处插入关键帧。在引导层的第 80 帧处插入帧。然后选中图层 1 第 80 帧处的气球，将其沿着曲线拖曳到曲线的顶端处，并且中心点要与曲线的顶端对准，如图 9-57 所示。最后在图层 1 的第 1 帧与第 80 帧之间创建补间动画。

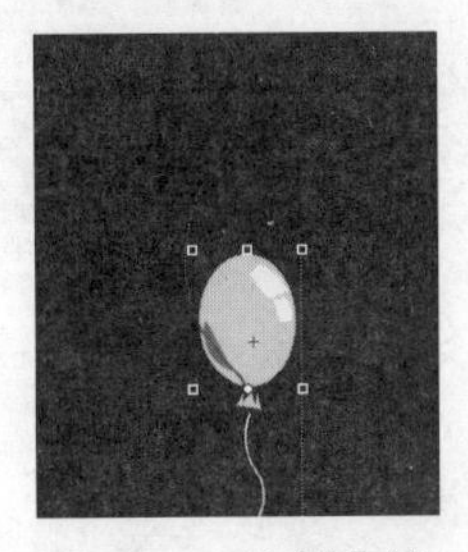

图 9-56　绘制曲线

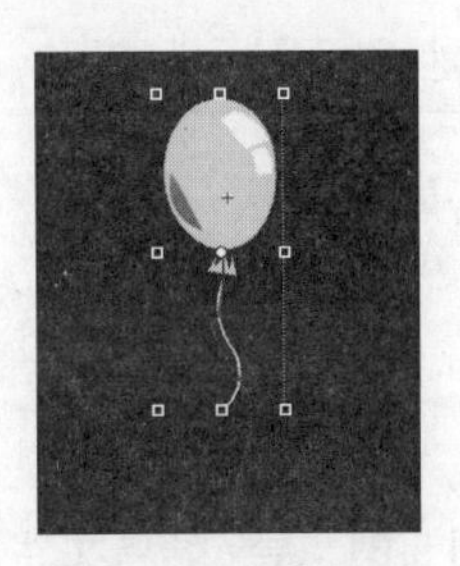

图 9-57　拖动圆

Step 9　插入空白关键帧。分别在图层 1 的第 81 帧至第 86 帧处按下“F7”键，插入空白关键

帧，如图 9-58 所示。

Step 10 导入图片。分别在图层 1 的第 81 帧至第 86 帧处导入图片，然后在图层 1 的第 87 帧处插入空白关键帧，如图 9-59 所示。

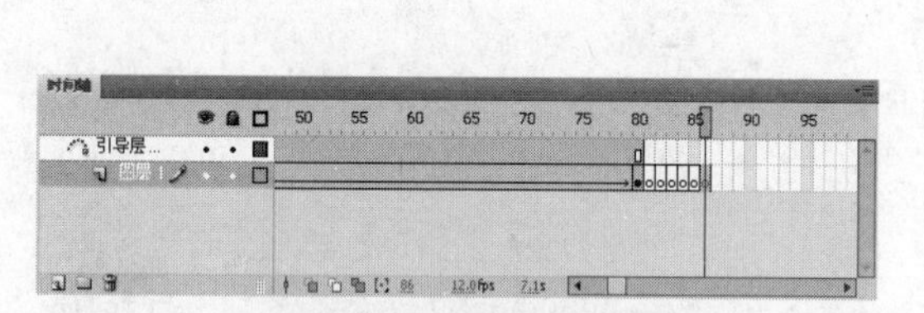

图 9-58 插入空白关键帧

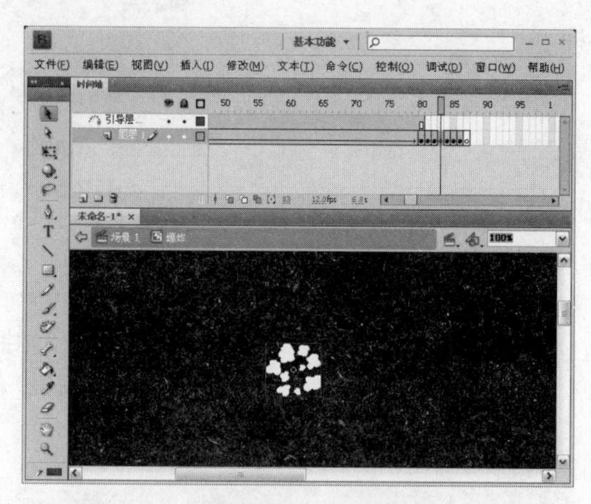

图 9-59 导入图片

Step 11 插入关键帧。新建一个图层并命名为“音效”，然后在“音效”层的第 81 帧处插入关键帧，如图 9-60 所示。

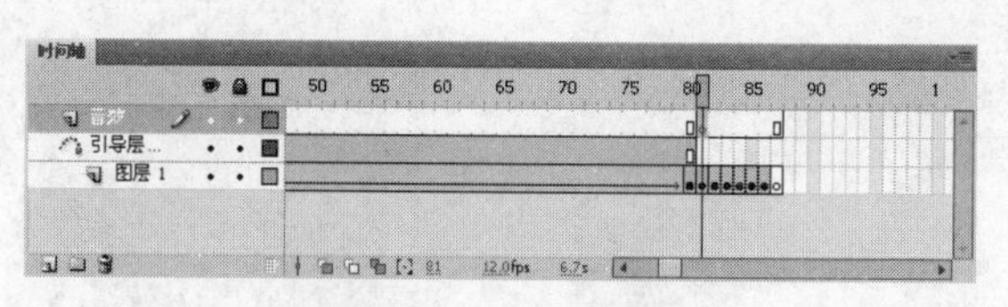

图 9-60 插入关键帧

Step 12 导入声音文件。执行“文件”→“导入”→“导入到舞台”命令，打开“导入”对话框，在对话框中选择一个声音文件，如图 9-61 所示。完成后单击 打开(O) 按钮。

Step 13 选择声音文件。选择图层“音效”上的第 81 帧，然后在“属性”面板中的“名称”下拉列表中选择刚导入的音乐文件，如图 9-62 所示。

图 9-61 导入声音文件

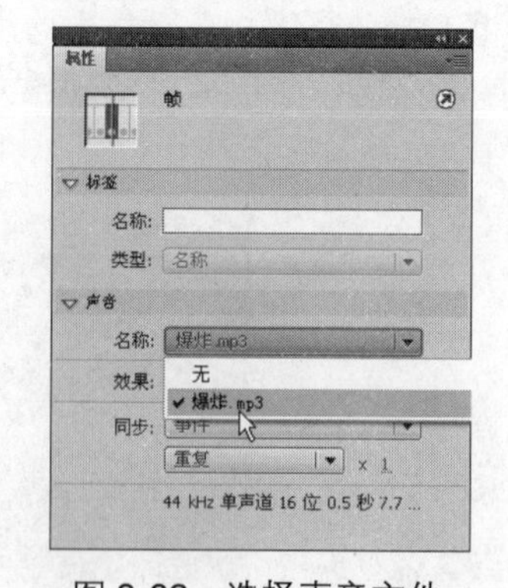

图 9-62 选择声音文件

Step 14 新建影片剪辑。执行“插入”→“新建元件”命令，打开“创建新元件”对话框。在“名称”文本框中输入“小鸟”，在“类型”下拉列表中选中“影片剪辑”选项，如图 9-63 所示。

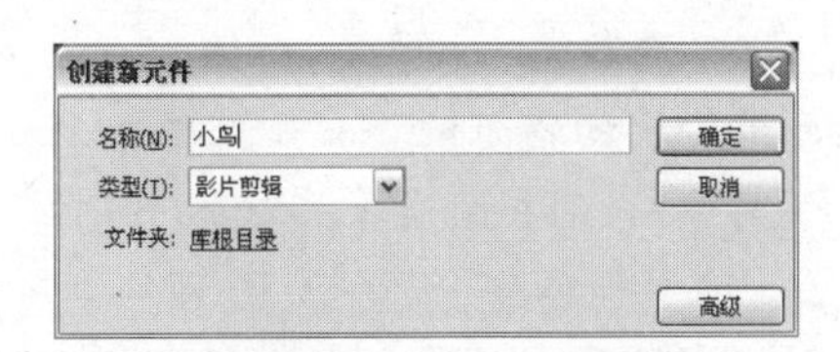

图 9-63　创建影片剪辑

Step 15　导入图片。完成后单击 确定 按钮进入影片剪辑“小鸟”的编辑区中，执行“文件”→“导入”→“导入到舞台”命令导入一幅小鸟图片到工作区中，如图 9-64 所示。

Step 16　绘制曲线。为图层 1 添加一个引导层，选择引导层的第 1 帧，使用铅笔工具在工作区上绘制一条曲线。然后将曲线的右端对准小鸟的中心点，如图 9-65 所示。

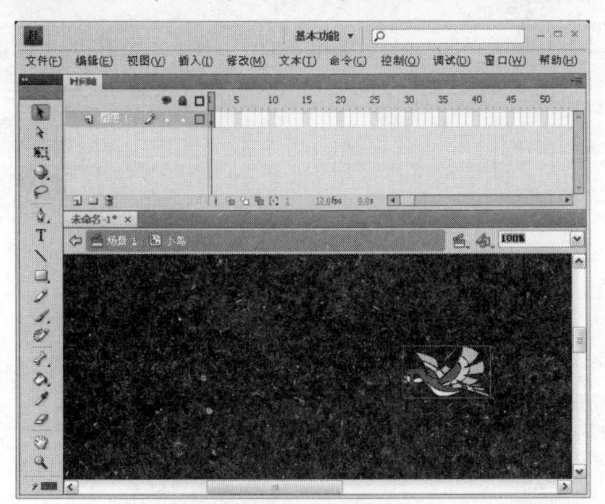

图 9-64　导入图片

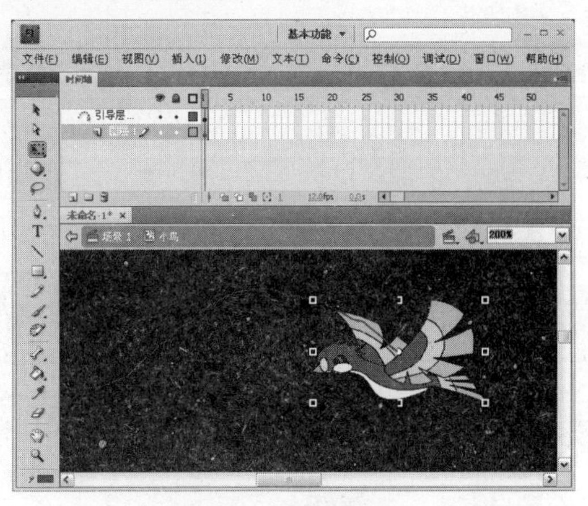

图 9-65　绘制曲线

Step 17　拖动小鸟。在图层 1 的第 115 帧处插入关键帧，在引导层的第 115 帧处插入帧。然后选中图层 1 第 115 帧处的小鸟，将其沿着曲线拖曳到曲线的左端处，并且中心点要与曲线的左端对准，如图 9-66 所示。最后在图层 1 的第 1 帧与第 115 帧之间创建补间动画。

Step 18　返回主场景并导入背景。单击 场景 1 按钮，返回主场景，执行“文件”→“导入”→“导入到舞台”命令，将一幅背景图像到入到舞台中，如图 9-67 所示。然后在图层 1 的第 300 帧处插入帧。

图 9-66　拖动圆

图 9-67　返回主场景并导入背景

Step 19 拖入影片剪辑“爆炸”。新建一个图层 2，并将该层命名为“气球 1”，从“库”面板中将影片剪辑“爆炸”拖入 3 次到舞台上的不同位置，如图 9-68 所示。

Step 20 拖入影片剪辑“爆炸”。分别在图层 1 与图层“气球”的第 15 帧处插入帧。新建一个图层 3，并将该层命名为“气球 2”，在“气球 2”层的第 10 帧处插入关键帧，从“库”面板中将影片剪辑“爆炸”拖入 2 次到舞台上的不同位置，如图 9-69 所示。

Step 21 拖入影片剪辑“小鸟”。新建一个图层 4，并将该层命名为“小鸟”，从“库”面板中将影片剪辑“小鸟”拖曳到舞台的右侧，如图 9-70 所示。

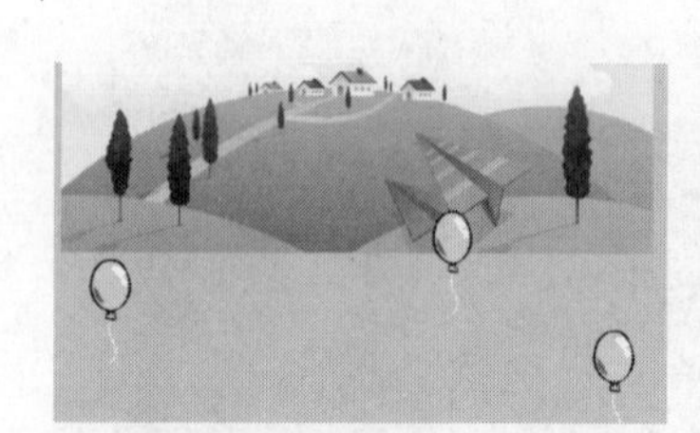

图 9-68　拖入影片剪辑

图 9-69　拖入影片剪辑

图 9-70　拖入影片剪辑

Step 22 欣赏最终效果。执行“文件”→“保存”命令保存文件，然后按下“Ctrl+Enter”组合键，欣赏本例最终效果，如图 9-71 所示。

图 9-71　完成效果

归纳总结

本例制作的是一个气球爆炸的动画，动画中有气球爆炸的声音。在制作此类动画时，一定要注意，给某种现象添加音效时，必须要将音效添加到现象发生时刻对应的时间轴上的帧处，这样制作的动画才逼真。

9.4 知识拓展

9.4.1　音效的设置

导入到 Flash 影片中的声音，通常都是已经确定好音效的文件。在实际的影片编辑中，经常需要对使用的声音进行播放时间和声音效果的编辑，使其更符合影片动画的要求，例如为声音设置淡入淡出、突然提高的效果。

Step 1　选择时间轴上已经添加了声音的关键帧，在“属性”面板中单击“效果”下拉列表右侧的 按钮，如图 9-72 所示。

Step 2　打开“编辑封套”对话框，在对话框的“效果”下拉列表中为该声音选择需要的处理效果，如图 9-73 所示。

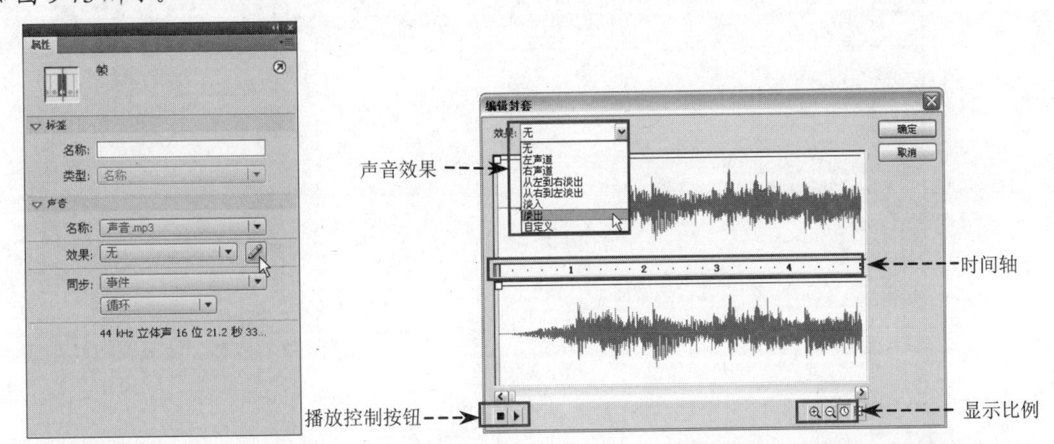

图 9-72　“属性”面板　　　　图 9-73　“编辑封套”对话框

Step 3　按住并拖动时间轴中声音开始点或结束点的控制钮，可以对声音在影片中播放的开始和结束位置进行设置，如图 9-74 所示。

Step 4　在声音通道顶部的时间线上单击鼠标左键，可以在该位置增加控制手柄，对声音左、右声道在该位置的声音音量大小分别进行调节，得到如淡入淡出、忽高忽低的效果，如图 9-75 所示。

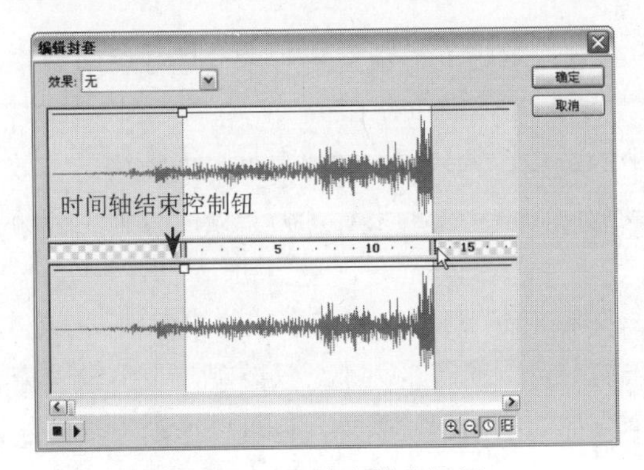

图 9-74　开始和结束设置

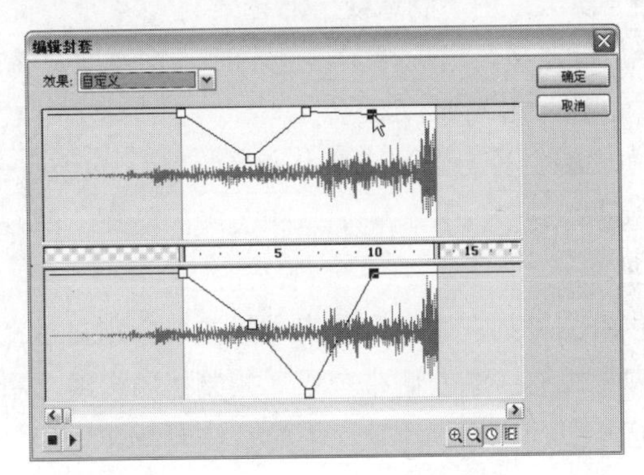

图 9-75　左、右声道的调节

9.4.2 声音编辑封套的使用

前面介绍将声音导入 Flash 后，该声音文件将被放置在“库”面板中，这时执行“窗口”→“属性”命令，打开“属性”面板，在面板上的“声音”下拉列表中可以选择导入的声音文件，如图 9-76 所示。

提示：在“属性”面板的“声音”下拉列表中，放置了已被导入的音频文件所对应的文件名。只要从外部调用了音频文件，此下拉列表中就会自动增加该文件的名称。

在“属性”面板中选择要导入到 Flash 内的声音后，“效果”下拉列表由不可选状态变为可选状态。在“效果”下拉列表中有“左声道”、“右声道”、“从左向右淡出”、“从右向左淡出”、“淡入”、“淡出”和“自定义”7 个选项，如图 9-77 所示。

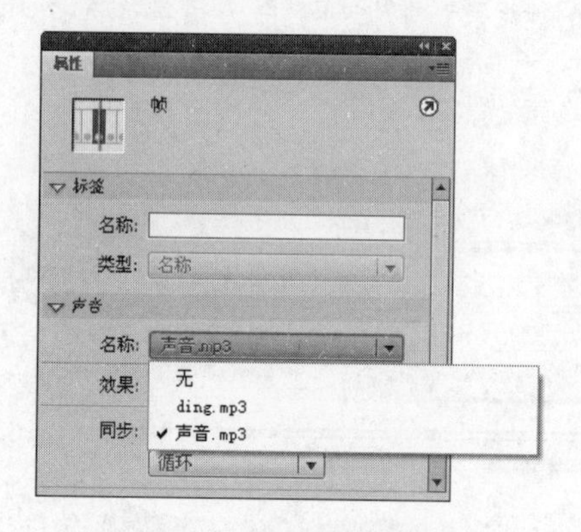

图 9-76 “声音”下拉列表

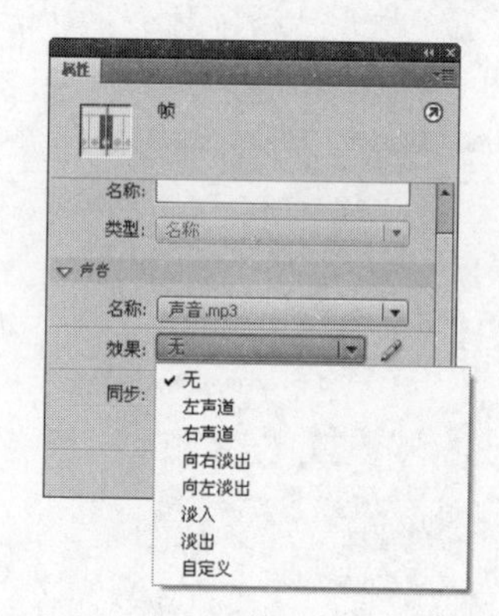

图 9-77 声音“效果”下拉列表

现将下拉列表中各选项的用法说明如下。

- 左声道：只使用左声道播放声音。
- 右声道：只使用右声道播放声音。
- 从左到右淡出：产生从左声道向右声道渐变的音效。
- 从右到左淡出：产生从右声道向左声道渐变的音效。
- 淡入：用于制造淡入的音效。
- 淡出：用于制造淡出的音效。
- 自定义：当选择了该选项后，将弹出“编辑封套”对话框，让用户对声音进行手动调整，如图 9-78 所示。

在“编辑封套”对话框中的“效果”下拉列表中的选项设置效果与在“属性”面板中的“效果”下拉列表中设置一样，它们是相关联的操作，即修改它们任意一处的设置，另一处的设置也会随之发生改变。

声音文件的左声道和右声道的波形分别显示在“编辑封套”对话框中的下预览窗口中。除此之外，在窗口中还有一条左侧带有方形控制柄的直线，用来调节音频的音量大小。只要单击上下预览窗口中的任意一点，两个预览窗口中的直线上都会增加一个方形的控制柄，另外，也可以拖动方形控制柄来调节声音在不同时间的音量大小，如图 9-79 所示。

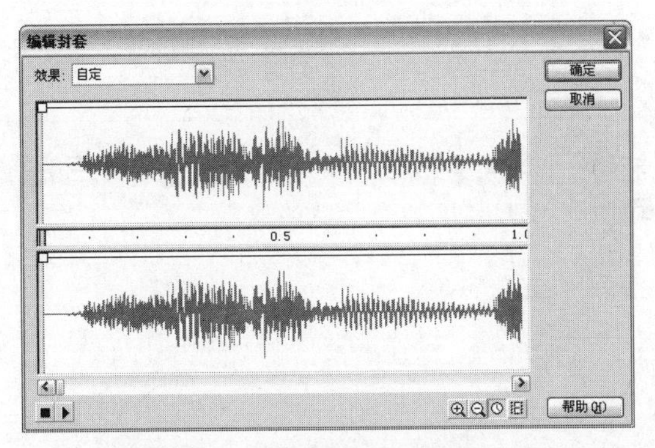

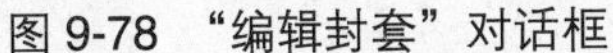
图 9-78 “编辑封套”对话框

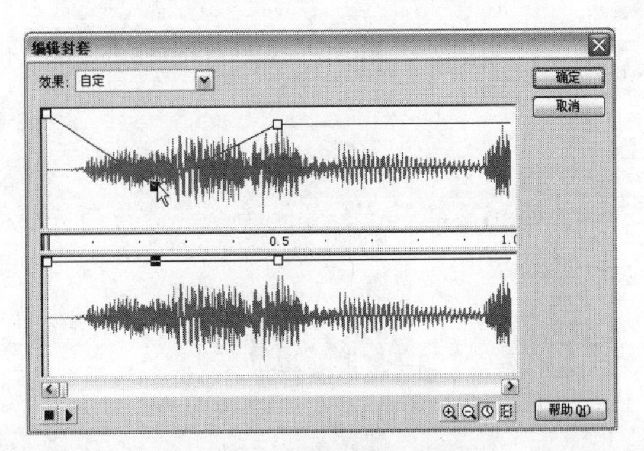

图 9-79 “编辑封套”对话框

由于“编辑封套”对话框的预览窗口的观看区域有限，较长的声音将无法完全展示，这就需要通过拖动对话框下面的滑动条观看或使用对话框下方的放大、缩小工具来调整，如图 9-80 所示。

现将各项按钮的用法做简要介绍。

图 9-80 标尺显示模式工具

- 放大按钮：单击此按钮，放大窗口中的波形图，使显示在预览窗口中的内容显示得更加清晰。
- 缩小按钮：单击此按钮，缩小窗口中的波形图，以便在预览窗口中看到更长时间内的声音波形。
- 时间模式按钮：单击此按钮，时间轴将以时间为单位显示。
- 帧模式按钮：单击此按钮，时间轴将以帧数为单位显示。

如果声音播放的时间长度比动画播放时间还要长，可以设置声音的起点与终点位置（这两点位于两个声道的波形图中间的标尺的两端），这样可以缩短声音播放的时间。下面介绍设置声音播放时间的操作步骤。

Step 1 选择时间轴上已经添加了声音的关键帧，在“属性”面板中单击“效果”下拉列表右侧的 按钮，弹出“编辑封套”对话框。

Step 2 用鼠标将起点向右拖动，可缩短声音文件播放的时间，如果向左拖动，则增加声音文件的播放时间，如图 9-81 所示。

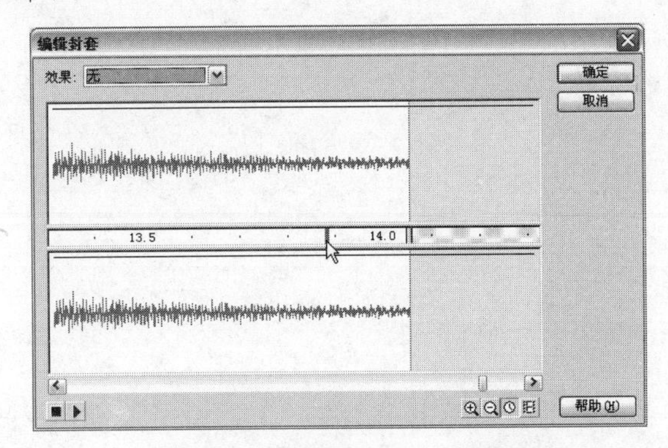

图 9-81 “编辑封套”对话框

Step 3 用鼠标将终点向左拖动，可缩短声音文件的播放时间，如果向右拖动，则增加声音文件的播放时间。

提示：用鼠标双击两个声道的波形图中间标尺的任意位置，则恢复声音的起点和终点位置。

Step 4 在声音通道顶部的时间线上单击鼠标左键，可以在该位置增加控制手柄，对声音左、右声道在该位置的声音音量大小分别进行调节，得到如淡入淡出、忽高忽低的效果。

9.5 自我检测

1. 填空题

（1）在 Flash 中有两种类型的声音，即______和______。

（2）向 Flash 动画中引入声音文件后，该声音文件首先被放置在______中。

（3）在声音文件的“声音属性”对话框里，压缩方式有 5 种，分别是______、______、______、______、______。

2. 判断题

（1）Flash 将事件声音分成小片段，并将每一段声音结合到特定的帧上。（ ）

（2）在 Flash 中，可以使声音和按钮元件的各种状态相关联，当按钮元件关联了声音后，该按钮元件的所有实例中都有声音。（ ）

（3）在设计过程中，最好将声音放在一个独立的图层中，这样做有利于方便地管理不同类型的设计素材资源。（ ）

3. 上机题

（1）在 Flash CS4 中导入一个声音文件，并对其进行编辑，感受不同的声音效果。

（2）在 Flash CS4 中导入一个声音文件，并将其设置成重复 5 次。

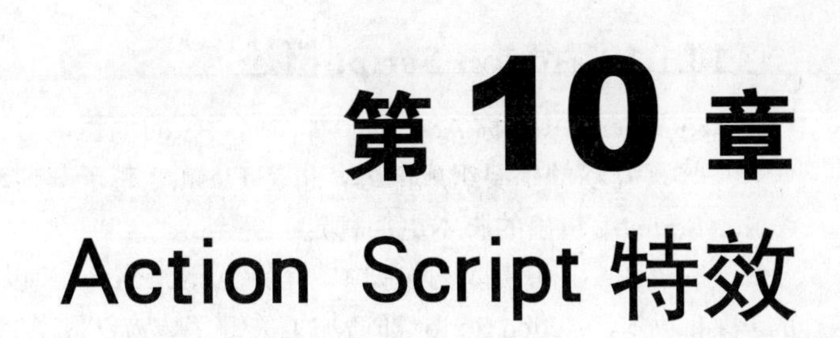

📖 学习目标

Action Script 是 Flash 的脚本语言，用户可以使用它创建具有交互性的动画，它极大地丰富了 Flash 动画的形式，同时也给创作者提供了无限的创意空间。本章重点介绍了 Action Script 脚本语言的函数、变量、运算符及常见命令。希望读者通过本章内容的学习，能了解 Action Script 的类型、掌握常见 Actions 命令语句及语句中参数的使用等知识。

📖 主要内容

- Flash 中的 Action Script
- 函数与变量
- 运算符
- 常见 Actions 命令语句
- 制作 3D 导航特效动画
- 制作“冬天来了”特效动画

10.1 Flash 中的 Action Script

在 Flash CS4 中的 Action Script 更加强化了 Flash 的编程功能，进一步完善了各项操作细节，让动画制作者更加得心应手。Action Script 能帮助我们轻松实现对动画的控制，以及对象属性的修改等操作。还可以取得使用者的动作或资料、进行必要的数值计算以及对动画中的音效进行控制等。灵活运用这些功能并配合 Flash 动画内容进行设计，想做出任何互动式的网站或网页上的游戏，都不再是一件困难的事情了。

10.1.1 Action Script 概述

Action Script（简称 AS）是一种面向对象的编程语言，执行 ECMA-262 脚本语言规范，是在 Flash 影片中实现互动的重要组成部分，也是 Flash 优越于其他动画制作软件的主要因素。Flash CS4 中使用 Action Script 编辑出的脚本更加稳定、健全。

自从在 Flash 中引入动作脚本语言（Action Script）以来，它已经有了很大的发展。每一次发布新的 Flash 版本，Action Script 都增加了关键字、方法和其他语言元素。然而，与以前发布 Flash 版本不同，Flash CS4 中的 Action Script 引入了一些新的语言元素，可以更加标准的方式实施面向对象的编程，这些语言元素使核心动作脚本语言能力得到了显著的增强。

Action Script 支持所有 Action Script 的动作脚本并在语言元素、编辑工具等方面都进行了很大的改进完善。

10.1.2 Action Script 的类型

在动画设计过程中，可以在 3 个地方加入 Action Script 脚本程序。它们分别是帧、按钮和影片剪辑。

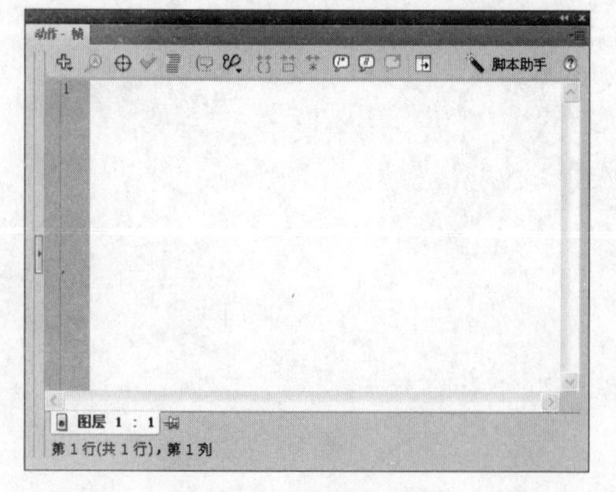

图 10-1 “动作”面板

1. 为帧添加脚本

为帧添加的动作脚本只有在影片播放到该帧时才被执行。例如，在动画的第 15 帧处通过 Action Script 脚本程序设置了动作，那么就必须等影片播放到第 15 帧时才会执行相应的动作。因此，这种动作必须在特定的时机执行，与播放时间或影片内容有极大的关系。为帧添加脚本时，“动作”面板的标题栏显示“动作—帧”，如图 10-1 所示。

2. 为按钮添加脚本

为按钮添加脚本只有在触发按钮时，特定事件时才会执行。例如经过按钮、按下按钮、释放按钮时，事件才会发生。许多互动式程序界面的设计都是由为按钮添加 Action Script 而得以实现。还可以将多个按钮组成按钮式菜单，菜单中的每个按钮实例都可以有自己的动作，即使是同一元件的不同实例也不会互相影响。在为按钮添加脚本时，“动作”面板的标题栏显示“动作—按钮”，如图 10-2 所示。

3. 为影片剪辑添加脚本

为影片剪辑添加脚本通常是在播放该影片剪辑时 Action Script 被执行。同样，同一影片剪辑的不同实例也可以有不同的动作。这类动作虽然相对较少使用，但如果能够灵活运用，将会简化许多工作流程。在为影片剪辑添加脚本时，“动作”面板的标题栏显示“动作—影片剪辑”，如图 10-3 所示。

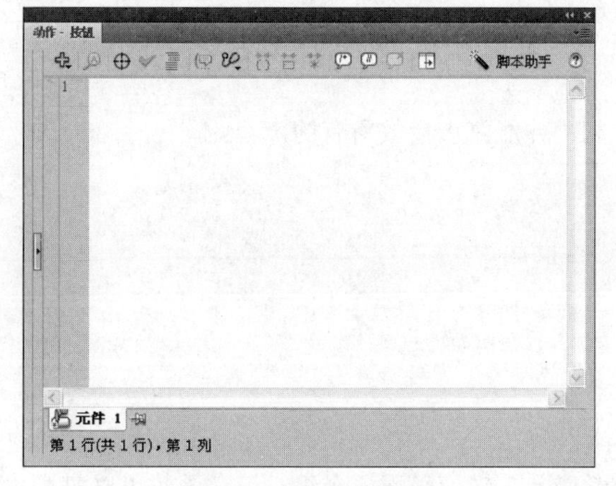

图 10-2 “动作”面板

图 10-3 “动作”面板

10.2 函数与变量

Actions 是 Flash 特有的程序脚本编辑工具。在使用它进行程序脚本开发前，需要先了解其在程序编辑中的各种基本概念和规则。

10.2.1 函数

函数是可以向脚本传递参数并能够返回值的可重复使用的代码块。展开“动作”面板的函数命令组，可以看到在 Actions 语言中所使用函数的列表，如图 10-4 所示。

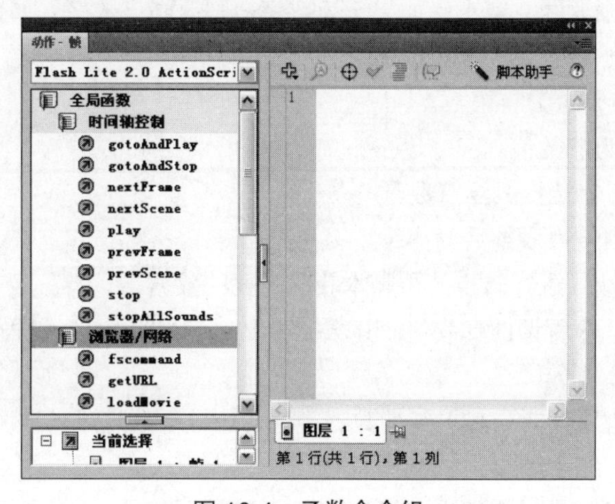

图 10-4 函数命令组

在 Flash CS4 的动作面板中，对动作脚本进行了更为科学的划分，使之更便于我们进行动作脚本的编辑。以前动作组中的时间轴控制、浏览器/网络等，现在都划归到全局函数组中，这样在全局函数组中就分为了控制影片播放的函数和用于运算的函数。

控制影片播放的函数包括：时间轴控制、浏览器/网络、影片剪辑控制 3 个组。该类函数主要用于对影片的播放进行控制，如：播放、停止。

1. 时间轴控制

对时间轴中的播放头进行跳转、播放、停止等控制，并能停止播放所有的声音。

2. 浏览器和网络

对 Flash 影片在浏览器或网络中的属性和链接等进行设置。

3. 影片剪辑控制

对影片剪辑元件进行控制。

4. 用于运算的函数

用于运算的函数包括：打印函数、其他函数、数学函数、转换函数 4 个组。该类函数可以对影片中的数据进行处理，然后得到相应的结果。

（1）打印函数：对打印进行控制的函数。

- Escape：撤销 URL 中的非法字符，将其参数转化为 URL 编码格式的字符串。
- Eval：访问并计算表达式（Expression）的值，并以字符串（String）的形式返回该值。
- getProperty：获取属性。
- getTimer：获取动画播放到当前帧的总时间（单位：毫秒）。
- getVersion：获取目前浏览器中的 Flash Player 版本号。
- targetPath：返回指定影片剪辑实例的路径字符串。
- unescape：保留字符串中的十六进制字符。

（2）数学函数：将脚本中的参数转换为数值并返回数值给脚本程序以进行运算。其返回值有 4 种情况：如果 x 为布尔数，则返回 0 或 1；如果 x 为数字，则返回该数字；如果 x 为字符串，则函数将 x 处理为十进制数；如果 x 未定义，则返回 0 。

- isFinite：测试数值是否为有限数。
- isNaN：测试是否为非数值。
- parseFloat：将字符串转换成浮点数。
- parseInt：将字符串转换成整数。

（3）转换函数：对表达式进行转换，为脚本获取需要的数据。

- Boolean：布尔值，即所谓的真假值。其数据类型只有真（true）和假（false）两种结果。布尔值的运算也叫逻辑运算。
- Number：计算机程序语言中最单纯的数据类型，包含整数与浮点数（有小数点的数字），不包含字母或其他特殊符号。
- String：将作用对象转换成字符串。所有使用“ ”（双引号）设定起来的数字或文本都是字符串。

10.2.2　变量

变量是程序编辑重要的组成部分，用来对所需的数据资料进行暂时储存。只要设定变量名称与内容，就可以产生出一个变量。变量可以用于记录和保存用户的操作信息、输入的资料，记录动画播放时间剩余时间，或用于判断条件是否成立等。

在脚本中定义了一个变量后，需要为它赋予一个已知的值，即变量的初始值，这个过程称为初始化变量。通常是在影片的开始位置完成。变量可以存储包括数值、字符串、逻辑值、对象等任意类型的数据，如 URL、用户名、数学运算结果、事件的发生次数等。在为变量进行赋值时，变量存储数据的类型会影响该变量值的变化。

1. 变量命名规则

变量的命名必须遵守以下规则。

- 变量名必须以英文字母 a～z 开头，没有大小写的区别。
- 变量名不能有空格，但可以使用下划线（_）。
- 变量名不能与 Actions 中使用的命令名称相同。
- 在它的作用范围内必须是唯一的。

2. 变量的数据类型

当用户给变量赋值时，Flash 会自动根据所赋予的值来确定变量的数据类型。如表达式 x＝1 中，Flash 计算运算符右边的元素，确定它是属于数值型。后面的赋值操作可以确定 x 的类型。例如，x＝help 会把 x 的类型改为字符串型。未被赋值的变量，其数据类型为 undefined（未定义）。

在接受到表达式的请求时，Action Script 可以自动对数据类型进行转换。在包含运算符的表达式中，Action Script 根据运算规则，对表达式进行数据类型转换。例如，当表达式中一个操作数是字符串时，运算符要求另一个操作数也是字符串。

```
“where are you: +007”
```

这个表达式中使用的“+”(加号)是数学运算符，Action Script 将把数值 007 转换为字符串“007”，并把它添加到第一个字符串的末尾，生成下面的字符串：

```
“where are you 007”
```

使用函数：Number，可以把字符串转换为数值；使用函数：String，可以把数值转换为字符串。

3. 变量的作用范围

变量的作用范围是指脚本中能够识别和引用指定变量的区域。Action Script 中的变量可以分为全局变量和局部变量。全局变量可以在整个影片的所有位置产生作用，其变量名在影片中是唯一的；局部变量只在它被创建的括号范围内有效，所以在不同元件对象的脚本中可以设置同样名称的变量而不产生冲突，作为一段独立的代码独立使用。

4. 变量的声明

Actions 脚本中变量不需要特别的声明，但对变量的声明却可以帮助更好地进行脚本的编辑，便于明确变量的意义，有利于程序的调试。变量的声明通常在动画的第一帧进行，可以使用 set Variables

动作或赋值运算符（=）来声明全局变量，使用 var 命令声明局部变量。

10.3 运算符

运算符也称作“操作符”，和数学运算中的加减乘除相似，用来指定表达式中的值是如何被联系、比较和改变的。一个完整的表达式由变量、常数及运算符 3 个部分组成，例如 t=t-1 这个式子，它包含了变量（t）、常数（1）及运算符（-）这个式子，就是一个可以在 Actions 脚本中成立表达式。

当在一个表达式中使用了两个或多个的运算符时，Flash 会根据运算规则，对各个运算符的优先级进行判断。和数学运算一样，Actions 脚本中的表达式也同样遵循“先乘除后加减”，“有括号先运算括号”的运算规则。在 Actions 脚本中还会常常遇到像“++”、“<>”等的特殊运算符，它们都可以在 Actions 脚本中被执行并发挥各自的意义和作用。Actions 脚本中的运算符分为：数学运算符、比较运算符和逻辑运算符。

10.3.1 数学运算符

数学运算符主要用于执行数值的运算。在遇到数据类型的字符串时，Flash 就会将字符串转变成数值后再进行运算。例如可以将（“50”）转变为 50；将不是数据型的字符串（如“seven”）等转换为 0，如表 10-1 所示。

表 10-1　Action Script 中的数学运算符

运算符号	功　能	示　例
+	加	3+3=6
-	减	10-5=5
*	乘	4*5=20
%	除	200%10=20
++	自加	x++
--	自减	y--

10.3.2 比较运算符

比较运算符用于对脚本中表达式的值进行比较并返回一个布尔值（true 或 false）。在下面的这段脚本中，如果变量 time 的值小于 10，图片 win.jpg 将被载入并播放，否则图片 over.jpg 将被载入并播放。

```
If (time<10){
loadMovie ("win.jpg",1)
} else {
loadMovie ("over.jpg",1)
}
```

在这段脚本中，小于符号（<）就是一个比较运算符。除了和数学运算相同的几个比较运算符外，Actions 中还有多个用于比较运算值的比较运算符号，如表 10-2 所示。

表 10-2　　Action Script 中的比较运算符

运算符号	功　能
==	等于
<	小于
>	大于
<=	小于或等于
>=	大于或等于
!==	不等于

10.3.3　逻辑运算符

逻辑运算符对两个布尔值进行比较并返回第三个布尔值。如果两个运算符运算的结果都是 true，那么逻辑（与）的运算符&&（and）将返回 true；如果两个运算符运算的结果有一个是 true ，那么逻辑（与）的运算符&&（and）将返回 false，而逻辑（或）的运算符（||）将返回 true。将逻辑运算符！（not）放在比较表达式的前面时，可以对运算的结果进行颠倒，如表 10-3 所示。

表 10-3　　Action Script 中的逻辑运算符

<table>
<tr><th>运 算 符</th><th>返回值#1</th><th>返回值#2</th><th>逻辑运算结果</th></tr>
<tr><td>&& (and)</td><td>T(true)</td><td>T(true)</td><td>T(true)</td></tr>
<tr><td></td><td>F(false)</td><td>F(false)</td><td>F(false)</td></tr>
<tr><td></td><td>T</td><td>F</td><td>F</td></tr>
<tr><td></td><td>F</td><td>T</td><td>F</td></tr>
<tr><td>|| (or)</td><td>T</td><td>T</td><td>T</td></tr>
<tr><td></td><td>F</td><td>F</td><td>F</td></tr>
<tr><td></td><td>T</td><td>F</td><td>T</td></tr>
<tr><td></td><td>F</td><td>T</td><td>T</td></tr>
<tr><td>! (not)</td><td>T</td><td colspan="2">F</td></tr>
<tr><td></td><td>F</td><td colspan="2">T</td></tr>
</table>

10.3.4　位运算符

对浮点型数字使用位运算符会在内部将其转换成 32 位的整型，所有的位运算符都会对一个浮点数的每一点进行计算并产生一个新值，如表 10-4 所示。

表 10-4　　Action Script 中的位运算符

<table>
<tr><th>运 算 符</th><th>功　能</th></tr>
<tr><td>&</td><td>按位“与”</td></tr>
<tr><td>|</td><td>按位“或”</td></tr>
<tr><td>^</td><td>按位“异或”</td></tr>
</table>

续表

运算符	功　能
~	按位“非”
<<	左移位
>>	右移位
>>>	右移位填零

10.3.5　赋值运算符

可以使用赋值“＝”运算符给变量指定值，如：

```
x="byebye";
```

也可以使用赋值运算符在一个表达式中为多个变量赋值，例如：

```
x=y=z=6
```

“6”被同时赋值给 x，y，z。另外也可以使用复合赋值运算符联合多个运算。复合运算符也可以对两个操作数都进行运算，然后将新值赋予第 1 个操作数。例如：

```
number+=13;
number=number+13;
```

这两个语句是等价的，都是将变量 number 的值加上 13，再把所得值赋值给变量 number，如表 10-5 所示。

表 10-5　　Action Script 中的赋值运算符

运算符	功　能
=	赋值
+=	相加并赋值
-=	相减并赋值
*=	相乘并赋值
%=	求模并赋值
/=	相除并赋值
<<=	按位左移位并赋值
>>=	按位右移位并赋值
>>>=	右移位填零并赋值
^=	按位异或并赋值
|=	按位或并赋值
&=	按位与并赋值

10.3.6　相等运算符

相等运算符测试两个表达式是否相等。符号左右的参数可以是数字、字符串、布尔值、变量、对

象、数组或函数，比较结果返回一个布尔值。如果表达式相等，则结果为 true。全等运算符也是测试两个表达式是否相等，除了不转换数据类型外，全等运算符执行的运算与等于运算符相同。如果两个表达式完全相等（包括它们的数据类型都相等），则结果为 true。

相等运算符（==）与赋值运算符（=）相比较，相等是比较两个表达式的大小，赋值是将某个具体的数值赋值给变量，如表 10-6 所示。

表 10-6 相等运算符的功能

运算符	功能
==	等于
===	全等
!=	不等于
!==	不全等

10.3.7 运算符的优先级及结合性

1. 运算符的优先级

当两个及以上的运算符出现在同一个表达式，先进行优先级高的运算。在没有括号的情况下，优先级从高到低的顺序为：乘除、加减，如果多个同级运算符同时出现按从左到右的顺序运算。在有括号的情况下，括号覆盖正常的优先级顺序，从而导致先计算括号内的表达式。如果括号是嵌套的，则先计算最里面括号中的内容，然后计算较靠外括号中的内容。例如：

```
time= (25+3)*4;
```

该程序执行结果是 112。

```
time=25+4*4;
```

执行结果是 41。

2. 运算符的结合性

当出现两个或两个以上拥有同样优先级的运算符时，它们执行的顺序就是运算符的结合性，结合性可以是从左到右，也可以是从右到左。例如：

```
second=5*7*9;
second= (5*7)*9;
```

这两个语句是等价的，因为乘法操作符的结合性是从左向右。现在将一些动作脚本运算符的结合性，按优先级从高到低排列，如表 10-7 所示。

表 10-7 运算符的功能与结合性

运算符	功能	结合性
( )	函数调用	从左到右
[]	数组元素	从左到右
	结果成员	从左到右

续表

运算符	功能	结合性
++	前递增	从右到左
--	前递减	从右到左
new	分配对象	从右到左
delete	取消分配对象	从右到左
typeof	对象类型	从右到左
void	返回未定义值	从右到左
*	相乘	从左到右
/	相除	从左到右
%	求模	从左到右
+	相加	从左到右

10.4 常见 Actions 命令语句

Flash CS4 的 Action Script 包括近 300 条命令，即使是非常复杂的互动影片，也不可能将它们全部用上。一般的电影编辑需要的命令通常比较相似，下面介绍一些常用的 Actions 命令语句，使读者可以理解和掌握使用 Actions 进行脚本编辑的操作方法和技巧。

10.4.1 播放控制

播放控制的实质是指对电影时间轴中播放头的运动状态进行控制，以产生包括 Play（播放）、Stop（停止）、Stop All Sound（声音的关闭）、Toggle High Quality（画面显示质量的高低）等动作，其控制作用可以作用于电影中的所有对象，是 Flash 互动影片最常见的命令语句。

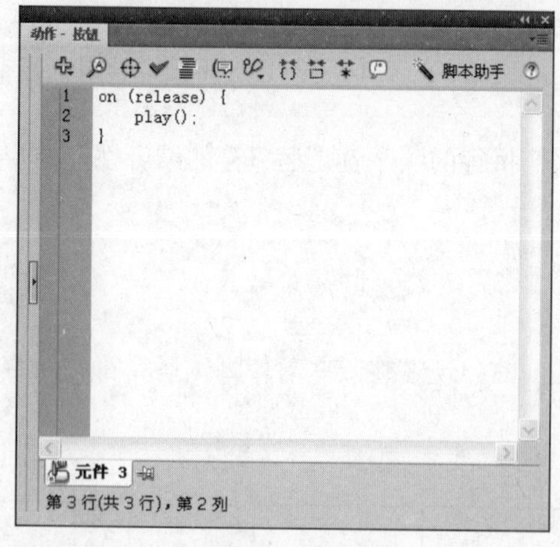

图 10-5 Play 命令

1. Play

Play 命令用于继续播放被停止下来的动画。通常被添加在电影中的一个按钮上，在其被按下后即可继续动画的播放，如图 10-5 所示。

2. Stop

使用 Stop 语句，可以使正在播放的动画停止在当前帧，可以在脚本的任意位置独立使用而不用设置参数。

10.4.2 播放跳转

goto 语句运行后，将会把时间轴中的播放头引导到指定的位置，并根据具体的参数设置来决定继

续播放（gotoAndPlay）或停止（gotoAndStop），如图 10-6 所示。

在添加了 goto 命令后，先在其参数设置区选择跳转后的帧是继续播放还是停止，然后设置跳转播放的位置：

- 场景：设置跳转的目标场景。可选择当前场景、下一场景、上一场景及指定号数的场景。
- 类型：用于设置播放头跳转目标帧位置的识别方式。可以选择确定的帧数、帧标签、表达式或下一帧。
- 帧：确定了跳转的场景和目标识别类型后，在这里输入目标帧号数或选择位置名称。

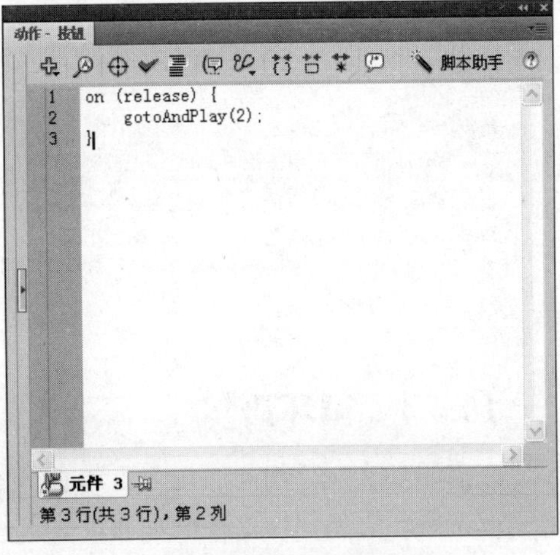

图 10-6　播放跳转

10.4.3　条件语句

条件语句用在影片中需要的位置以设置执行条件。当影片播放到该位置时，程序将对设置的条件进行检查：如果这些条件得到满足，程序将执行其中的动作语句；如果条件不满足，将执行设置的其他动作。

条件语句需要用 If...else（可以理解为“如果……就……；否则就……”）命令来设定。在执行过程时，If 命令将判断其后的条件是否成立，如果条件成立，则执行其下面的语句，否则将执行 else 后面的语句。例如下面的语句就是一个典型的条件语句：当变量 score 的值大于等于 100 时，程序将执行 play（）语句以继续播放影片，否则将执行 stop（）以停止影片的播放。

```
If (score>=100) {
play () ;
}else{
  stop () ;
}
```

条件语句可以多重嵌套，条件语句 If…else if 可以根据多个条件的判断结果，执行相关的动作语句。Else if 的标准语法如下所示：

```
if 逻辑条件 1 成立
{执行语句 1}
else if 逻辑条件 2 成立
{执行语句 2}
……
else if 逻辑条件 n 成立
{执行语句 n}
```

逻辑条件 1 成立时，“执行语句 1”将生效；逻辑条件 2 成立时，“执行语句 2”将生效；依此类推，当逻辑条件 n 成立时，“执行语句 n”将生效；如果所有的条件都不成立，则不执行任何语句。下面的语句便是典型的条件语句互相嵌套的例子。

```
if (this._x>firstBound) {
    this._x = firstBound;
    xInc = -xInc;
```

```
} else if (this._x<secondBound) {
    this._x = secondBound;
    xInc = -xInc;
} else if (this._y>thirdBound) {
    this._y = thirdBound;
    yInc = -yInc;
} else if (this._y<fourthBound) {
    this._y = fourthBound;
yInc = -yInc;
}
```

10.4.4 循环语句

在需要多次执行相同的几个语句时，可以使用 While (可以理解为“当……，就……”)循环语句来完成。循环语句同样要在执行前设置条件，当条件为真时，指定的一个或多个语句将被重复执行，同时执行条件本身也在发生变化。当条件为假时，退出循环体并执行后续的语句。While 后面的执行条件可以是常量、变量或表达式，但循环次数必须在 20000 以内，否则 Flash 将不执行循环体内的其他动作。例如下面的这个循环语句：

```
on (press) {
score=0;
//判断执行条件，当条件为真时，指定的语句将重复执行：
while (score<100) {
    duplicateMovieClip ("_root.rock", "mc"+score, score) ;
    setProperty ("mc"+ score, _x, random (200) ) ;
    setProperty ("mc"+ score, _y, random (200) ) ;
    setProperty ("mc"+ score, _alpha, random (100) ) ;
    setProperty ("mc"+ score, _xscale, random (200) ) ;
    setProperty ("mc"+ score, _yscale, random (200) ) ;
//执行条件本身也将发生变化：
score++;
}
//当条件不满足时，退出此循环，执行后面的语句。
}
```

提示：“//” 是命令 comment（注释）的符号，在脚本中为命令语句添加注释。任何出现在注释分隔符 // 和行结束符之间的字符，都将被程序解释为注释并忽略。它是复杂的脚本编辑中常用的辅助命令，以帮助对命令语句进行解释，方便以后更改。

10.5 应用实践

10.5.1 任务 1——制作 3D 导航特效动画

任务要求

小学生之友网站要求为其网站制作一个 Flash 的网页导航条，该导航条中的栏目是 3D 的，分别对

应小学生所学的科目。而且导航栏目不停地旋转，并随着鼠标指针的经过和移开显示不同的变化效果。

任务分析

小学生之友网站要求制作一个 3D 导航条，虽然逐帧动画也能制作 3D 效果，但工作量实在是太大了，需要绘制或导入无数个图形。另外小学生之友网站要求导航栏目不停地旋转，并随着鼠标指针的经过和移开显示不同的变化效果。这种效果就不能用逐帧动画来实现了，需要使用 Action Script 技术来制作特殊的 3D 动画效果。

任务设计

本例首先新建导航栏目，也就是按钮元件，然后将按钮元件拖入到舞台，最后使用 Action Script 技术来制作。完成后的效果如图 10-7 所示。

图 10-7　最终效果

完成任务

Step 1　新建文档。运行 Flash CS4，新建一个 Flash 空白文档。执行“修改”→“文档”命令，打开“文档属性”对话框，在对话框中将“尺寸”设置为 400 像素（宽）×250 像素（高），“背景颜色”设置为红色，如图 10-8 所示。设置完成后单击 确定 按钮。

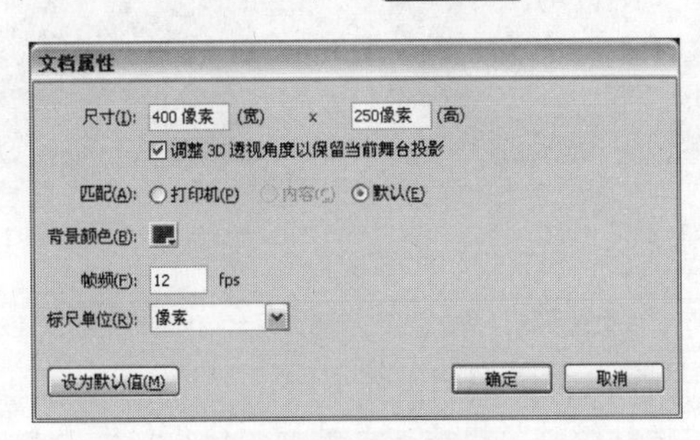

图 10-8　新建文档

Step 2　导入图片到库。执行“文件”→“导入”→“导入到库”命令，导入 5 幅图像到库中，如图 10-9 所示。

Step 3　新建按钮元件。按下“Ctrl+F8”组合键，新建一个按钮元件，在“名称”文本框中输入“按钮 1”，如图 10-10 所示。完成后单击 确定 按钮。

图 10-9　导入图片到库

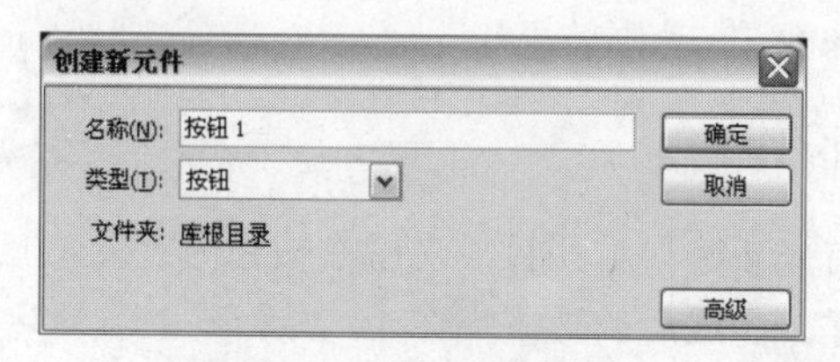

图 10-10　新建按钮元件

Step 4　拖入图像。在按钮 1 的编辑状态下，从库面板里把一幅图像拖曳到工作区中，如图 10-11 所示。

Step 5　输入文字。在“指针经过”处插入关键帧，使用任意变形工具 将图片放大一些。然后使用文本工具 T 在图片的下方输入文字“美术”，字体选择“微软简中圆”，字号为 23，字体颜色为黑色，如图 10-12 所示。

图 10-11　拖入图像

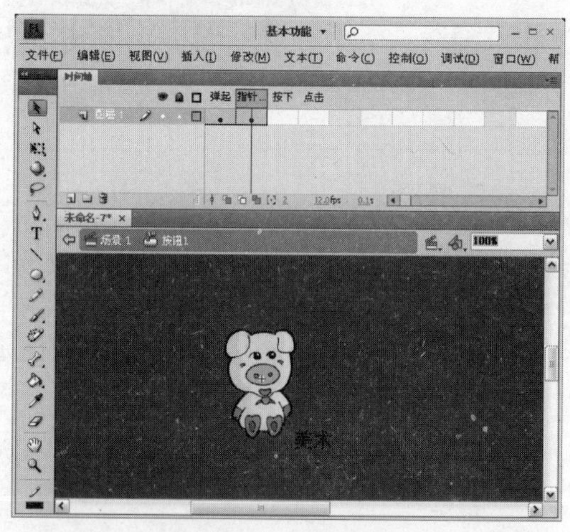

图 10-12　输入文字

Step 6　拖入图像。按下“Ctrl+F8”组合键，新建一个名称为“按钮 2”的按钮元件，从“库”面板里将一幅图像拖曳到工作区中，如图 10-13 所示。

Step 7　输入文字。在“指针经过”处插入关键帧，使用任意变形工具 将图片放大一些。然后使用文本工具 T 在图片的下方输入文字“音乐”，字体选择“微软简中圆”，字号为 23，字体颜色为黑色，如图 10-14 所示。

Step 8　拖入图像。按下“Ctrl+F8”组合键，新建一个名称为“按钮 3”的按钮元件，从“库”面板里将一幅图像拖曳到工作区中，如图 10-15 所示。

Step 9　输入文字。在“指针经过”处插入关键帧，使用任意变形工具 将图片放大一些。然

后使用文本工具 T 在图片的下方输入文字“英语”，字体选择“微软简中圆”，字号为 23，字体颜色为黑色，如图 10-16 所示。

图 10-13　拖入图像

图 10-14　输入文字

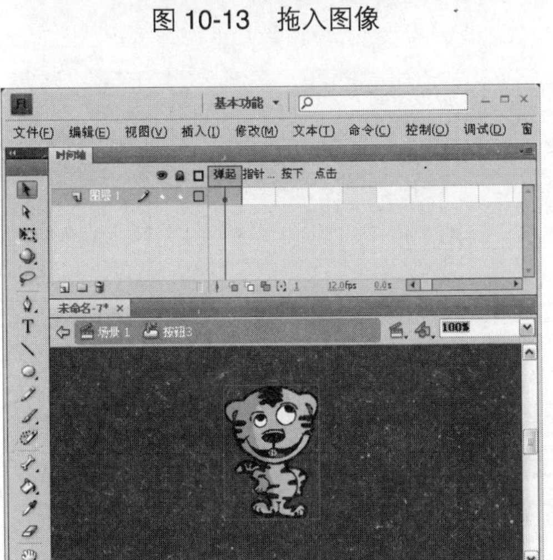

图 10-15　拖入图像

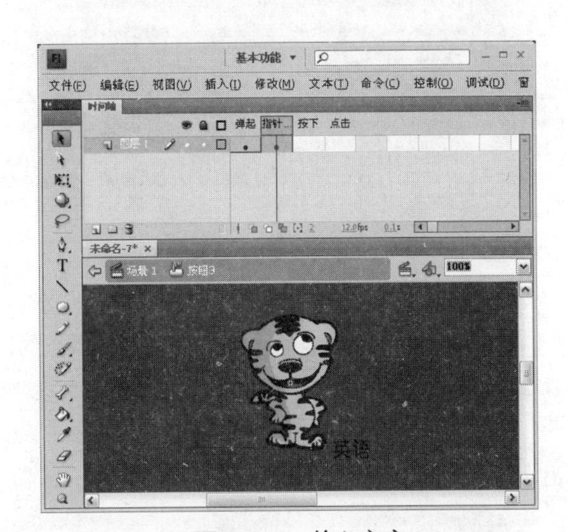

图 10-16　输入文字

Step 10　拖入图像。按下“Ctrl+F8”组合键，新建一个名称为“按钮 4”的按钮元件，从“库”面板里将一幅图像拖曳到工作区中，如图 10-17 所示。

Step 11　输入文字。在“指针经过”处插入关键帧，使用任意变形工具将图片放大一些。然后使用文本工具 T 在图片的下方输入文字“语文”，字体选择“微软简中圆”，字号为 23，字体颜色为黑色，如图 10-18 所示。

Step 12　拖入图像。按下“Ctrl+F8”组合键，新建一个名称为“按钮 5”的按钮元件，从“库”面板里将一幅图像拖曳到工作区中，如图 10-19 所示。

Step 13　输入文字。在“指针经过”处插入关键帧，使用任意变形工具将图片放大一些。然后使用文本工具 T 在图片的下方输入文字“数学”，字体选择“微软简中圆”，字号为 23，字体颜色为黑色，如图 10-20 所示。

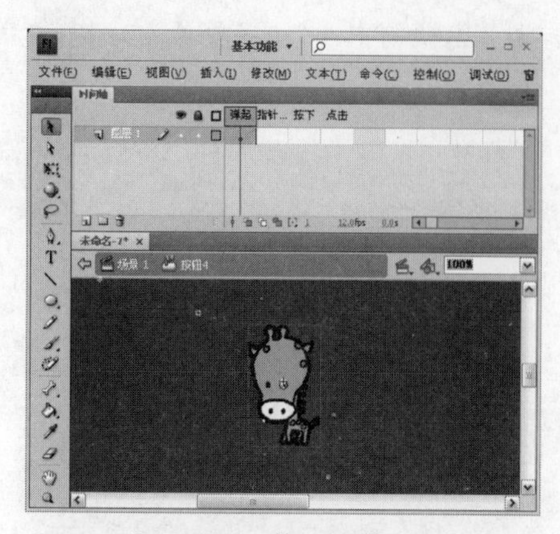

图 10-17　拖入图像

图 10-18　输入文字

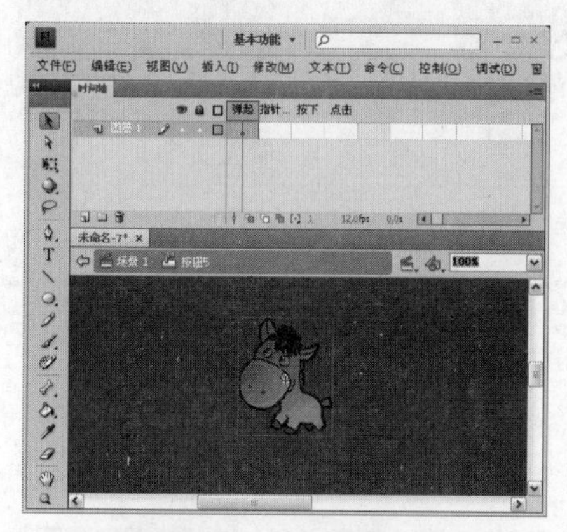

图 10-19　拖入图像

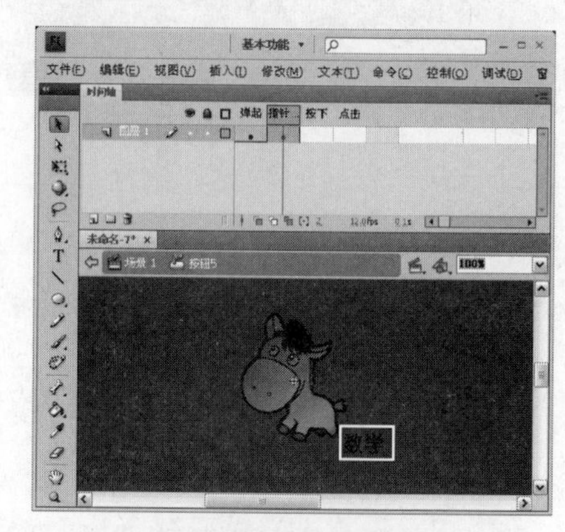

图 10-20　输入文字

Step 14　拖入按钮元件。回到主场景，从“库”面板里将按钮 1、按钮 2、按钮 3、按钮 4、按钮 5 拖入到舞台上如图 10-21 所示的位置。并分别将它们的实例名设置为 a1 ~ a5。

Step 15　输入代码。新建一个图层 2，并选中该层的第 1 帧，在“动作”面板中添加代码，如图 10-22 所示。

图 10-21　拖入按钮

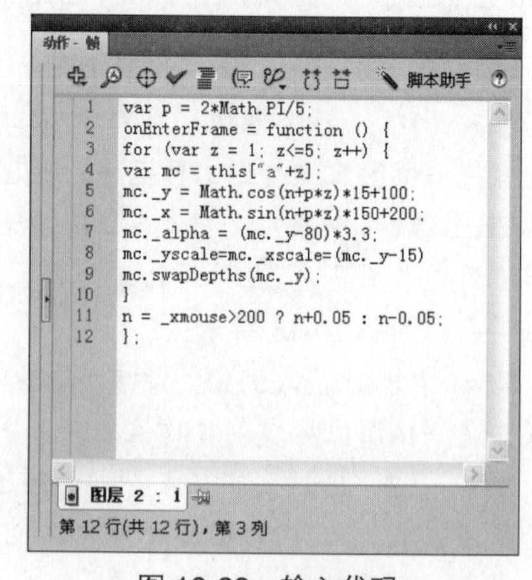

```
var p = 2*Math.PI/5;
onEnterFrame = function () {
for (var z = 1; z<=5; z++) {
var mc = this["a"+z];
mc._y = Math.cos(n+p*z)*15+100;
mc._x = Math.sin(n+p*z)*150+200;
mc._alpha = (mc._y-80)*3.3;
mc._yscale=mc._xscale=(mc._y-15)
mc.swapDepths(mc._y);
}
n = _xmouse>200 ? n+0.05 : n-0.05;
};
```

图 10-22　输入代码

Step 16　导入图像。新建一个图层 3，将其拖动到图层 1 的下方，执行“文件”→“导入”→“导入到舞台”命令，将一幅背景图像导入到舞台中，如图 10-23 所示。

图 10-23　导入图像

Step 17　测试动画。保存文件并按下“Ctrl+Enter”组合键，欣赏最终效果，如图 10-24 所示。

图 10-24　完成效果

归纳总结

本例讲述了使用 Flash CS4 制作 3D 导航特效动画的操作方法。在动画制作中，常常是制作一些平面动画，因为 Flash 是一款 2 维动画制作软件，虽然逐帧动画也能制作一些 3D 效果，但操作太麻烦了。通过使用 Action Script 技术可以设置动画元素的深度，从而形成 3 维效果。

10.5.2　任务 2——制作“冬天来了”特效动画

任务要求

企鹅动画公司要求为其制作一个冬天来了，雪花像白色的精灵一样在天空中自由飞舞的动画效果。动画中要表现出雪越下越大的效果。

任务分析

企鹅动画公司要求制作一个雪越下越大的效果。大雪纷飞的时候，每一片雪花都有它自己的下落

轨迹，如果用引导动画来制作的话，要为每一片雪花都制作一个轨迹动画，这样就不太现实，需要运用 Action Script 技术来制作大雪纷飞的效果。

任务设计

首先制作一片雪花下落的动画，再使用导入功能，将背景图片导入到舞台中，然后运用转换为元件功能，调整背景的色调，使天色看起来暗一些，最后使用 Action Script 技术，编辑出雪花纷飞的效果。完成后的效果如图 10-25 所示。

图 10-25　完成效果

完成任务

Step 1　新建文档。新建一个 Flash 文档，执行"修改"→"文档"命令，打开"文档属性"对话框，在对话框中将背景颜色设置为黑色。

Step 2　新建图形元件。新建一个名称为"snow"的图形元件，使用椭圆工具 在工作区中绘制一个无边框，填充色为白色，宽和高都为 8 像素的圆，如图 10-26 所示。

Step 3　添加引导层。新建一个名称为"snowing"的影片剪辑元件，从"库"面板里将图形元件"snow"拖曳到工作区中。然后选中"图层 1"，单击鼠标右键，在弹出的快捷菜单中选择"添加传统运动引导层"命令，如图 10-27 所示。

图 10-26　绘制圆形

图 10-27　选择"添加传统运动引导层"命令

Step 4　绘制曲线。选中"引导层"的第 1 帧，使用铅笔工具 在工作区中绘制一条曲线。然后将曲线的顶端对准图形元件"snow"的中心点，如图 10-28 所示。

Step 5　拖曳图形元件。在“引导层”的第 50 帧处插入帧，在“图层 1”的第 50 帧处插入关键帧。然后选中“图层 1”第 50 帧处的图形元件“snow”，将其向下拖曳到曲线的尾端处，并且中心点要与曲线的尾端对准，如图 10-29 所示。最后在“图层 1”的第 1 帧与第 50 帧之间创建补间动画。

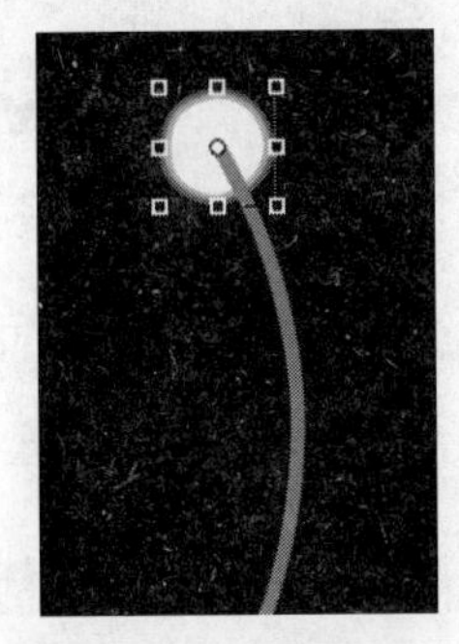

图 10-28　绘制曲线

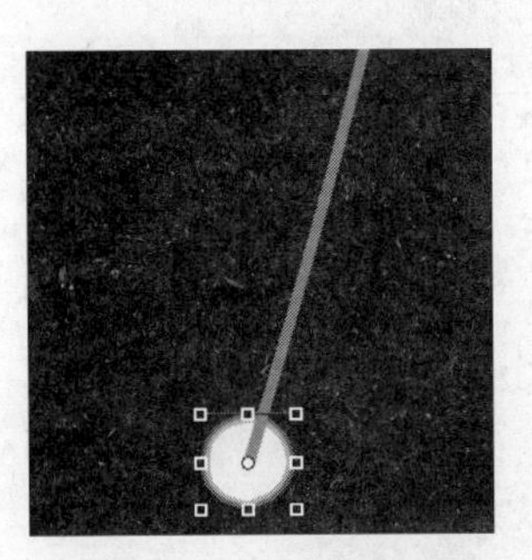

图 10-29　拖曳图形元件

Step 6　导入图片。回到主场景，执行“文件”→“导入”→“导入到舞台”命令，将一幅背景图片导入到舞台上，如图 10-30 所示。

图 10-30　导入图片

Step 7　设置色调。选中舞台上的背景图片，按下“F8”键，将其转换为图形元件。然后打开“属性”面板，在颜色下拉列表框中选择“色调”选项。然后将图片的色调设置为黑色，透明度为 38%，如图 10-31 所示。

Step 8　拖入影片剪辑。新建一个图层 2，从“库”面板里将影片剪辑“snowing”拖入到舞台上方，如图 10-32 所示。

Step 9　设置实例名。在“属性”面板中将影片剪辑“snowing”的实例名设置为“snow”，如图 10-33 所示。最后在图层 1 与图层 2 的第 3 帧处插入帧。

Step 10　添加代码。再新建一个图层 3，并把它命名为“AS”。选中“AS”层的第 1 帧，在“动作”面板中添加代码，如图 10-34 所示。

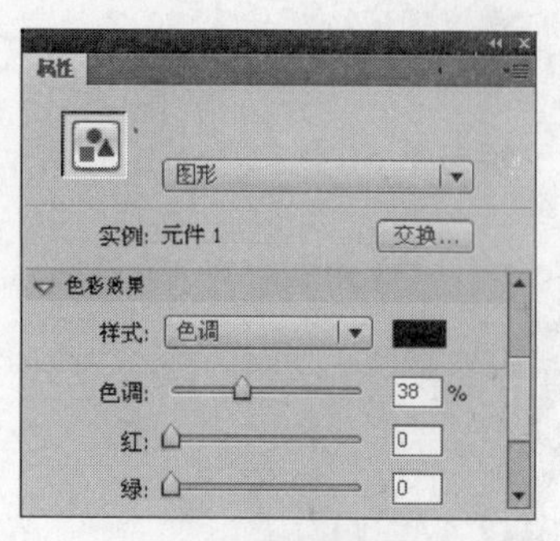

图 10-31　设置色调

图 10-32　拖入影片剪辑

图 10-33　设置实例名

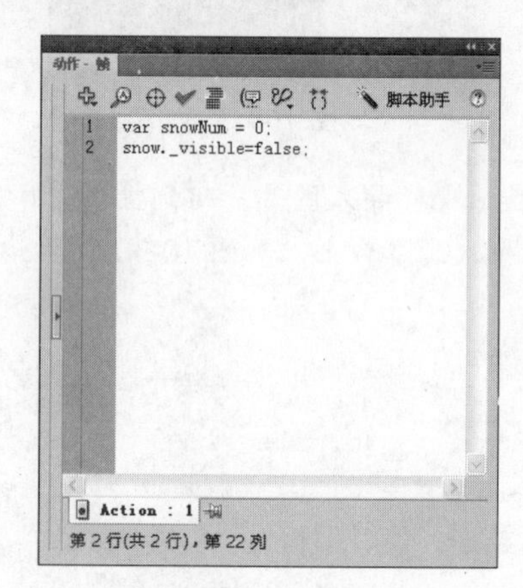

图 10-34　添加代码

Step 11　添加代码。在“AS”层的第 2 帧处插入关键帧，然后在“动作”面板中添加代码，如图 10-35 所示。

Step 12　添加代码。在“AS”层的第 3 帧处插入关键帧，然后在“动作”面板中添加代码，如图 10-36 所示。

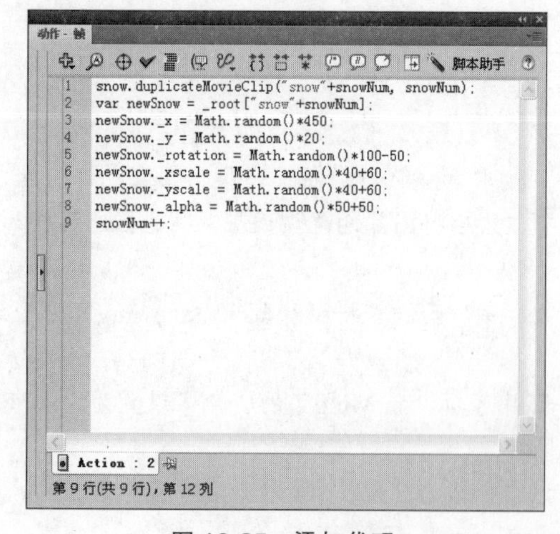

图 10-35　添加代码

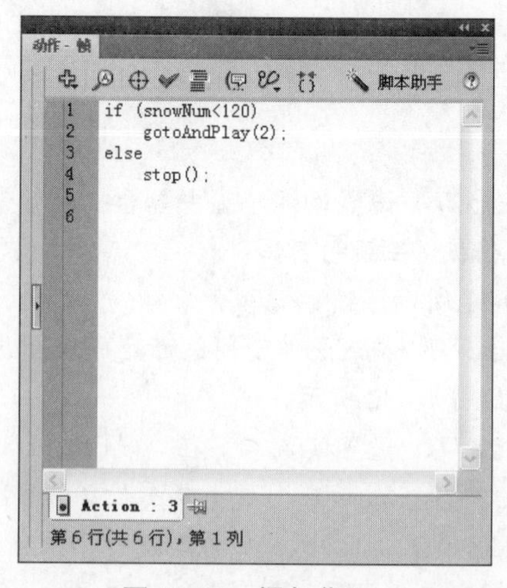

图 10-36　添加代码

Step 13　测试动画。保存文件并按下"Ctrl+Enter"组合键，欣赏最终效果，如图 10-37 所示。

图 10-37　完成效果

归纳总结

本例制作了一个大雪纷飞的特效动画，动画中调整背景图片的色调是为了表现下雪时天气十分严峻的效果。在制作过程中要注意，创建雪花按照一定的轨迹下落的动画时，雪花的中心点一定要与引导层中的曲线重合。而且创建的元件实例名一定要与代码中的元件实例名相同，否则添加的代码不会起作用，也不能制作出最终效果。

10.6 知识拓展

10.6.1　动画的层次结构

Flash 动画是合理地为各种元件分配帧位置制作而成的。这些元件除了图片以外都有自己的实例名、变量、函数或对象等，它们通过这些变量进行沟通或交换信息。元件之间可以相互嵌套，但不能将元件放入它本身。元件的嵌套形成了动画内部的层次结构，下面我们来详细介绍动画的层次。

1. 绝对路径

绝对路径以文档加载到其中的实例名开始，一直延续到显示列表中的目标实例。也可以使用别名 _root 来指示当前实例的最顶级时间轴。例如，影片剪辑 china 中引用影片剪辑 chengdu 的动作可以使用绝对路径 _root.china.chengdu。

在 Flash Player 中打开的第一个文档会加载到第 0 层。必须给其他每个加载的文档指定一个层号。当在动作脚本中使用绝对引用来引用一个加载的文档时，可使用 _levelX 这样的形式，其中 X 是文档所加载到的层号。例如，在 Flash Player 中打开的第一个文档名为_level0；加载到第 3 层的文档名为_level3。

在下面的示例中，在 Flash Player 中已加载了两个文档：第 0 层的 TargetPaths.swf 和第 5 层的 eastCoast.swf。层在"调试器"中指示，其中第 0 层用_root 表示。

要在不同层的文档之间进行通信，必须在目标路径中使用层名。例如，portland 实例将按如下方式指明 atlanta 实例的位置：

```
_level5.georgia.atlanta
```

可以使用别名_root 指示当前层的主时间轴。对于主时间轴，在_root 别名被某个也在_level0 上的剪辑作为目标时，它代表_level0。对于加载到_level5 的文档，在_root 被某个也在第 5 层上的影片剪辑作为目标时，它等于_level5。例如，由于 southcarolina 和 florida 都被加载到同一层上，因此，从实例 southcarolina 调用的动作就可以使用以下绝对路径来引用目标实例 florida：

```
_root.eastCoast.florida
```

2. 相对路径

相对路径取决于控制时间轴和目标时间轴之间的关系。相对路径只能确定在 Flash Player 中位于同一层上的目标的位置。例如，在 _level0 上的某个动作以 _level5 上的时间轴为目标时，不能使用相对路径。

在相对路径中，使用关键字 this 指示当前图层中的当前时间轴，使用别名 _parent 指示当前时间轴的父时间轴。可以重复使用别名 _parent，每使用一次就会在 Flash Player 的同一层的影片剪辑层次结构中上升一层。例如，_parent._parent 控制影片剪辑在层次结构中上升两层。Flash Player 中任何一层的最顶层时间轴是具有未定义的 _parent 值的唯一时间轴。

在下面的示例中，每个城市（charleston、atlanta 和 staugustine）都是州实例的子项，而每个州（southcarolina、georgia 和 florida）都是 eastCoast 实例的子项。

实例 charleston 的时间轴中的动作可以使用以下目标路径来引用目标实例 southcarolina：

```
_parent
```

要从 charleston 中的动作引用目标实例 eastCoast，可使用以下相对路径：

```
_parent._parent
```

要从 charleston 的时间轴上的动作引用目标实例 atlanta，可使用以下相对路径：

```
_parent._parent.georgia.atlanta
```

相对路径在重用脚本时非常有用。例如，您可以将脚本附加到影片剪辑，将该影片剪辑的父项放大 150%，如下所示：

```
onClipEvent (load) {
  _parent._xscale =150;
  _parent._yscale =150;
}
```

然后将该脚本附加到任意一个影片剪辑实例上，即可重用它。

无论使用绝对路径还是相对路径，都要用后面跟着变量或属性名称的点（.）来标识时间轴中的变量或对象的属性。例如，以下语句将实例 form 中的变量 name 的值设置为"Gilbert"：

```
_root.form.name = "Gilbert";
```

3. 动态路径

当创建了很大数量的电影剪辑时，如果要改变它们的属性，用手工操作的工作量是无法估计的，这时就需要使用动态路径来帮我们完成整个修改过程。可以利用数组访问运算符和由字符串、变量及数组元素组成的影片剪辑的实例名。

例如将“1_aa”，“2_aa”，“3_aa”…“200_aa”这 200 个影片剪辑的 Alpha 值都改为 50%，需设

置的动作脚本如下：

```
if(n=1,n<=200,n++){
  this[n+"_aa"]_alpha=50;
}
```

对包含核心动作脚本类的全局对象（例如 String、Object、Math 和 Array）的引用。

说明

标识符；创建全局变量、对象或类。例如，您可以创建公开为全局动作脚本对象的库，此库非常类似于 Math 或 Date 对象。与时间轴声明或局部声明的变量和函数不一样，全局变量和函数只要未被内部范围中具有相同名称的标识符遮蔽，则它们对于 SWF 文件中的每个时间轴和范围均是可见的。

示例

下面的示例创建一个顶级函数 factorial()，该函数对于 SWF 文件中的每个时间轴和范围均可用：

```
_global.factorial = function (n) {
  if (n <= 1) {
    return 1;
  } else {
    return n * factorial(n-1);
  }
}
```

10.6.2　良好的编程习惯

运用良好的编程技巧编出的程序要具备以下条件：易于管理及更新、可重复使用及可扩充、代码精简。要做到这些条件除了从编写过程中不断积累经验，在学习初期养成好的编写习惯也是非常重要的。遵循一定的规则可以减少编程的错误，并使编出的动作脚本程序更具可读性。

1. 命名规则

在 Flash 制作中命名规划必须保持统一性和唯一性。任何一个实体的主要功能或用途必须能够根据命名明显地看出来。因为 Action Script 是一个动态类型的语言，命名最好是包含有代表对象类型的后缀。如：

影片名字：my_movie.swf

URL 实体：course_list_output

组件或对象名称：chat_mc

变量或属性：userName

命名“方法”和“变量”时应该以小写字母开头，命名“对象”和“对象的构造方法”应该以大写字母开头。名称中可以包含数字和下划线，下划线后多为被命名者的类型。

下面列出一些非法的命名格式：

```
flower/bee = true;          //包含非法字符“/”
_number =5;                 //首字符不能使用下划线
5number = 0;                //首字符不能使用数字
& = 10;                     //运算符号不能用于命名
```

另外，Action Script 使用的保留字不能用来命名变量。

Action Script 是基于 ECMAScript，所以我们可以根据 ECMAScript 的规范来命名。如，

```
Studentnamesex = "female";        //大小写混和的方式
STAR = 10;                        //常量使用全部大写
student_name_sex ="female";       //全部小写，使用下划线分割字串
MyObject=function(){};            //构造函数
f = new MyObject();               //对象
```

2. 给代码添加注释

使用代码注释能够使得程序更清晰，增加其可读性。Flash 支持的代码注释方法有两种：

- 单行注释，通常用于变量的说明。在一行代码结束后使用“//”，将注释文字输入其后即可。只能输入一行的注释。如果注释文字过多，需要换行，可以使用下面介绍的多行注释。
- 多行注释，通常用于功能说明和大段文字的注释。在一段代码之后使用“/*”及“*/”，将注释文字输入两个“*”的中间，在这之间的文字可以是多行。

3. 保持代码的整体性

无论什么情况，应该尽可能保证所有代码在同一个位置，这样使得代码更容易搜索和调试。在调试程序的时候很大的困难就是定位代码，如果大部分代码都集中在同一帧，问题就比较好解决了。通常把代码都放在第一帧中，并且单独放在最顶层。如果在第一帧中集中了大量的代码，记得用注释标记区分，并在开头加上代码说明。

4. 初始化应用程序

记得一定要初始化应用程序，init 函数应该是应用程序类的第一个函数，如果使用面向对象的编程方式则应该在构造函数中进行初始化工作。该函数只是对应用程序中的变量和对象初始化，其他的调用可以通过事件驱动。

10.7 自我检测

1. 填空题

（1）______是一种专属于 Flash 的程序语言。

（2）在动画设计过程中，可以在 3 个地方加入 Action Script 脚本程序。它们分别是______、______和______。

（3）______是可以向脚本传递参数并能够返回值的可重复使用的代码块。

2. 判断题

（1）为帧添加的动作脚本只有在影片播放到该帧时才被执行。（　　）

（2）运算符是程序编辑中重要的组成部分，用来对所需的数据资料进行暂时储存。（　　）。

（3）Flash 中的变量名必须以阿拉伯数字开头。（　　）。

3. 上机题

（1）利用本章所讲述的知识，制作一个有 6 个导航栏目的 3D 导航动画。

（2）利用本章所讲述的知识，制作一个大雨不停落下的效果。

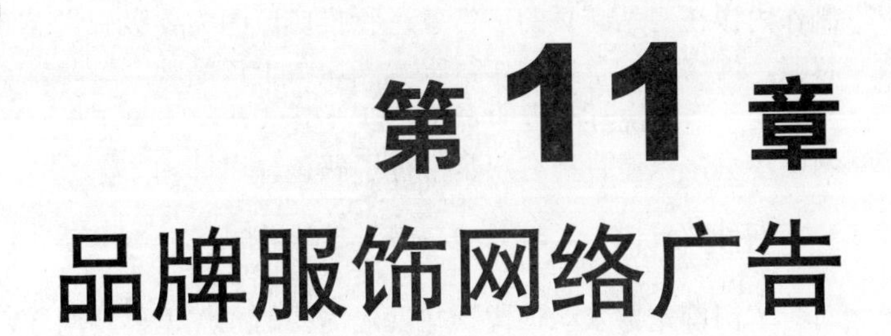

第11章 品牌服饰网络广告

学习目标

Flash 在网络广告应用中扮演着越来越重要的角色。在任意知名网站中，我们都可以发现 Flash 广告的身影。目前，Flash 广告在网络商业广告应用中发挥着越来越重要的作用，凭借其强大的媒体支持功能和多样化的表现手段，可以用更直观的方式表现广告的主体。这种表现方式不但效果佳，也更为广大广告受众所接受。本章就来讲述使用 Flash 制作一个品牌服饰网络广告的操作方法。

主要内容

- 制作动画主体
- 添加文字
- 导入音乐
- 添加链接

任务要求

本省乃至全国都非常知名的一个服装企业——天鸿服装公司最近推出了一款新的子品牌服饰，主要针对都市时尚青年男女。要求为该子品牌服饰——RTE（red tide）制作一个网络广告，在本地以及全国各大网站上进行强势网络推广。

任务分析

新款品牌服饰 RTE 上市，在各大网站上进行网络广告推广，让目标客户（都市时尚青年男女）知道 RTE 这款服饰，扩大新产品的知名度。为了不影响用户对网站的浏览，不要制作弹出式广告，而是制作内嵌在网站首页的广告条进行推广。因为要吸引浏览者的注意，避免在用户浏览网页的过程中被忽略，网络广告条要制作得宽一些。由于该品牌服饰是针对都市时尚青年男女，广告动画效果要时尚一些，并添加悦耳动听的音乐，以吸引这一群体的点击。当点击该网络广告后，要跳转到 RTE 服饰的网站主页，以便目标客户全方位了解该款服饰。

任务设计

本例首先导入动画背景并创建需要的元件，再使用导入功能，将准备好的图片导入到舞台中，并调整图片的 Alpha 值，使图片产生透明渐变的效果；然后使用文本工具，在舞台上输入服饰品牌；接着导入网络广告的音乐；最后为网络广告添加跳转到 RTE 服饰网站主页的链接。完成后的效果如图 11-1 所示。

图 11-1 完成后的效果

完成任务

1. 制作动画主体

Step 1 新建文档。运行 Flash CS4，新建一个 Flash 空白文档。执行“修改”→“文档”命令，打开“文档属性”对话框，将“尺寸”设置为 678 像素（宽）×400 像素（高），如图 11-2 所示。设

置完成后单击 确定 按钮。

Step 2　导入背景图片。执行“文件”→“导入”→“导入到舞台”命令，将一幅背景图片导入到舞台中，如图 11-3 所示。

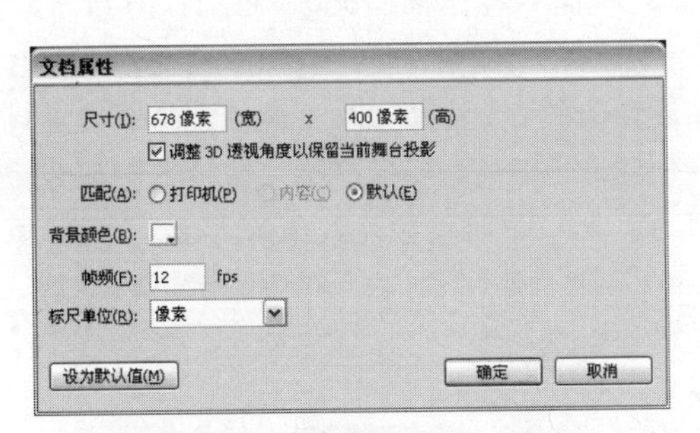

图 11-2　“文档属性”对话框

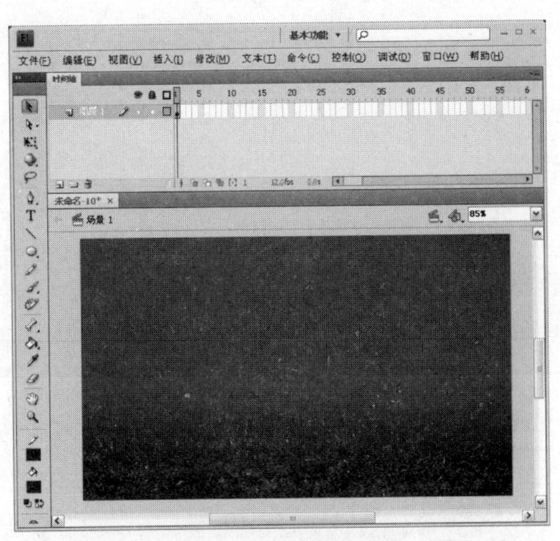

图 11-3　导入图片

Step 3　新建影片剪辑。按下“Ctrl+F8”组合键，新建一个影片剪辑，在“名称”文本框中输入“圆”，如图 11-4 所示。

Step 4　转换为图形元件。在影片剪辑“圆”的编辑状态下，使用椭圆工具在工作区中绘制一个边框与填充色都为白色的圆。然后选中圆，按下“F8”键，将其转换为图形元件，元件的名称保持默认，如图 11-5 所示。

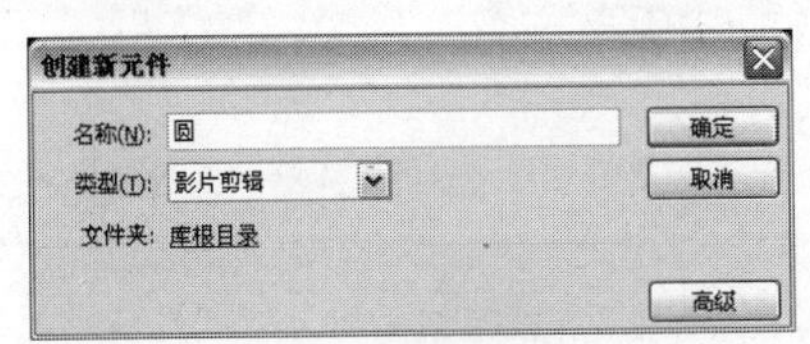

图 11-4　新建影片剪辑

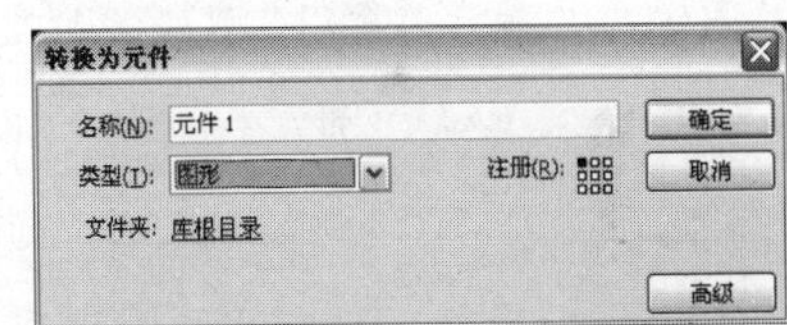

图 11-5　转换为图形元件

Step 5　设置 Alpha 值。在时间轴上的第 3 帧、第 5 帧和第 10 帧处插入关键帧。然后分别选中第 1 帧与第 10 帧处的圆，在“属性”面板中将它们的 Alpha 值设置为 0%，如图 11-6 所示。

Step 6　创建补间动画。分别在第 1 帧与第 3 帧、第 3 帧与第 5 帧、第 6 帧与第 10 帧之间创建补间动画，如图 11-7 所示。

图 11-6　设置 Alpha 值

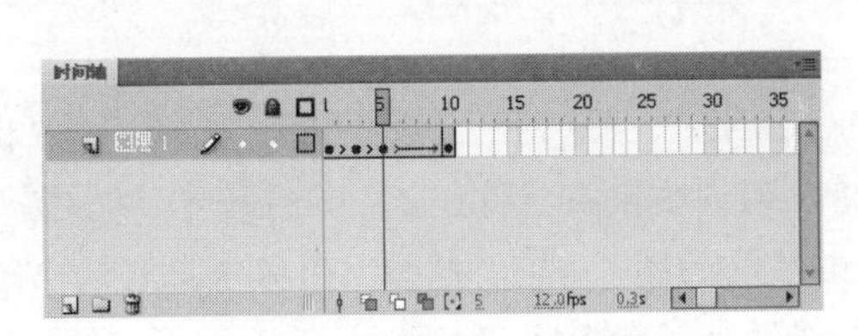

图 11-7　创建补间动画

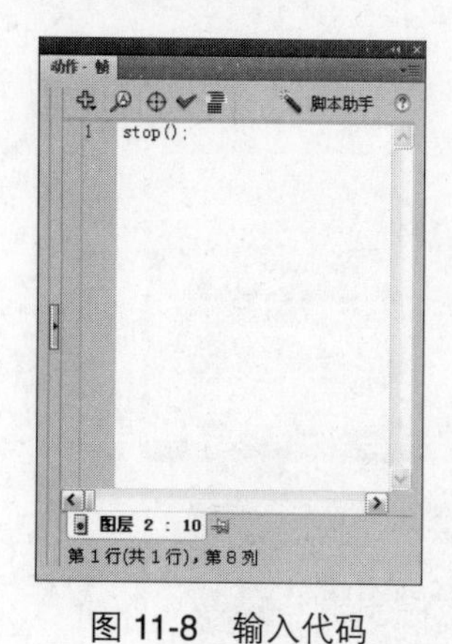

图 11-8　输入代码

Step 7　输入代码。新建一个图层 2，并在该层的第 10 帧处插入关键帧，然后单机鼠标右键，在弹出的快捷菜单中选择“动作”命令，在打开的“动作”面板中添加代码，如图 11-8 所示。

Step 8　插入关键帧。回到主场景，新建“图层 2”，从“库”面板中将影片剪辑“圆”拖曳到舞台上。然后在“图层 2”的第 34 帧处插入关键帧，在第 44 帧处插入帧，在第 11 帧处插入空白关键帧，如图 11-9 所示。

Step 9　转换为图形元件。选择“图层 1”中的背景图片，按下“F8”键，将其转换为图形元件，元件的名称保持默认，如图 11-10 所示。

Step 10　设置线条宽度。在“图层 1”的第 280 帧处插入关键帧。新建一个“图层 3”，并在该层的第 11 帧处插入关键帧。接着使用线条工具 在舞台上影片剪辑“圆”的附近绘制一条宽为 1 像素，颜色为白色的线。在“图层 3”的第 14 帧处插入关键帧，并在“属性”面板中将该帧处线条的宽设置为 66 像素，如图 11-11 所示。

图 11-9　时间轴

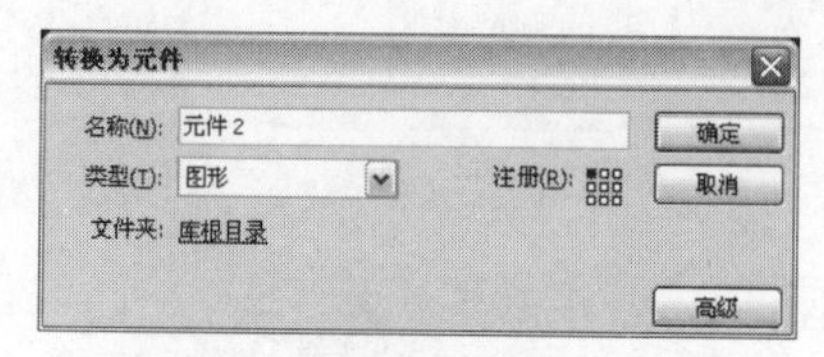

图 11-10　转换为图形元件

Step 11　创建动画。在“图层 3”的第 30 帧与第 33 帧处插入关键帧。选中第 33 帧处的线条，在“属性”面板中将它的宽设置为 1 像素。然后在第 11 帧与第 14 帧之间，第 30 帧与第 33 帧之间创建形状补间动画。最后在第 34 帧处插入空白关键帧，如图 11-12 所示。

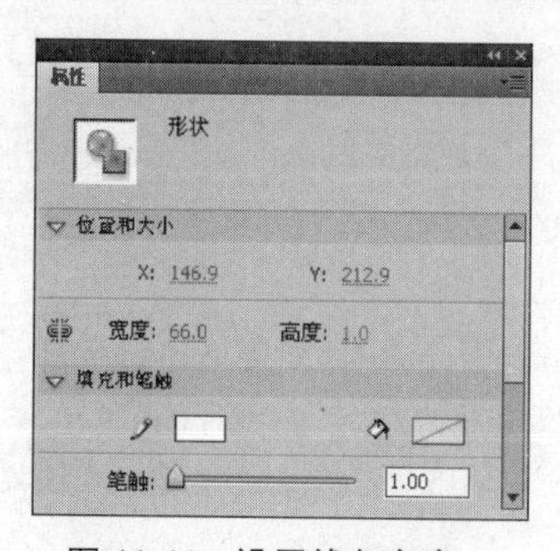

图 11-11　设置线条宽度

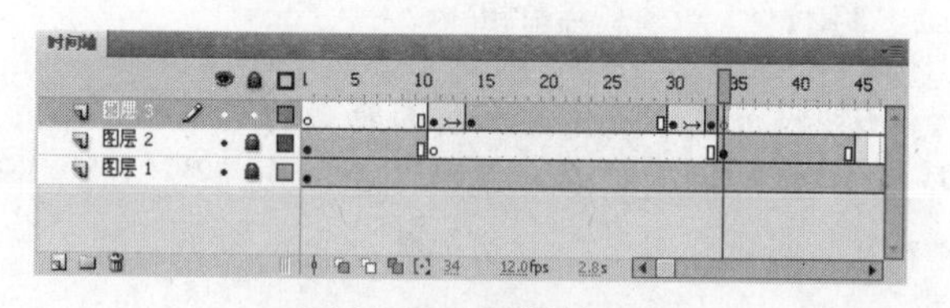

图 11-12　时间轴

Step 12　导入图片。新建一个图层，并把它命名为“图片 1”。在“图片 1”层的第 39 帧处插入关键帧。然后执行“文件”→“导入”→“导入到舞台”命令，将一幅图片导入到舞台中，如图 11-13 所示。

Step 13　创建动画。选中舞台上的图片，按下“F8”键，将其转换为图形元件，图形元件的名称保持默认。然后在“图片 1”层的第 41 帧、第 52 帧与第 56 帧处插入关键帧。完成后选中第 39 帧与第 56 帧处的图片，在“属性”面板中把它的 Alpha 值设置为 0%。最后分别选中第 39 帧与第 52 帧，创建补间动画，如图 11-14 所示。

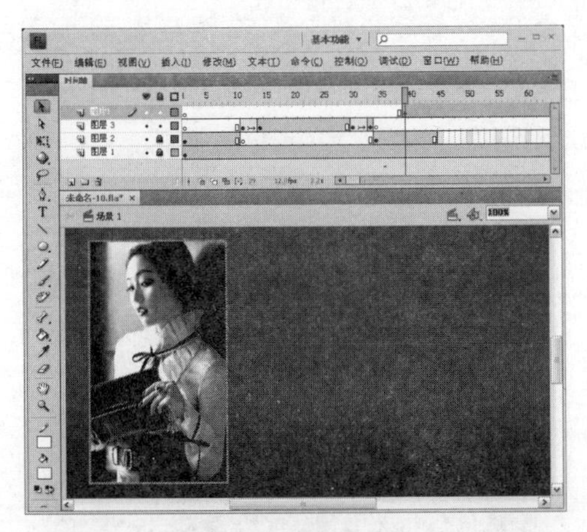

图 11-13　导入图片

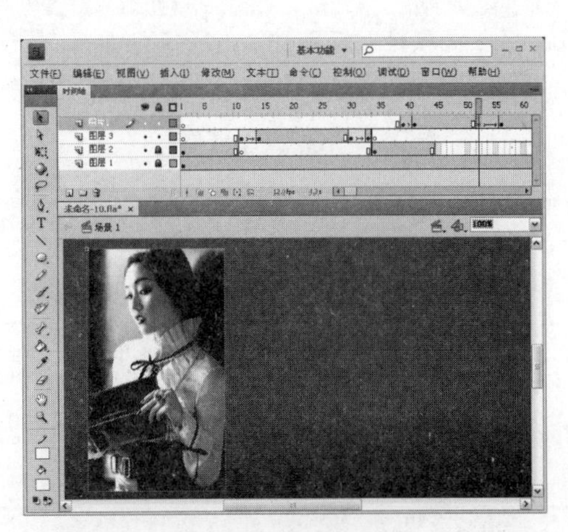

图 11-14　创建动画

Step 14　绘制圆。新建一个图层，命名为“z1”。在第 39 帧处插入关键帧，使用椭圆工具 在图片的中心位置绘制一个无边框，宽和高都为 10 像素的白色圆，如图 11-15 所示。

Step 15　创建动画。选中圆形，按下“F8”键，将其转换为图形元件，并命名为“y1”。完成后在“z1”层的第 41 帧、第 49 帧与第 51 帧处插入关键帧，在第 56 帧处插入空白关键帧。然后选中第 39 帧处的圆，在“属性”面板中把它的 Alpha 值设置为 0%。选中第 41 帧处的圆，使用任意变形工具 将其放大，选中第 51 帧处的圆，使用任意变形工具 将其放大。最后分别在第 41 帧与第 49 帧之间、第 49 帧与第 51 帧之间创建动画，如图 11-16 所示。

图 11-15　绘制圆

Step 16　创建遮罩动画。选中“z1”层，单击鼠标右键，在弹出的快捷菜单中选择“遮罩层”命令，如图 11-17 所示，创建遮罩动画。

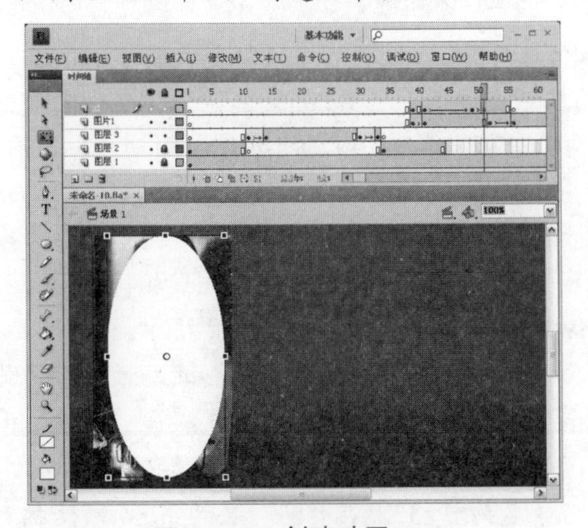

图 11-16　创建动画

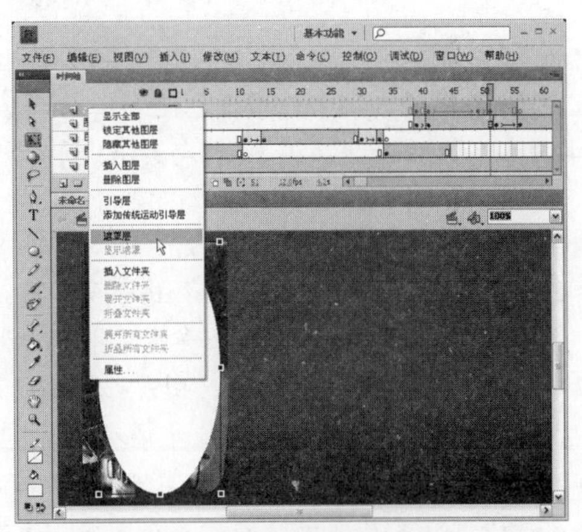

图 11-17　创建遮罩动画

Step 17　导入图片。新建一个图层，并把它命名为“图片 2”。在“图片 2”层的第 52 帧处插入关键帧，然后执行“文件”→“导入”→“导入到舞台”命令，将一幅图片导入到舞台中，如图 11-18 所示。

Step 18　创建动画。选中“图片 2”层第 52 帧处的图片，按下“F8”键，将其转换为图形元件。然后在“图片 2”层的第 54 帧、第 72 帧和第 76 帧处插入关键帧。完成后选中第 52 帧与第 76 帧

处的图片，在“属性”面板中把它们的 Alpha 值设置为 0%。最后分别在第 52 帧与第 54 帧之间、第 72 帧与第 76 帧之间创建补间动画，如图 11-19 所示。

图 11-18　导入图片

图 11-19　创建动画

Step 19　插入关键帧与空白关键帧。新建一个图层，并把它命名为“z2”。在“z2”层的第 52 帧处插入关键帧，从库面板中将图形元件“y1”拖入到舞台上。然后在“z2”层的第 54 帧、第 62 帧和第 64 帧处插入关键帧，在第 77 帧处插入空白关键帧，如图 11-20 所示。

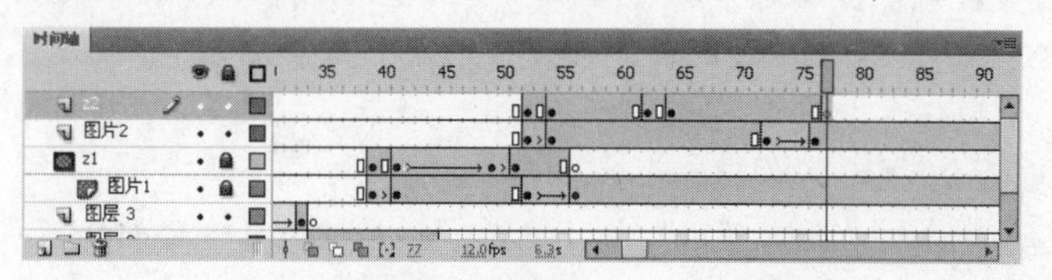

图 11-20　插入关键帧与空白关键帧

Step 20　创建动画。选中“z2”层第 52 帧处的圆，在“属性”面板中把它的 Alpha 值设置为 0%。选中第 62 帧处的圆，使用任意变形工具 将其放大，选中第 64 帧处的圆，使用任意变形工具 将其放大。最后分别在第 54 帧与第 62 帧之间、第 62 帧与第 64 帧之间创建补间动画，如图 11-21 所示。

Step 21　导入图片。选中“z2”层，单击鼠标右键，在弹出的菜单中选择“遮罩层”命令。完成后新建一个图层，并把它命名为“图片 3”。在“图片 3”层的第 64 帧处插入关键帧，然后执行“文件”→“导入”→“导入到舞台”命令，将一幅图像导入到舞台中，如图 11-22 所示。

Step 22　创建动画。选中“图片 3”层的第 64 帧处的图片，按下“F8”键，将其转换为图形元件。然后在“图片 3”层的 66 帧处插入关键帧。完成后选中第 64 帧处的图片，在“属性”面板中把它的 Alpha 值设置为 0%。最后在第 64 帧与第 66 帧之间创建补间动画，如图 11-23 所示。

Step 23　插入关键帧。新建一个图层，并把它命名为“z3”。在“z3”层的第 64 帧处插入关键帧，从库面板中将图形元件“y1”拖入到舞台上图片的中心位置。然后在“z3”层的第 66 帧、第 74 帧和第 76 帧处插入关键帧，如图 11-24 所示。

Step 24　创建动画。选中“z3”层第 64 帧处的圆，在“属性”面板中把它的 Alpha 值设置为 0%。选中第 74 帧处的圆，使用任意变形工具 将其放大，选中第 76 帧处的圆，使用任意变形工具 将其再放大一些。最后分别在第 66 帧与第 74 帧之间，第 74 帧与第 76 帧之间创建补间动画，如图 11-25 所示。

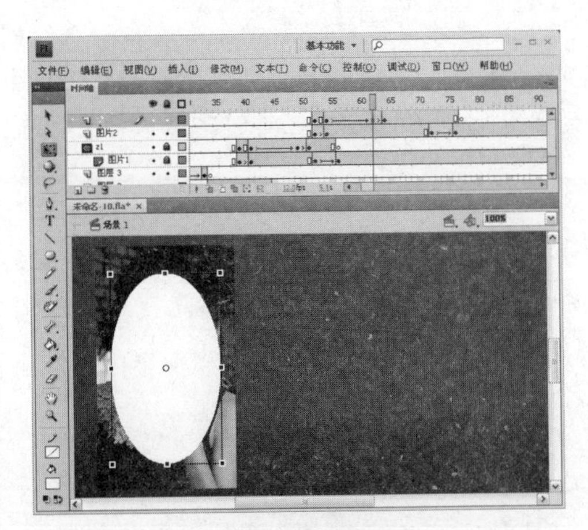

图 11-21　创建动画

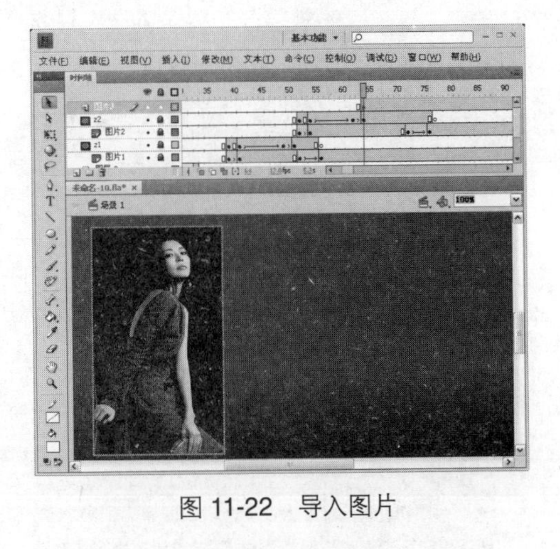

图 11-22　导入图片

图 11-23　创建动画

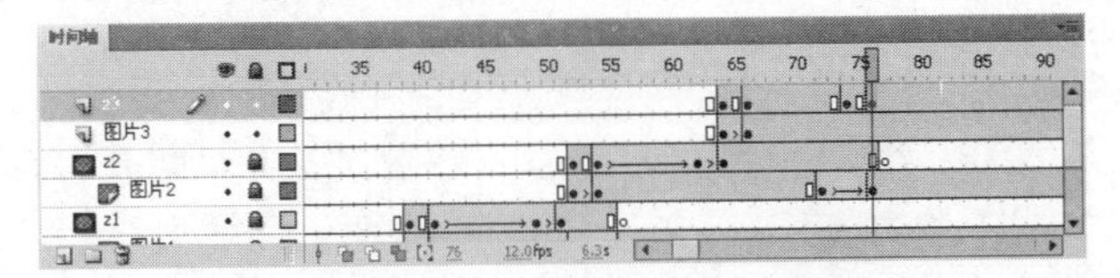

图 11-24　插入关键帧

Step 25　新建图层。选中“z3”层，单击鼠标右键，在弹出的菜单中选择“遮罩层”命令。新建一个图层，并把它命名为“线条 1”，如图 11-26 所示。

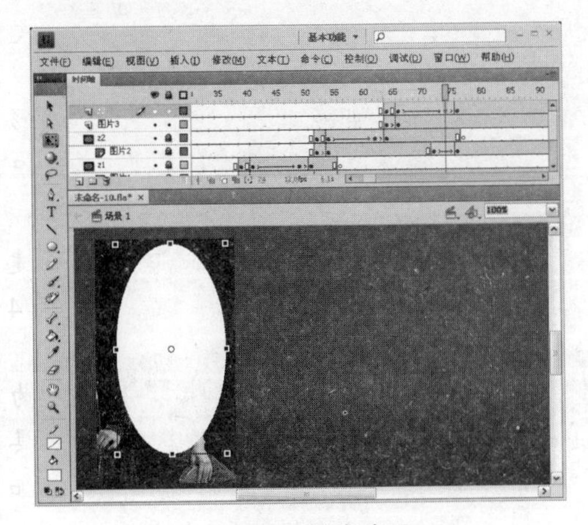

图 11-25　创建动画

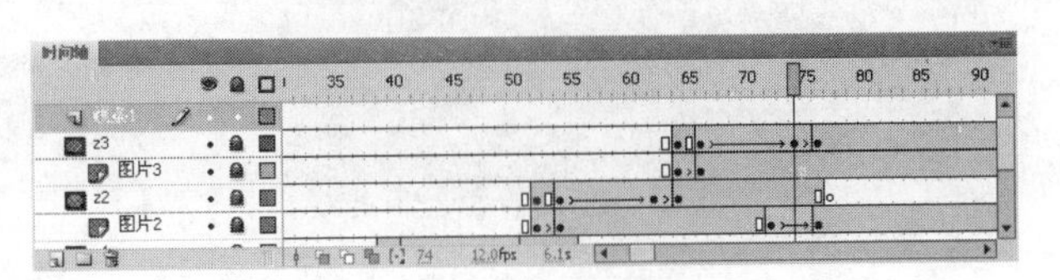

图 11-26　新建图层

Step 26 创建动画。在“线条 1”层的第 81 帧处插入关键帧，使用线条工具在舞台上绘制一条宽为 1 像素，颜色为白色的线。然后在“线 1”层的第 86 帧处插入关键帧，并在“属性”面板中将该帧处线条的宽设置为 570 像素。最后在“线条 1”层的第 81 帧与第 86 帧之间创建形状补间动画，如图 11-27 所示。

Step 27 创建动画。新建一个图层，并把它命名为“线条 2”。在“线条 2”层的第 83 帧处插入关键帧，使用线条工具在舞台上绘制一条宽为 1 像素，颜色为白色的线。然后在“线条 2”层的第 88 帧处插入关键帧，并在“属性”面板中将该帧处线条的宽设置为 560 像素。最后选中“线条 2”层的第 83 帧与第 88 帧之间创建形状动画，如图 11-28 所示。

图 11-27　创建形状动画

图 11-28　创建形状动画

2. 添加文字

Step 1 输入文字。新建一个图层，并把它命名为“字 1”。在第 90 帧处插入关键帧，使用文本工具 T 在舞台中输入服饰的名称“RED TIDE”，文本字体为“Mangal”，大小为“30”，颜色为黄色（#FFCC00），如图 11-29 所示。

Step 2 插入关键帧与空白关键帧。在“字 1”层的第 100 帧、第 107 帧、第 111 帧、第 115 帧和第 119 帧处插入关键帧，在第 109 帧、第 113 帧和第 117 帧处插入空白关键帧，然后在第 90 帧与第 100 帧之间创建补间动画，如图 11-30 所示。

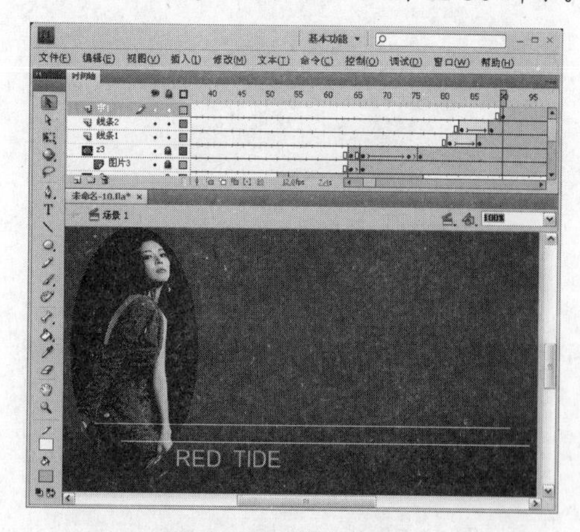

图 11-29　输入文字

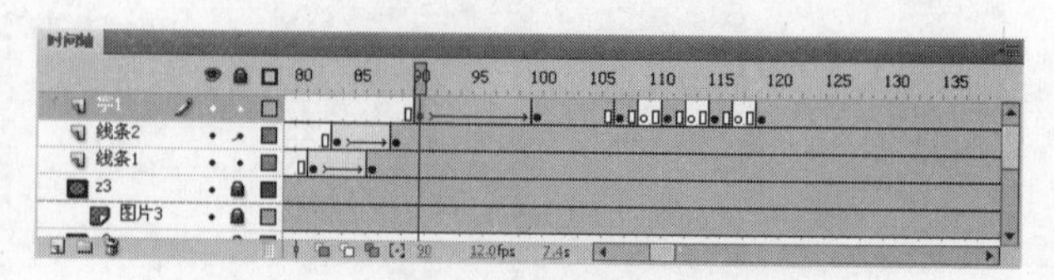

图 11-30　插入关键帧与空白关键帧

Step 3　输入文字。新建一个图层，并把它命名为“字 2”。在第 120 帧处插入关键帧，使用文本工具 T 在舞台中输入文字“潮人服饰”，字体为“微软简中圆”，大小为“28”，颜色为白色，如图 11-31 所示。

Step 4　创建动画。选中文字按下“F8”键，将其转换为影片剪辑元件，影片剪辑元件的名称保持默认。然后在“字 2”层的 131 帧处插入关键帧。完成后选中第 120 帧处的文本，在“属性”面板中把它的 Alpha 值设置为 0%。最后在第 120 帧与第 131 帧之间创建补间动画，如图 11-32 所示。

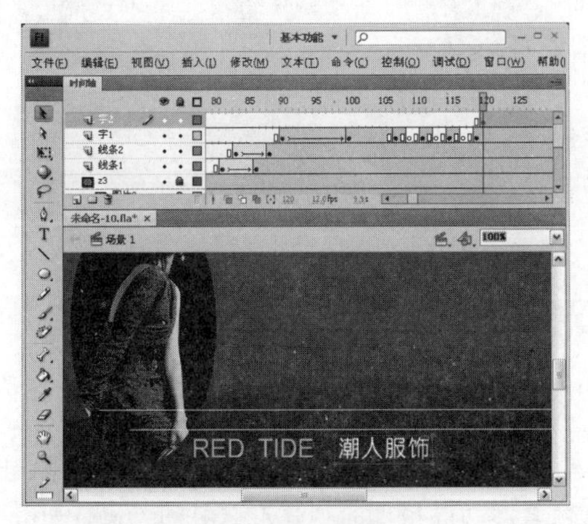

图 11-31　输入文字

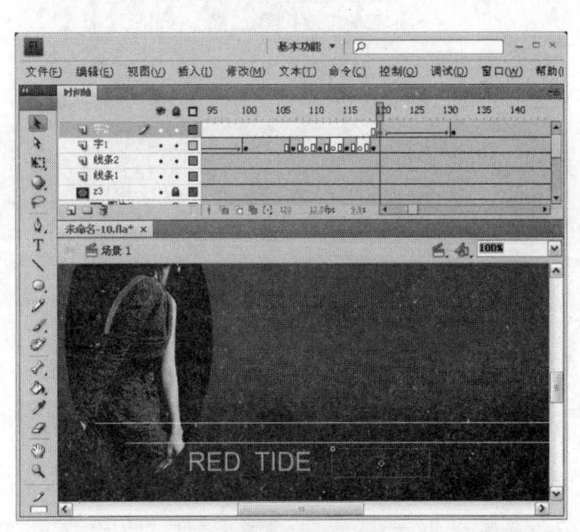

图 11-32　创建动画

Step 5　导入图片。新建一个图层并把它命名为“图片 4”。在“图片 4”层的第 132 帧处插入关键帧，然后执行“文件”→“导入”→“导入到舞台”命令，将一幅图像导入到舞台中，如图 11-33 所示。

Step 6　创建动画。选中图片，按下“F8”键，将其转换为图形元件，在“图片 4”层的第 142 帧处插入关键帧，然后将第 132 帧处图片的 Alpha 值设置为 0，最后在第 132 帧与第 142 帧之间创建动画，如图 11-34 所示。

图 11-33　导入图片

图 11-34　创建动画

Step 7　绘制椭圆。新建一个图层，并把它命名为“z4”。在“z4”层的第 132 帧处插入关键帧，使用椭圆工具绘制一个无边框、填充色任意的椭圆，如图 11-35 所示。

Step 8 创建动画。在“z4”层的第138帧、第143帧、第149帧、第156帧、第171帧处插入关键帧，然后分别选中这些关键帧中的椭圆，将其上下移动，最后分别为这些关键帧创建形状补间动画，如图11-36所示。

图11-35 绘制椭圆

图11-36 创建动画

Step 9 创建动画。在“z4”层的第178帧与第205帧处插入帧。选中“z4”层第205帧处的椭圆，使用任意变形工具 将其放大，然后在第178帧与第205帧之间创建形状补间动画，如图11-37所示。

Step 10 创建遮罩动画。选中“z4”层，单击鼠标右键，在弹出的快捷菜单中选择“遮罩层”命令，如图11-38所示。

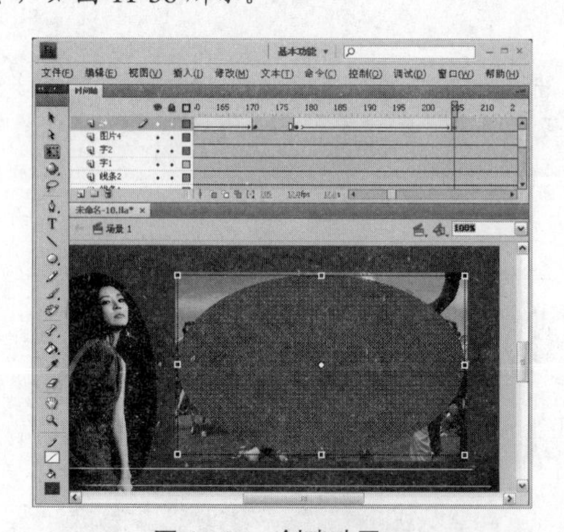

图11-37 创建动画

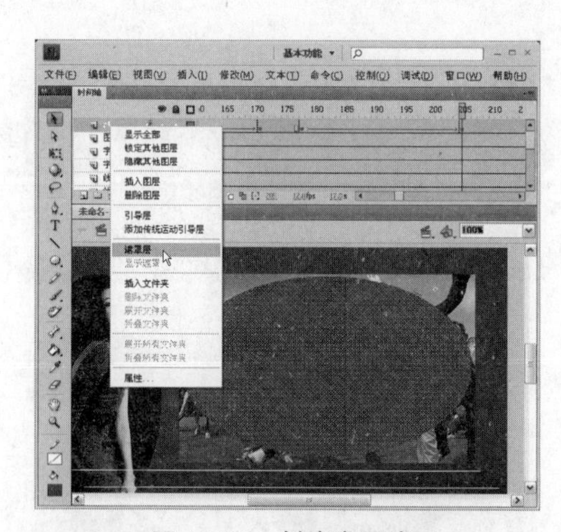

图11-38 创建遮罩动画

Step 11 导入图片。新建一个图层，并把它命名为“图片5”。在“图片5”层的第281帧处插入关键帧，然后执行“文件”→“导入”→“导入到舞台”命令，将一幅图片导入到舞台中，如图11-39所示。

Step 12 创建动画。选中“图片5”层的第281帧处的图片，按下“F8”键，将其转换为图形元件，然后在“图片5”层的295帧处插入关键帧。完成后选中第281帧处的图片，在“属性”面板中把它的Alpha值设置为0%。最后在第281帧与第295帧之间创建补间动画。如图11-40所示。

图 11-39　导入图片

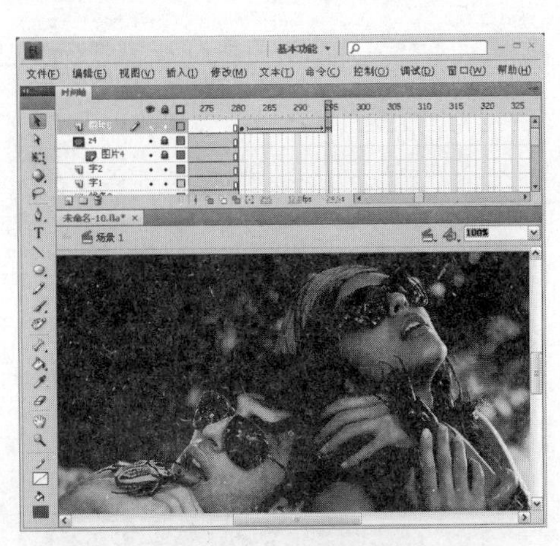

图 11-40　创建动画

Step 13　输入文字。在“图片 5”层的第 360 帧处插入帧。新建一个图层，并把它命名为“字 3”。在第 296 帧处插入关键帧，使用文本工具 T 在舞台中输入“RED TIDE”，文本字体为“Mangal”，大小为“35”，颜色为黄色（#FFCC00），如图 11-41 所示。

Step 14　创建动画。选中文字，按下“F8”键，将其转换为图形元件。然后在“字 3”层的 305 帧处插入关键帧。完成后选中第 296 帧处的文字，在“属性”面板中把它的 Alpha 值设置为 0%。最后在第 296 帧与第 305 帧之间创建补间动画。如图 11-42 所示。

图 11-41　输入文字

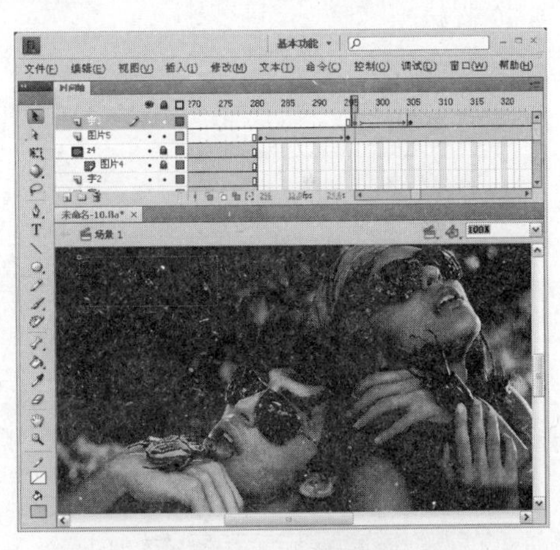

图 11-42　创建动画

Step 15　输入文字。新建一个图层，并把它命名为“字 4”。在第 296 帧处插入关键帧，使用文本工具 T 在舞台中输入文字“潮人服饰”，字体为“微软简中圆”，大小为“30”，颜色为白色，并将文字移动到舞台左侧，如图 11-43 所示。

Step 16　移动文字。在“字 4”层的 309 帧处插入关键帧，并将该帧中的文字向右移动到舞台上，然后在第 296 帧与第 309 帧之间创建补间动画，如图 11-44 所示。

3. 导入音乐

Step 1　导入声音。新建一个图层并命名为“声音”，执行“文件”→“导入”→“导入到舞台”

命令，打开“导入”对话框，在对话框中选择一个声音文件，如图 11-45 所示。完成后单击 打开(O) 按钮。

图 11-43　输入文字

图 11-44　移动文字

Step 2　选择声音文件。选择图层“声音”上的第 1 帧，然后在“属性”面板中的“名称”下拉列表中选择刚导入的音乐文件，如图 11-46 所示。

图 11-45　导入声音文件

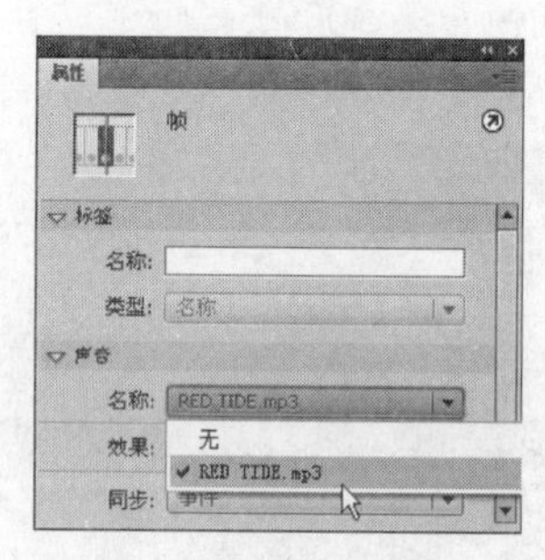

图 11-46　选择声音文件

4. 添加链接

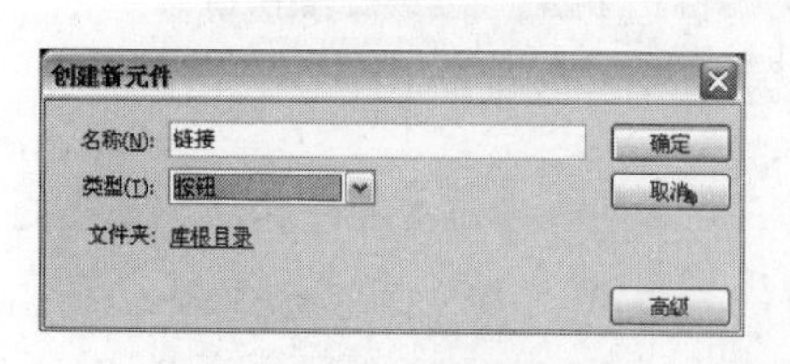

图 11-47　创建按钮元件

Step 1　新建按钮元件。执行“插入”→“新建元件”命令，打开“创建新元件”对话框，在“名称”文本框中输入“链接”，在“类型”下拉列表中选择“按钮”选项，如图 11-47 所示。

Step 2　绘制矩形。完成后单击 确定 按钮。在按钮的编辑状态下，使用矩形工具 在工作区中绘制一个与舞台同样大小的无边框、颜色随意的矩形，如图 11-48 所示。

Step 3　拖入按钮元件。单击 场景 1 回到主场景，新建图层“链接”，从库面板中将按钮元件“链接”拖入到舞台上并遮住舞台，如图 11-49 所示。

Step 4　输入代码。选中舞台上的按钮，打开“动作”面板，在面板中输入代码，如图 11-50 所示。

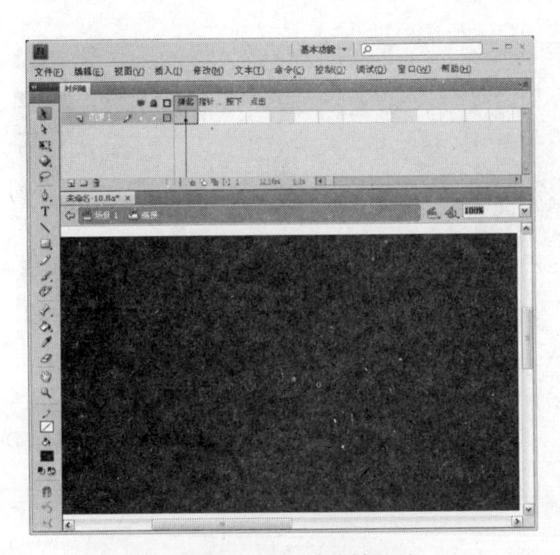

图 11-48　绘制矩形

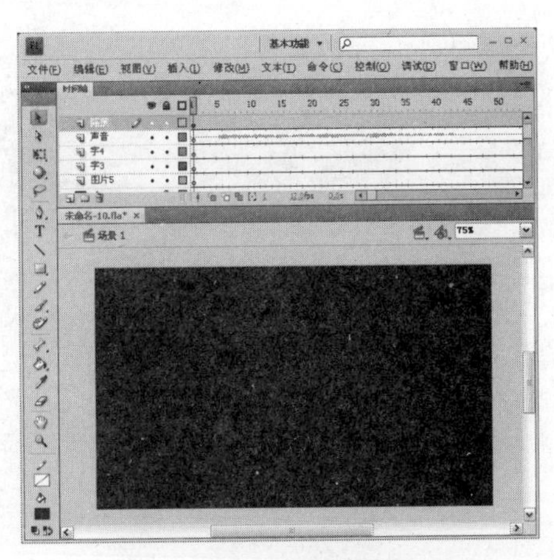

图 11-49　拖入按钮

Step 5　设置 Alpha 值。选中舞台上的“链接”按钮元件，在“属性”面板上将其 Alpha 值设置为 0，如图 11-51 所示。

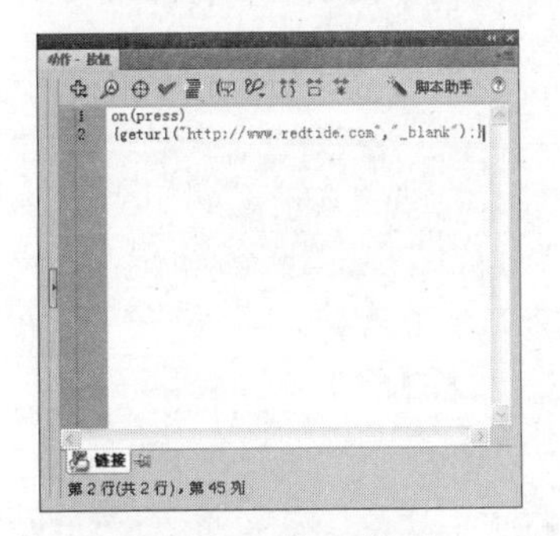

图 11-50　输入代码

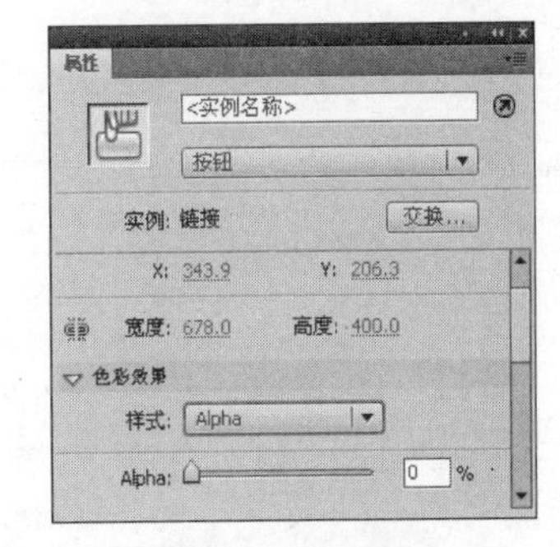

图 11-51　设置 Alpha 值

提示：将按钮的 Alpha 值设置为 0 是为了使其透明，不要遮挡住其他的动画元素，避免影响浏览者观看。

Step 6　欣赏最终效果。执行“文件”→“保存”命令保存文件，然后按下“Ctrl+Enter”组合键，欣赏本例最终效果，如图 11-52 所示。

图 11-52　完成效果

图 11-52 完成效果（续）

归纳总结

本例讲述了一个品牌服饰网络广告的制作方法，网络广告一般都要链接到某个网站上去。本例将制作的“链接”按钮元件完全遮盖住舞台是为了使浏览者无论单击动画的任何地方，都能跳转到 RTE 服饰的网站上。